聚丙烯酰胺生产工艺学

Polyacrylamide Production Technology

牛太同　主　编
刘云海　朱海波　张学文　副主编

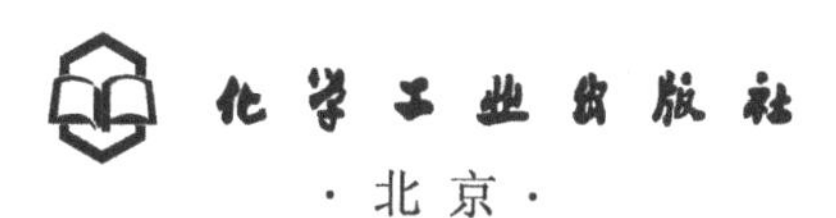

·北京·

内容简介

本书聚焦于聚丙烯酰胺产品生产工艺及应用实践，详细描述了重要单体丙烯酰胺和聚丙烯酰胺产品的生产工艺技术；介绍了聚丙烯酰胺产品的应用以及生产和应用中的安全生产与环境保护等内容。全书共7章，第1章到第5章为丙烯酰胺和聚丙烯酰胺的生产工艺；第6章为聚丙烯酰胺的安全生产与环境保护；第7章简要描述了聚丙烯酰胺在各领域的应用。

本书可作为高等学校化学、化工及材料类专业选修课程教材，也可供相关工程技术和生产管理人员学习参考。

图书在版编目（CIP）数据

聚丙烯酰胺生产工艺学 / 牛太同主编；刘云海，朱海波，张学文副主编．—北京：化学工业出版社，2022.12（2025.4 重印）
ISBN 978-7-122-42209-5

Ⅰ．①聚… Ⅱ．①牛… ②刘… ③朱… ④张… Ⅲ．①聚丙烯酰胺-生产工艺-高等学校-教材 Ⅳ．①TQ326.4

中国版本图书馆 CIP 数据核字（2022）第 171238 号

责任编辑：王 婧 杨 菁 郭乃铎
文字编辑：李 玥
责任校对：田睿涵
装帧设计：王晓宇

出版发行：化学工业出版社
（北京市东城区青年湖南街 13 号 邮政编码 100011）
印 装：北京科印技术咨询服务有限公司数码印刷分部
787mm×1092mm 1/16 印张 $11^1/_2$ 字数 257 千字
2025 年 4 月北京第 1 版第 4 次印刷

购书咨询：010-64518888
售后服务：010-64518899
网 址：http://www.cip.com.cn
凡购买本书，如有缺损质量问题，本社销售中心负责调换。

定 价：49.00 元

序

20 世纪 80 年代初，我国丙烯酰胺多采用硫酸催化法和铜离子催化法。全国产量不足万吨，生产企业大多为年产 500 吨左右的小厂。环境污染严重，厂区脏乱差，生产条件和工人劳动保护极差。

1985 年化工部决定在上海农药研究所内成立化工部上海生物化工研究中心。虽然中心成立之前农药研究所在生物制药领域取得了很多成果，但在生物化工领域中选择什么样的研究课题是重大的，是有行业影响力的，又是国民经济急需的呢？偶然的机会遇到上海金山石化公司的老同学，谈到我国自行研发的丙烯腈工业化生产技术研发成功并大规模生产，但希望能解决丙烯腈生产的废水中丙烯腈的残留问题。由此引出了寻找能分解丙烯腈的微生物来解决丙烯腈废水的问题。经过不断地学习和思考后萌发了用微生物把丙烯腈转化成丙烯酰胺，用生物催化法生产丙烯酰胺的工业化生产技术设想。这样化工部生物化工研究中心的第一个研究课题就这样定下来了，并很快得到了化工部和国家科委的支持。

我们设计了一套新的活性功能微生物的筛选方法，很快在 1986 年从山东泰山脚下的土壤中找到了一株能催化丙烯腈成为丙烯酰胺的微生物菌株。这种微生物产生的腈水合酶不同于当时文献报道的含铁辅基的水合酶，而是一种非铁离子辅基水合酶。到 80 年代末才确定我们在泰山发现的是一种以钴离子为辅基的新腈水合酶。从此发酵酶活性成倍提高，并列入“八五”攻关产业化项目。

“八五”攻关项目的各项攻关指标是在浙江桐庐汇丰生物化学公司和江苏如皋化肥厂协助下顺利完成的，掌握了用生物催化法生产丙烯酰胺的成套中试技术，生产过程简单、清洁、酶活性高、专一性强，几乎无副反应。催化效率高，催化成本只占丙烯酰胺生产总成本的 2%以下。但由于化工专业的生产厂不熟悉生物技术，生物专业的生产厂不熟悉化工技术，这一介于生物和化工两个行业之间的攻关成果很难落户到一家企业建立工业化生产装置。

江西农科化工有限公司是第一家从上海农药研究所以技术转让方式获得该科研成果的生产企业，以牛太同先生率领的技术团队为全国生物催化法生产丙烯酰胺树立了样板。并获得了当时化工部严瑞萱先生在全国水溶性高分子协会的大力推广，迎来了丙烯酰胺生物催化法技术在全国应用的春天，逐步替代了化学催化法，促进了聚丙烯酰胺行业的多方面发展，实现了年产量达到 100 万吨以上的水平，着实创造了生物催化技术生产精细化工产品的奇迹。

以第一代从事生物催化法技术生产丙烯酰胺的工程技术人员牛太同、薛胜伟、钟先平、时敏江、魏星光等编写的《聚丙烯酰胺生产工艺学》一书总结了丙烯酰胺及聚丙烯酰胺的生产工艺、制造技术和产品应用等多方面的内容，不仅能作为有关专业学生的教材，还能供从事这方面研发、制造、应用技术研究以及新型聚合物品种开发的人员参考使用。

沈寅初

中国工程院院士

前 言

聚丙烯酰胺产品在水溶性高分子材料中占比超过 70%，是影响全球经济和国民经济发展不可或缺的一大类产品，国内外业内人士给其冠以“百业助剂”的名号。

1993 年，沈寅初院士带领薛建萍等完成了生物法生产丙烯酰胺的中试技术攻关；1997 年，在江西农科化工有限公司完成了中试放大技术攻关，完成了年产 3000 吨生物法丙烯酰胺晶体产品生产线项目建设。该项技术成果获得江西省科技进步二等奖，丙烯酰胺晶体产品荣获江西省优秀新产品一等奖。2000 年，按原国家科委要求，完成了我国第一条年产 1 万吨微生物法生产丙烯酰胺生产线建设，完成了产业化攻关的各项指标，晶体丙烯酰胺的生产技术水平达到国内领先水平，优质的产品质量为提高我国聚丙烯酰胺产品的生产技术水平提供了保证。

当您在为中国的航天事业欣喜的时候，当您坐上飞奔的高铁享受“中国速度”的时候，当您驾驶爱车领略大自然的美景的时候，当您坐在教室汲取文化知识的时候，当您宅在家里尽享幸福生活的时候，无处不显现着高分子材料——聚丙烯酰胺的身影！然而从事本行业研发生产、推广应用以及各个领域使用该产品的从业人员，几乎都是到了工作岗位，面对所从事的聚丙烯酰胺的相关工作后才开始从入门到深入的。

全国水溶性高分子协会一直是聚丙烯酰胺类产品管理和发展的重要平台，为行业的发展作出了举足轻重的贡献。为指导行业的发展，协会多次组织专家编写了多本涉及丙烯酰胺和聚丙烯酰胺生产与应用的书籍，如《水溶性高分子产品手册》《丙烯酰胺聚合物》《水溶性高分子》等。本书的编写是在协会现任理事长谷世有先生关注下进行的，也可以说是举行业协会之力组织编写团队完成的。其目的是专门为高校开设这门课程，让新材料和化工专业的学生们在学校就能系统学习相关知识，为新型聚丙烯酰胺材料的研发生产，为在线使用的老产品的升级换代，为应用聚丙烯酰胺产品的各个领域培养人才。

本编写团队中的魏星光、时敏江、钟先平、张学文等都是多年在企业从事产品研发与生产的专业技术人才，具有丰富的理论与实践经验。在今后的教学过程中，不仅可以推荐优秀专家亲自给学生们传授各类知识，积极开展产学研结合，而且还可以为本科生、研究生提供良好的实践平台、就业机会与发展空间。

本书各章配有思考题，以辅助教学。第 1 章和第 7 章 7.1 节由牛太同编写；第 2 章由时敏江、薛胜伟、钟先平编写；第 3 章和第 4 章 4.1 节由朱海波、刘云海编写；第 4 章 4.2 节、4.3 节由牛太同、张学文编写，4.4 节由时敏江编写；第 5 章由马小丽、张武生、杨炳杰和王哲编写；第 6 章由刘杰、赵孝飞编写；第 7 章 7.2 节由徐乐、张子明、张学文和宋劲编写，7.3 节由尹海军、高跃东编写，7.4 和 7.6 节由牛俊峰编写，7.5 节由魏星光编写；附录由马小丽编写。

本书的第 1 章至第 5 章由行业协会的资深专家吴飞鹏博士修改，提高了教材内容的整体水平和质量；全书由东华理工大学张燮教授审校，并为本书作为高校教材提出了宝贵的修改意见。本书在成稿时除参阅书后所附的主要参考资料外，还参阅了一些书籍和期刊的相关资料，在此对有关作者一并表示诚挚的感谢！

由于编者水平所限，教材中难免存在疏漏之处，恳请广大读者批评指正。

牛太同

2022 年 1 月

目录

第3章 聚丙烯酰胺的理化性质 032

第4章 聚丙烯酰胺产品的生产技术 041

第7章

聚丙烯酰胺及其衍生物的应用领域及应用技术 104

第1章 绪论

1.1 聚丙烯酰胺产品概述

聚丙烯酰胺类产品（polyacrylamide，PAM）被广泛应用于几乎所有工业门类，是水溶性高分子材料中最为重要的一大类。它是以丙烯酰胺（acrylamide，AM）、丙烯酸（acrylic acid, AA）、2-丙烯酰氨基-2-甲基丙磺酸（2-acrylamide-2-methyl-propanesulfonic acid, AMPS）、甲基丙烯酰氧乙基三甲基氯化铵（2-methacryloyloxyethyl trimethyl ammonium chloride, DMC）、丙烯酰氧乙基三甲基氯化铵（acryloyloxyethyl trimethyl ammonium chloride, DAC）、二甲基二烯丙基氯化铵（dimethyl diallyl ammonium chloride，DADMAC）、可溶性淀粉等为主原料生产的各类均聚物、共聚物和改性产品的统称。

丙烯酰胺是生产聚丙烯酰胺类产品的主要原料，本书着重就丙烯酰胺的生产工艺技术和聚丙烯酰胺的生产技术进行详尽描述。

1.1.1 丙烯酰胺生产技术发展

丙烯酰胺是聚丙烯酰胺类产品中最重要的基础单体。

丙烯酰胺最早是在 1893 年初由 Moureu 用丙烯酰氯与氨在低温下反应制得的，1954 年美国氰胺公司（American Cyanamid Company，ACC）采用硫酸水合法实现了工业化生产。

我国从 20 世纪 60 年代初采用第一代硫酸水合法技术生产丙烯酰胺。70 年代采用第二代骨架铜催化技术生产丙烯酰胺。90 年代采用第三代微生物法丙烯酰胺生产技术生产丙烯酰胺。

（1）硫酸水合法

1954 年，美国氰胺公司采用丙烯腈硫酸水解工艺进行工业生产丙烯酰胺。丙烯腈和水在硫酸存在下水解生成丙烯酰胺的硫酸盐，然后用液氨中和生成丙烯酰胺和硫酸铵，其反应如下：

$$CH_2 = CHCN + H_2O + H_2SO_4 \longrightarrow CH_2 = CHCONH_2 \cdot H_2SO_4$$

$$CH_2 = CHCONH_2 \cdot H_2SO_4 + 2NH_3 \longrightarrow CH_2 = CHCONH_2 + (NH_4)_2SO_4$$

等摩尔比的丙烯腈和水，用硫酸催化，在 80～100℃的条件下进行水合反应。反应为间歇操作，流程复杂，过程中耗用酸、氨，腐蚀设备，生产成本高，且产品纯度低。容易产生副反应，副产物主要是 β-羟基丙烯腈。β-羟基丙烯腈在聚合过程中进一步生成 β-氰乙基丙烯酸酯，后者是一种低分子的水不溶物，它的存在使聚丙烯酰胺的性能恶化。

（2）铜离子催化法

20 世纪 60 年代，日本三井东压化学公司（Mitsui Toatsu Chemicals，MTC）和美国陶氏化学公司（Dow Chemical Company，DCC）相继开发出以骨架铜为催化剂的丙烯腈催化水合新工艺，俗称催化水合法。

1972 年，日本三井东压化学公司建立了催化丙烯腈水合生产丙烯酰胺的工业装置。丙烯腈与水在铜系催化剂作用下，于 70～120℃、0.4MPa 压力下进行液相水合反应：

$$CH_2=CHCN+H_2O\xrightarrow{Cu}CH_2=CHCONH_2$$

催化水合法与硫酸水合法相比，其产品纯度高，基本无三废，容易实现工业化。采用的骨架铜催化剂是二元或三元以上的合金。

（3）微生物酶催化水合法

20 世纪 80 年代，日本三井东压化学公司（Mitsui Toatsu Chemicals，MTC）实现了用生物催化剂催化丙烯腈和水的反应生产丙烯酰胺的工业生产，规模为 4000 吨/年。1991 年达到 1.4 万吨/年规模。有以下技术特点：

①常温常压下反应，设备简单，操作安全。

②水合酶有高选择性，无副反应；反应温度为 5～15℃，pH 为 7～8，原料丙烯腈的转化率为 99.99%，丙烯酰胺选择性为 99.98%。反应器出口丙烯酰胺质量分数接近 50%。

③失活酶催化剂排出系统外的量小于产品 0.1%，无需离子交换处理，使分离精制操作大为简化。

④产品浓度高，无需提浓操作。

⑤整个过程操作简便，利于小规模生产。

日本三井化学公司参股 50%韩国三井化学公司（Yongsam Mitsui Chemicals，YMC），新建的 5000 吨/年生化法丙烯酰胺生产装置于 2003 年投入运转。YMC 现有一套 7000 吨/年铜催化剂法丙烯酰胺生产装置，生化法新装置投产后 YMC 公司的丙烯酰胺总产能增至 12000 吨/年。三井化学品公司在日本拥有生产 38000 吨/年丙烯酰胺产能，在韩国、印度尼西亚均有生产基地，在这三个国家的丙烯酰胺总产能将增至 55000 吨/年。新装置采用的生化法是由三井化学公司用基因重组技术开发的一种酶催化剂生产工艺，与现有方法相比，新方法简单，投资费用低，具有极强的竞争力。

法国 SNF 公司是全球最大的聚丙烯酰胺生产商，在欧洲、亚洲、澳洲与南美洲采用生物催化技术建设有多套丙烯酰胺装置。生物法丙烯酰胺单体的生产能力已达到了 70 万吨/年。其采用的工程菌直接进行酶反应，一次反应丙烯酰胺的浓度可达到 50%，不需要加热提浓。

在我国，中国工程院院士沈寅初先生带领上海生物农药化工所的研发团队，1986 年在泰山的土壤中分离出的 163 菌株，经种子培养得到的腈水合酶，命名为 Norcardia-163 菌株。1993 年在江苏如皋化肥厂完成国家“八五”重点攻关项目，1994 年该技术转让给江西农科化工有限公司，并建成 1000 吨/年生物法丙烯酰胺水溶液生产装置，丙烯酰胺的含量为 25%～30%。产品质量远远优于铜离子催化水合法。1997 年完成了丙烯酰胺水溶液的浓缩结晶技术，并实现 3000 吨/年生产能力。1997 年控股成立江苏南天农科化工有限公司，完成 3000 吨/年微生物法丙烯酰胺晶体生产线。2000 年江西昌九农科化工有限公司成功完成我国第一条 DCS 控制的万吨级微生物法丙烯酰胺晶体生产线项目建设，完成产业化攻关。为此，原国家科委生物技术开发中心表示：微生物法生产丙烯酰胺技术的成功开发，将导致我国传统精细化工领域的一场新技术革命。

截至 2018 年，国内采用微生物法生产丙烯酰胺的产能已经实现 100 万吨以上，其中 80%产能的丙烯酰胺作为中间体直接生产各类聚丙烯酰胺产品，如大庆炼化公司、爱森（中国）絮凝剂公司、山东诺尔公司、安徽巨成公司、安徽天润公司、北京恒聚公司、江苏富淼化工、河南博源公司等，20%的丙烯酰胺产能以水溶液产品和晶体产品作为商品销售，如江西昌九农科化工有限公司、江苏南天农科化工有限公司、宁波先安化工有限公司、浙江鑫甬化工有限公司、江苏富淼股份公司、山东明星化工有限公司等。对国民经济和世界经济的发展产生了巨大的推动作用。

1.1.2 聚丙烯酰胺生产技术发展

1954 年聚丙烯酰胺产品首先在美国实现商业化生产，由美国陶氏化学公司开发生产，商品名为 Separan，产品被首先用于铀矿的沥取，即絮凝沉淀铀矿浸提液中的细小杂质。20 世纪 60 年代中期，聚丙烯酰胺作为絮凝剂逐渐系列化，应用范围迅速扩大，如水处理、环境保护、冶金选矿以及在部分工业生产中的澄清、过滤等固-液分离过程，例如，在生物制药、生物化工和氧化铝生产等。

20 世纪 80 年代初，美国道化学已有万吨级生产线，具有特殊功能的聚丙烯酰胺的产品实现了工业化生产。

1978 年法国爱森在法国里昂的圣埃蒂安起步，四十多年后，该公司已发展成为全球最大的，在美、欧、亚等地区拥有二十多个聚丙烯酰胺生产基地的企业集团，年实现总产能达到 110 万吨。

我国于 20 世纪 60 年代初开始生产聚丙烯酰胺产品，1962 年上海天原化工厂建成我国第一套丙烯酰胺装置；广州化学所也在同期完成产品生产。1966 年兰州白银有色金属公司建成一套聚丙烯酰胺装置。主要用于净化电解用的食盐水，核工业的铀矿冶炼，当时生产规模很小。

1978 年，改革开放后，随着国民经济的飞速发展，我国在石油开采中对各类聚丙烯酰胺产品的用量大幅度增长，其用途贯穿了石油开采从钻井、固井、完井、修井、压裂、酸化、注水、堵水调剖和三次采油的各个作业过程。

为满足石油工业的生产和其他工业对聚丙烯酰胺产品的需求，国内有多个化工企业建成聚丙烯酰胺生产装置，但当时每个企业的生产规模年产均不到千吨，如哈尔滨化工四厂、上海创新酰胺、抚顺化工六厂、广州精细化工公司、江苏江都化工厂、新乡化工总厂等。生产均采用前水解聚合技术。

20 世纪 90 年代初，我国东部的大庆油田、胜利油田和河南油田相继进入高含水期，为了提高原油的采收率，均先后采用聚丙烯酰胺驱油技术，即通过改变地层中水的流变性，从而提高注入水对原油的波击力来提高原油的采收率（enhanced oil recovery，统称 EOR 技术）。为此，大庆助剂厂从法国 SNF 公司引进聚丙烯酰胺生产技术及装备，建成投产了一条年产 5 万吨生产线。

聚丙烯酰胺生产技术的发展经历了三个阶段：第一个阶段是早期的丙烯酰胺聚合前水解技术；第二个阶段是丙烯酰胺与丙烯酸的共聚技术；第三个阶段是丙烯酰胺均聚后，再加碱水解技术。这三种技术将在第 4 章中详细描述，这里不再赘述。

目前，万吨规模以上的干粉生产线大多采用釜式共聚或釜式聚合后水解生产工艺技术，可以满足不同质量要求的产品生产。

1.2 聚丙烯酰胺产品的分类用途和作用机理

1.2.1 聚丙烯酰胺产品的分类用途

（1）外观形态分类

商品化的聚丙烯酰胺类产品按产品外观形态上分类可分为：水溶性胶体、干粉颗粒、反相乳液产品。固体颗粒又有粉状和珠状两种；反相乳液产品又分为反相乳液产品和反相微乳液产品。

①水溶性胶体　水溶性胶体是一类高度分散在水中的含量 8%～10%聚丙烯酰胺的水溶液。

聚丙烯酰胺产品进入市场初期，主要以水溶性胶体形式存在。胶体产品的缺点是运输成本高、保质期短、不利于保存。优点是使用方便、能耗低等。

②干粉颗粒产品　聚丙烯酰胺干粉是丙烯酰胺单体经聚合、切块、造粒、干燥分级后制得的颗粒产品。该产品具有包装成本低、便于储运、使用方便等特点。

干粉产品使用最为广泛，各类非离子、阴离子、阳离子、两性离子和缔合聚合物等干粉产品的使用也最为普遍。

珠状产品是悬浮聚合技术生产的干粉状产品，产品具有颗粒均匀、分子量带宽分布窄等特点。

③反相乳液产品　反相乳液产品是以水性单体用乳化剂分散在油性溶剂中，以油性溶剂为连续相，进行聚合生产的一大类产品。

丙烯酰胺、丙烯酸、AMPS 和 DADMAC 等作为单体共聚生产的反相乳液产品分子量分布的带宽比较窄，对目标沉淀物的针对性好，在水中的分散速度快，使用方便，已广泛用于水处理、造纸、有色冶金和石油开采等领域。

在氧化铝生产中，赤泥沉降用的乳液聚合物分子中可以同时引入酰氨基、羧基和氧肟酸等基团，产品已占据赤泥沉降市场用量的 70%以上。

在石油开采中，从钻井助剂、水力压裂的减阻剂和稠化剂、三次采油的聚合物等均有乳液产品替代干粉产品的趋势。尤其是在北美地区页岩气和页岩油的开发生产中，乳液产品作为减阻剂和稠化剂用于水平井压裂，已经成为乳液聚丙烯酰胺产品在全球发展过程中应用的一个最具有代表性的案例。

④反相微乳液产品　反相微乳液产品是一种各向同性、透明或半透明、粒径在 8～100nm 的热力学稳定的胶体分散体系。微乳液具有粒子大小均匀、稳定性好等特点。

反相微乳液是热力学稳定的胶体分散体系，其分散相的尺寸为纳米级，比可见光的波长短，一般为透明或半透明液体，能够在 100 倍的重力加速下离心分离 5min 而不发生相分离。在生产过程中，反应过程无需强力搅拌，由于体系透明，适用于光引发聚合，聚合产品具有粒径极小（10～100nm）、单分散性较好、稳定性高、分子量分布带宽很窄等特点。

为提高高致密性、低渗透油藏的原油采收率，采用微乳液生产技术生产的微纳米球材料已用于中石油长庆油田的石油驱替，大大遏制了低渗区油井产量的递减，提高了原油的采收率。

(2) 离子性质分类

目前国内外商品化的聚丙烯酰胺的生产技术均采用自由基聚合技术，聚合发生在乙烯基的双键上，阴离子型聚合物产品是丙烯酰胺与丙烯酸的共聚物，或是丙烯酰胺与 AMPS 的共聚物；阳离子型聚合物是丙烯酰胺与季铵盐类阳离子单体如 DAC 和 DADMAC 等的共聚物。

聚丙烯酰胺产品按其主链上所含有的离子性质可分为非离子型、阴离子型、阳离子型和两性离子型。

①非离子聚丙烯酰胺　非离子产品由丙烯酰胺单体均聚工艺生产。其分子结构式如下：

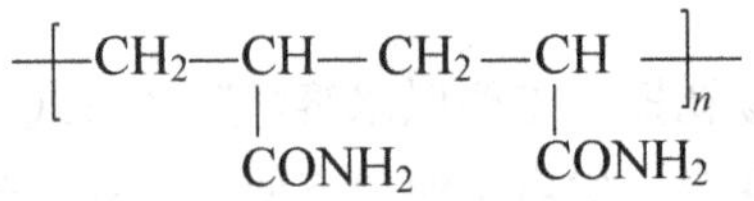

$$\left[CH_2-\underset{\displaystyle CONH_2}{\underset{|}{CH}}-CH_2-\underset{\displaystyle CONH_2}{\underset{|}{CH}} \right]_n$$

由于非离子产品不带电荷，因此，适用于水相中不带电荷的悬浮物或矿物颗粒的沉降，其沉降是通过酰胺基团与悬浮颗粒间的吸附架桥完成的。不适用于带高价电荷或矿化度高的水相中的悬浮物沉降。

②阴离子聚丙烯酰胺　阴离子型聚丙烯酰胺是用量最大、使用最为广泛的聚合物品种。其分子结构式如下：

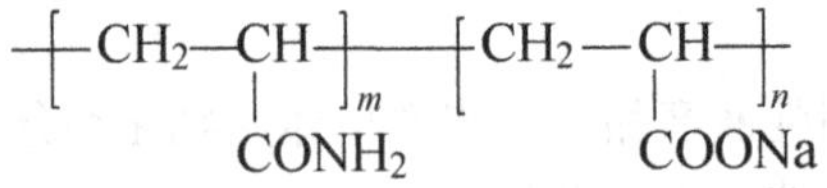

$$\left[CH_2-\underset{\displaystyle CONH_2}{\underset{|}{CH}} \right]_m \left[CH_2-\underset{\displaystyle COONa}{\underset{|}{CH}} \right]_n$$

阴离子型聚丙烯酰胺产品采用两种工艺技术生产：第一种是丙烯酰胺与丙烯酸共聚，但这种方法只适合生产分子量在 2.2×10^7 以下的产品；第二种是后水解生产技术，即先用丙烯酰胺均聚成胶块，然后经切块、造粒、加碱水解后完成产品生产过程。

在石油开采中，普通阴离子型聚合物不能满足高温（如 90℃以上）和高矿化度（如 10×10^4mg/L）油藏三次采油的要求。丙烯酰胺与 AMPS 的共聚物可以有效满足此类油藏的生产要求。其分子结构式如下：

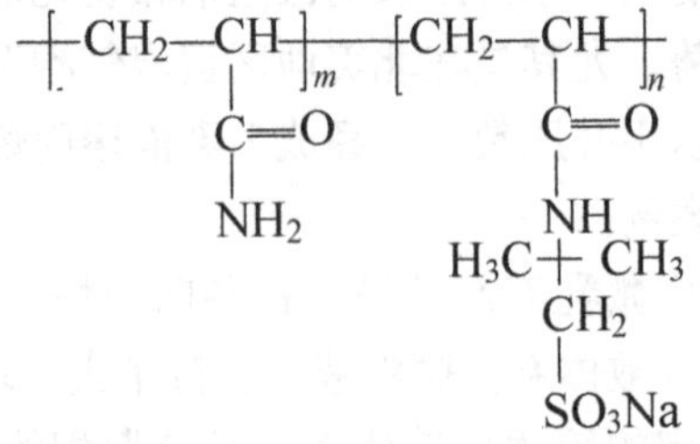

$$\left[CH_2-\underset{\displaystyle NH_2}{\underset{|}{\underset{\displaystyle C=O}{\underset{|}{CH}}}} \right]_m \left[CH_2-\underset{\displaystyle SO_3Na}{\underset{|}{\underset{\displaystyle CH_2}{\underset{|}{\underset{\displaystyle H_3C-C-CH_3}{\underset{|}{\underset{\displaystyle NH}{\underset{|}{\underset{\displaystyle C=O}{\underset{|}{CH}}}}}}}}}} \right]_n$$

在氧化铝生产中，目前我国东部氧化铝生产企业从印度尼西亚、澳大利亚、马来西亚、印度、斐济、巴西、几内亚、牙买加、所罗门等地进口三水铝石生产氧化铝，年进口量约 8000 万吨。但此类矿石中含有针铁矿，在赤泥沉降中因有大量二价铁的存在，严重影响了赤泥分离与洗涤。为此，在阴离子聚合物分子中引入羟肟酸基团，可以有效地隐蔽二价铁离子，以实现赤泥分离的目的。其分子结构式如下：

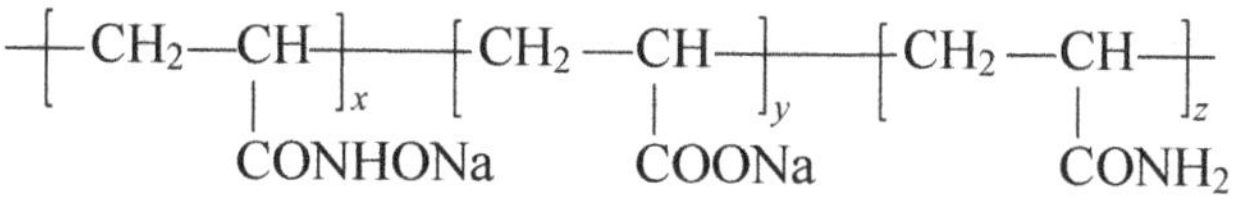

$$\left[CH_2—\underset{\underset{CONHONa}{|}}{CH} \right]_x \left[CH_2—\underset{\underset{COONa}{|}}{CH} \right]_y \left[CH_2—\underset{\underset{CONH_2}{|}}{CH} \right]_z$$

(HPAM)

③阳离子聚丙烯酰胺 阳离子型聚丙烯酰胺生产技术发展迅速。在城市污水处理的污泥脱水过程和油田联合站的含油污水处理中均采用该类产品。其分子结构式如下：

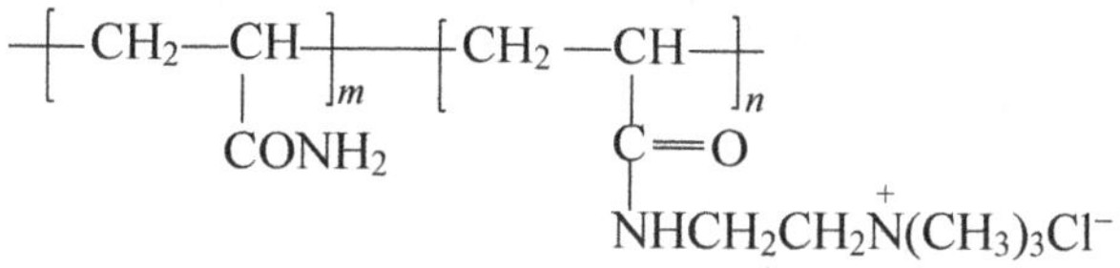

$$\left[CH_2—\underset{\underset{CONH_2}{|}}{CH} \right]_m \left[CH_2—\underset{\underset{\underset{NHCH_2CH_2\overset{+}{N}(CH_3)_3Cl^-}{|}}{C=O}}{|}}{CH} \right]_n$$

另外，阳离子型产品具有较好的降滤失、耐温抗盐能力和较好的絮凝、抑制效果，能有效地控制地层造浆、抑制黏土和钻屑分散，同时还具有絮凝和包被作用，可用于各种类型的水基钻井液体系。

④两性离子聚丙烯酰胺 两性离子型聚丙烯酰胺是分子链节上同时含有阴、阳离子基团的高分子聚合物，兼有阴、阳离子性基团的特点，能够处理各种不同性质的废水，特别是对污泥脱水，不仅有电性中和、吸附架桥作用，而且还有分子间的缠绕包裹作用，现已被广泛应用于水处理剂、造纸和石油开采中的堵水调剖等领域。其分子结构式如下：

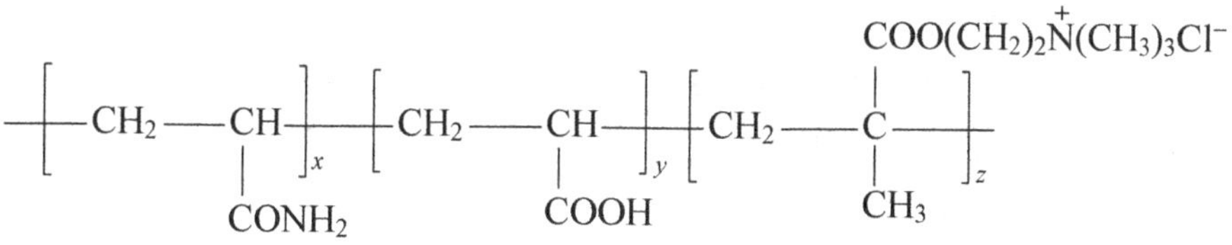

$$\left[CH_2—\underset{\underset{CONH_2}{|}}{CH} \right]_x \left[CH_2—\underset{\underset{COOH}{|}}{CH} \right]_y \left[CH_2—\overset{\overset{COO(CH_2)_2\overset{+}{N}(CH_3)_3Cl^-}{|}}{\underset{\underset{CH_3}{|}}{C}} \right]_z$$

(3) 疏水缔合聚合物

疏水缔合聚合物是指在大分子链上带有少量疏水基团的水溶性聚合物。在水溶液中，聚合物的疏水基团由于疏水作用而发生聚集，大分子可产生分子内和分子间缔合。其分子结构式如下：

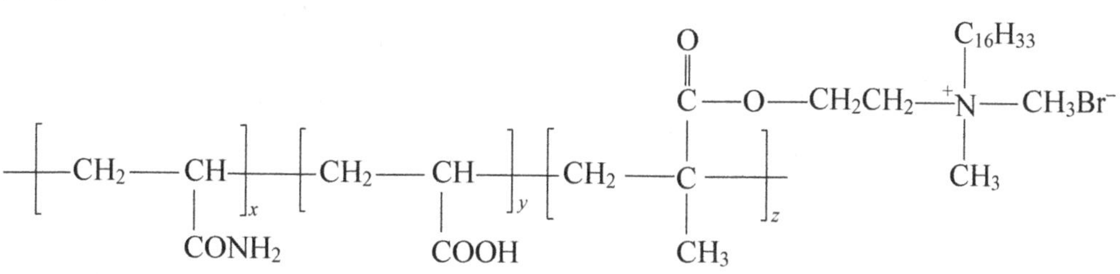

$$\left[CH_2—\underset{\underset{CONH_2}{|}}{CH} \right]_x \left[CH_2—\underset{\underset{COOH}{|}}{CH} \right]_y \left[CH_2—\overset{\overset{\overset{O}{\|}}{C}—O—CH_2CH_2—\overset{+}{N}(C_{16}H_{33})(CH_3)—CH_3Br^-}{|}}{\underset{\underset{CH_3}{|}}{C}} \right]_z$$

在稀溶液中大分子主要以分子内缔合形式存在，大分子链发生卷曲，分子流体力学体积减小，溶液黏度降低。而当聚合物浓度增加并高于其临界缔合浓度时，聚合物分子链形成分子间缔合为主的复杂超分子结构，分子流体力学体积增大，可有效提高溶液黏度。

疏水缔合聚合物在地层孔隙中高速流动时会受到强烈的剪切作用，其复杂的超分子结构被部分拆散或大部分拆散，当剪切作用消除或大幅度降低后，被拆散了的分子链间交联网络重新形成，黏度再度恢复，而不发生一般高分子聚合物的不可逆剪切降解。因此，疏水缔合聚合物具有理想的抗剪切性和良好的耐温抗盐性能，主要用于石油开采中。

1.2.2 聚丙烯酰胺产品的作用机理

在聚丙烯酰胺分子结构中，除酰胺基团（—$CONH_2$）外，根据不同的用途引入的带负电的羧酸基团（—COOH）、磺酸基团（—SO_3H）、羟肟酸基团（—CONHOH），带正电的季铵盐基团[R—$N(CH_3)_3Cl$]等，决定了聚丙烯酰胺产品的絮凝、增黏和减阻等作用。

（1）絮凝作用

絮凝过程实际上是由混凝与絮凝两个步骤完成的。

①混凝　在水处理中，混凝是物理和化学过程，原水或污水中悬浮颗粒的混凝机理是通过添加阳离子混凝剂中和胶体颗粒所带的负电荷，形成海绵状絮体而失稳。

混凝剂是分子量低且阳离子密度高的水溶性聚合物，多数为液态。它们分为无机和有机两大类。无机混凝剂主要是铝、铁盐及其聚合物。有机混凝剂主要为聚二甲基二烯丙基氯化铵。

②絮凝　絮凝是指水中悬浮的颗粒间通过与聚合物分子链上的基团通过吸附发生架桥作用，颗粒聚集而沉降的过程。

在用某一混凝剂或絮凝剂处理污水时，电中和和架桥作用会交织在一起同时发生。絮凝过程是多种因素综合作用的结果，与絮凝剂分子结构、电荷密度、分子量有关；与悬浮颗粒表面性质、颗粒浓度、比表面积有关；与介质（水）的 pH 值、电导率、水中其他物质的存在、水温、搅动情况等因素有关。

③絮凝剂的选择　根据污水中颗粒的类型来选择絮凝剂电荷性质。通常利用带负电的絮凝剂来捕捉无机物颗粒，利用带正电的絮凝剂来捕捉有机物颗粒。但必须通过现场小试和中试实验以最终确定絮凝剂的型号。

（2）增黏性

聚丙烯酰胺的增黏性表现在两个方面：一方面是由于聚合物分子中含有许多亲水基团（如酰氨基），这些亲水基团在聚合物分子外以氢键结合形成的“水鞘”，增加了相对移动的内摩擦力。另一方面聚丙烯酰胺分子中含有羧基在水中解离，产生许多带相同电荷的链节，这些链节互相排斥，使聚合物分子线团在水中更加伸展，因而有更好的增黏能力。

（3）减阻作用

随着我国煤层气、高致密油气和页岩油气资源的开发，水力压裂须采用低摩阻、速溶型减阻剂来配制滑溜水体系。减阻剂的加入可减少水力压裂液在井筒剪切流动中的黏滞性及旋涡的形成，减小压裂液流动过程中的阻力。

减阻的机理非常复杂，减阻剂加入水体介质后，线性结构的大分子在介质传输过程中迅速展开，使流体内部的紊动阻力下降，抑制了径向的湍流扰动，使更多的力作用在轴向流动方向上，同时吸收能量，干扰薄层间的水分子从缓冲区进入湍流核心，从而阻止或者减轻湍流，而起到减阻的作用。

□ 思考题

1. 简述丙烯酰胺的三代生产技术。
2. 简述聚丙烯酰胺的电性分类。
3. 为什么线型聚丙烯酰胺有良好的絮凝效果?
4. 为什么线型聚丙烯酰胺有良好的增稠作用?

第2章 丙烯酰胺的生产技术

2.1　丙烯酰胺的物理性质

丙烯酰胺（acrylamide），又称 2-丙烯酰胺（2-propeneamide），分子式为 C_3H_5NO，为无色透明片状晶体，易溶于水、醇、丙酮、醚和氯仿等极性溶剂，微溶于苯和甲苯，不溶于正庚烷等脂肪烃。其重要物理性质见表 2-1。

表 2-1　丙烯酰胺的物理性质

项目		数值
分子量		71.08
熔点/℃		84.5±3
蒸汽压/Pa（mmHg）	25℃	0.9（0.007）
	40℃	4.4（0.033）
	50℃	9.3（0.076）
沸点/℃	0.27kPa	87
	0.67kPa	103
	3.3kPa	125
聚合热/（kJ/mol）		−82.8
密度（30℃）/（g/mL）		1.122
晶系		单斜或三斜晶
平衡水含量①（水/干丙烯酰胺）/（g/kg）		1.7
旋光符号		（—）
折射率	N_x	1.460
	N_y	1.550±0.003
	N_z	1.58±0.003

项目		数值
溶解度（30℃）/（g/100mL）	丙酮	63.1
	苯	0.346
	氯仿	2.66
	乙醇	86.2
	乙酸乙酯	12.6
	正己烷	0.0068
	甲醇	155
	水	215.5
	乙腈	39.6
	乙二醇丁醚	31
	1,2-二氯乙烷	1.50
	N, *N*-二甲基甲酰胺	119
	二甲基亚砜	124
	二氧杂环己烷	30
	正庚烷	0.0068
	四氯化碳	0.038
	吡啶	61.9

① 条件：颗粒尺寸 45 目，在 22.8℃，相对湿度 50%。

50%丙烯酰胺水溶液是市售产品的常见品种之一。表 2-2 列出了 50%丙烯酰胺水溶液的物理性质。

表 2-2　50%丙烯酰胺水溶液的物理性质

物理性质	数值
折射率（浓度 48%～52%，25℃）	1.408～1.4146
黏度（25℃）/（mPa · s）	2.71
相对密度（d_4^{25}）	1.038

续表

物理性质	数值
蒸气压（25℃）/kPa	2.5
结晶温度/℃	8～13
沸点/℃	104～105.5
比热容（20～50℃）/[J/（g · K）]	3.5
稀释热（稀释到 20%）/（J/g）	–4.5

（1）丙烯酰胺在水中的溶解度与温度的关系

丙烯酰胺在水中的溶解度与温度的关系曲线如图 2-1 所示。从图中可以看出，丙烯酰胺在水中的溶解度较大，且随温度的升高明显增大，这种特性有助于溶液结晶过程的进行。

丙烯酰胺在水中溶解是吸热过程，因此，加热有利于溶解。丙烯酰胺的溶解度随温度的升高而升高。另外，丙烯酰胺在苯和甲苯中的溶解度随温度的升高显著增大，据此可用重结晶法对其进行提纯。

（2）丙烯酰胺-水体系的固-液相图

丙烯酰胺-水体系的固-液相图如图 2-2 所示。

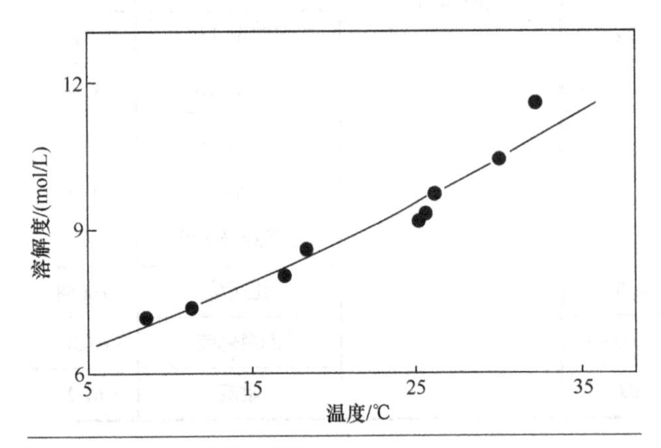

图 2-1　溶解度-温度关系曲线

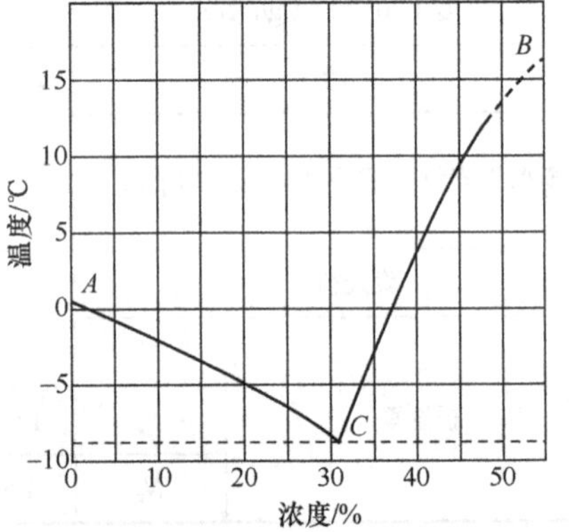

图 2-2　丙烯酰胺-水体系的固-液相图

图中 *ACB* 相线以上是液相，*ACB* 相线以下是固相。当丙烯酰胺的浓度为 40%时，要从溶液中得到丙烯酰胺晶体，需要把溶液温度降到 4℃以下。

丙烯酰胺晶体和 50%水溶液在不同温度下在气相中的浓度见表 2-3。

表 2-3　丙烯酰胺固体和 50%水溶液在气相中的浓度

温度/℃	晶体 AM/（mg/L）	50%AM/（mg/L）
10	6.2	1.3
20	16.6	3.5
25	26	5.6

续表

温度/℃	晶体 AM/（mg/L）	50%AM/（mg/L）
30	41	9
37	75	17
80	1700	430

丙烯酰胺晶体在温度大于等于 80℃时，在气相中的浓度较高，升华明显。丙烯酰胺溶液的温度大于 80℃时，在气相中的浓度也明显升高，挥发损失较大。

（3）丙烯酰胺水溶液密度与浓度的关系

丙烯酰胺水溶液的相对密度 d_4^{25} 与其浓度有如式（2-1）的关系。

$$d_4^{25} = 0.99789 + 0.0008c \tag{2-1}$$

式中，d_4^{25} 为相对密度；c 为质量百分比浓度，%。

在 25℃、60℃和 90℃下的溶液密度-浓度曲线如图 2-3 所示。

（4）丙烯酰胺浓度与折射率的关系

丙烯酰胺水溶液的折射率与其浓度的关系见式（2-2）：

$$(25 \pm 0.2)\ ℃ \quad N_d = 1.3325 + 0.001583c$$

$$c = 631.7 \times (N_d - 1.3325) \tag{2-2a}$$

$$(35 \pm 0.2)\ ℃ \quad N_d = 1.3312 + 0.001558c$$

$$c = 641.8 \times (N_d - 1.3312) \tag{2-2b}$$

式中，N_d 为折射率；c 为质量百分比浓度，%。依据式（2-2a）和式（2-2b），折射率法是测定丙烯酰胺水溶液浓度最简捷、最准确和最常见的方法。

（5）丙烯酰胺水溶液黏度与浓度的关系

黏度是指流体对流动所表现的阻力。当流体（气体或液体）流动时，一部分在另一部分上面流动时，就受到阻力，这是流体的内摩擦力。其大小与物质的组成有关，质点间相互作用力越大，黏度越大。组成不变时，固体和液体的黏度随温度的上升而降低（气体与此相反）。丙烯酰胺是活泼的单体，储存不当易自聚成不同分子量的聚丙烯酰胺，黏度指标可针对该情况进行判断。温度不变而丙烯酰胺溶液黏度发生了改变，即有聚合物产生。如 30%的丙烯酰胺水溶液，常温下测得黏度 2.0，由图 2-4 可知，该溶液里有聚丙烯酰胺。

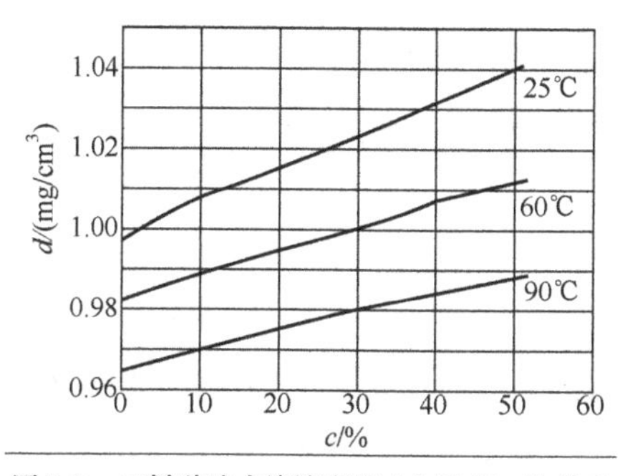

图 2-3　丙烯酰胺水溶液密度 d 与浓度 c 的关系

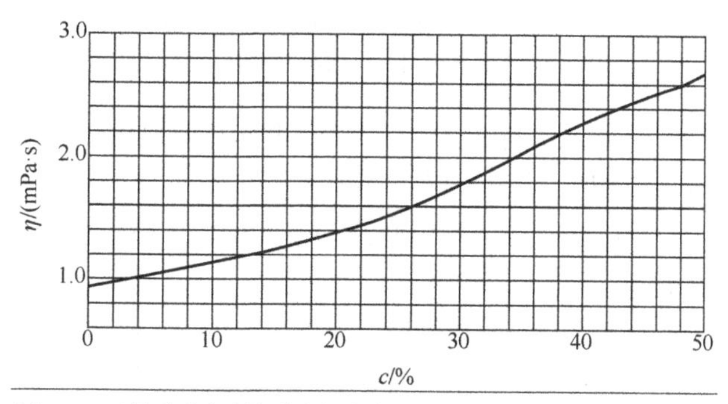

图 2-4　丙烯酰胺水溶液黏度与浓度的关系

2.2 丙烯酰胺的化学性质

丙烯酰胺具有酰氨基—$CONH_2$和不饱和双键—C═C—两个活性中心，其性质主要体现在酰氨基和不饱和双键上。

(1) 酰氨基参加的反应

丙烯酰胺在碱或酸催化剂的作用下容易水解，分别生成丙烯酸盐和丙烯酸。

丙烯酰胺中的酰氨基表现出 Lewis 酸碱理论的弱酸性和弱碱性。当丙烯酰胺与浓硫酸反应时生成丙烯酰胺硫酸盐，该化合物是硫酸法生产丙烯酰胺的中间体。丙烯酰胺硫酸盐与醇反应生成酯。

$$CH_2=CHCONH_2+H_2SO_4+ROH \longrightarrow CH_2=CHCOOR+NH_4HSO_4$$

丙烯酰胺与五氧化二磷共热即发生脱水反应，生成丙烯腈。

$$CH_2=CHCONH_2 \xrightarrow[\triangle]{P_2O_5} CH_2=CH-CN+H_2O$$

丙烯酰胺同醛反应能得到几个重要的丙烯酰胺衍生物。在碱性条件下丙烯酰胺与甲醛很容易进行加成反应，生成 *N*-羟甲基丙烯酰胺：

$$CH_2O+CH_2=CHCONH_2 \xrightarrow{pH\ 7\sim9} CH_2=CH—CNHCH_2OH$$

丙烯酰胺在碱性条件下与次卤酸钠发生 Hofmann 降解反应生成氨基丙烯。

$$CH_2=CHCONH_2+NaOCl+2NaOH \longrightarrow CH_2=CH-NH_2+NaCl+Na_2CO_3+H_2O$$

(2) 双键参加的反应

由于丙烯酰胺的—C═C—双键和羰基处于共轭状态，它易受亲核试剂的攻击，发生 Michael 型加成反应。Michael 加成反应是指有活泼亚甲基化合物形成的碳负离子，对α,β-不饱和羰基化合物的碳碳双键的亲核加成，是活泼亚甲基化物烷基化的一种重要方法。可表述如下：

$$A—CH_2—R + \gt C=C\lt_{Y} \xrightarrow{B^-} \frac{R}{A}\gt CH—\overset{|}{\underset{|}{C}}—\overset{|}{\underset{|}{C}}—H \quad (\text{Y on the terminal C})$$

A,Y = CHO,C═O,COOR,NO_2,CN

B = NaOH, KOH, EtONa, *t*-BuOK, $NaNH_2$, Et_3N, $R_4\overset{+}{N}\overset{-}{O}H$, 哌啶(环状 NH)

从形式上看是在—C═C—上的加成反应，而实际上是通过 1,4-加成反应后，再通过烯醇式与酮式互变而成的。

Michael 加成反应必须在碱的催化下进行，常用的碱有乙醇钠、氢化钠、氨基钠和有机碱等。

最初此反应仅指由碳负离子和与羰基连接的缺电子双键的 1,4-加成反应（亲核加成反应）。但现在此反应还包括与其他吸电子团结合的缺电子双键或三键化合物的反应，另外，把 RLi、RMgX、R_2CuLi 等有机金属化物或胺/烷氧化合物当作给电子体的反应也包含在 Michael 加成反应之内。这种反应一般为可逆性的，凡和它反应的化合物亲核性越强，则反应进行越快。

可与丙烯酰胺生成加成衍生物的化合物有氨、亚硫酸钠、亚硫酸氢钠、磷化氢、氧化膦、二硫代氨基甲酸盐、醇、硫醇、脂肪族胺、芳香族胺、硝基甲烷和三硝基甲烷。

丙烯酰胺在碱存在下与羟基化合物发生 Michael 加成反应，有水存在时由于酰氨基快速水解而使反应复杂化。在醇类与酚类中反应则生成相应的醚。

$$ROH + CH_2 = CHCONH_2 \longrightarrow ROCH_2CH_2—CONH_2$$

丙烯酰胺与伯胺反应，在无催化剂存在下，产生一元加成产物或二元加成产物。丙烯酰胺与仲胺反应只能生成一元加成产物，这种加成产物为热可逆性的。丙烯酰胺与叔胺反应生成季铵盐。

丙烯酰胺与氨反应生成 *N*-三丙烯酰胺 NTPA（3,3′,3″-次氮基丙烯酰胺）：

$$NH_3 + CH_2 = CHCONH_2 \longrightarrow N(CH_2CH_2CONH_2)_3$$

此化合物往往作为杂质存在于丙烯酰胺晶体中而影响自由基聚合反应。

丙烯酰胺与亚硫酸钠或硫酸氢钠反应生成 *β*-磺酸钠基丙酰胺:

$$NaHSO_3 + CH_2 = CHCONH_2 \longrightarrow NaO_3SCH_2CH_2CONH_2$$

此反应能在室温下与亚硫酸根离子迅速进行。由于此化合物毒性很小，亚硫酸钠常用作丙烯酰胺的清除剂。

丙烯酰胺与盐酸或氢溴酸加成得到 *β*-卤代丙酰胺，为热可逆性加成过程。丙烯酰胺与氯或溴加成则可得 1,2-二卤代丙酰胺。丙烯酰胺与溴水加成得到 2,3-二溴丙酰胺。丙烯酰胺与氯水加成得到混合氯代物。

丙烯酰胺最重要的反应是生成乙烯基加成聚合物。此反应能用任何游离基引发。

$$n\,CH_2{=}CHCONH_2 \longrightarrow \left[CH_2\underset{\underset{CONH_2}{|}}{CH} \right]_n + \text{热量}$$

氧是强阻聚剂，它与自由基反应生成不活泼的过氧自由基消耗大量引发剂

$$Mx + O_2 \longrightarrow Mx—O—O$$

导致链引发速率降低。

2.3　酶催化体系的丙烯腈水合机理

(1) 腈水合酶的结构特点

微生物法生产丙烯酰胺的研究始于 20 世纪 70 年代中期，到目前为止，使用菌种已优化升级到第三代。第一代菌种为 *Rhodococcus* sp.774，其活力达到 363U，1985 年开始在日本日东公司用于丙烯酰胺的生产；第二代菌种为 *Pseudomonas chlororaphis* B23，活力达到 1260U，在 1988 年替代了第一代菌株成为生产菌株；第三代菌种 *Rhodococcus rhodochrous* J1，经优化，其活力达到 2480U，于 1991 年成为新一代的生产菌株。每一代菌种的更替、活力的提高，都带来工业生产产量的大幅度提高。

腈水合酶大体分为两种：一种在其活性中心含有铁离子；另一种则含有钴离子。对于

含铁的腈水合酶，在菌体培养过程中加入铁离子能有效增加酶活的产生，如第一代和第二代工业生产菌种 *Rhodococcus* sp.774 和 *Pseudomonas chlororaphis* B23。对于含钴离子的腈水合酶，钴离子的加入也能有效提高酶活，第三代生产菌株 *Rhodococcus rhodochrous* J1 属于这种类型。

钴型腈水合酶与铁型腈水合酶具有相似性，用X射线衍射分析腈水合酶亚单位的结构，显示出金属离子为辅助因子，其中金属离子钴与2个N原子和3个S原子形成5个配位键，N来自主链上的酰胺基团，S来自酶蛋白中的半胱氨酸硫醇盐，酶分子中的吡咯喹啉醌为氧化还原反应的辅酶，如图2-5所示。

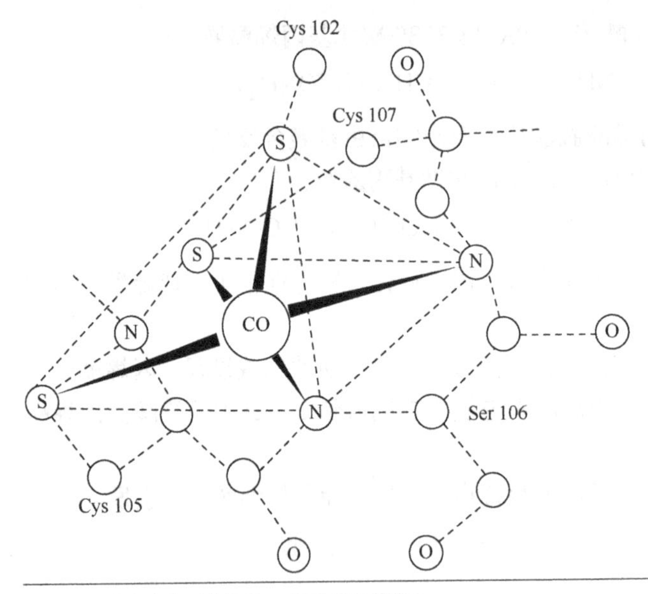

图2-5 腈水合酶亚单位的X射线衍射结构

在分析菌株 *Rhodococcus rhodochrous* J1 的高耐受性时，认为主要是由于这几种菌的腈水合酶的结构不同造成的。J1菌的腈水合酶分子量为505kDa，由10个亚基α和10个亚基β组成。而R312和B23分子量分别为100kDa和85kDa，都由2个亚基α和2个亚基β组成。而且通过提取得到了其他种类的分子量约为100kDa的含钴腈水合酶，与R312和B23的腈水合酶比较，发现其耐受性相当。所以可以排除钴离子对酶的稳定性的增强作用。认为主要原因可能是由于J1的腈水合酶多亚基的结合能增强蛋白的刚性，使之不易受到外界的影响而丧失活性。

不同菌所产生的腈水合酶在结构上存在的差异，在文献中有类似的报道：腈水合酶由亚基α（27±2kDa）和亚基β（29±2kDa）组成，由于分子量为110kDa，故作者指出 *B.pallidus* Dac 521 腈水合酶为（$\alpha\beta$）二异四聚体。而在文献中，*Rhodococcus rhodochrous* J1 能产生两类腈水合酶：大分子酶的分子量为520kDa，小分子酶的分子量为130kDa，两个酶都为亚基α、β组成，但大分子酶为（$\alpha\beta$）9或（$\alpha\beta$）10，小分子酶为（$\alpha\beta$）2。

(2) 腈水合酶催化反应特性及其反应机理

丙烯腈水合反应的终产物为丙烯酸，见图 2-6。

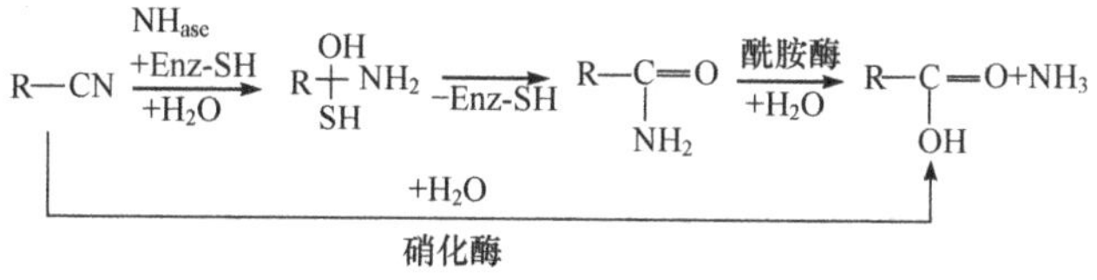

$$R-CN \xrightarrow[+H_2O]{NH_{ase}\ +Enz\text{-}SH} R\overset{OH}{\underset{SH}{+}}NH_2 \xrightarrow{-Enz\text{-}SH} R-\underset{NH_2}{\underset{|}{C}}=O \xrightarrow[+H_2O]{\text{酰胺酶}} R-\underset{OH}{\underset{|}{C}}=O+NH_3$$

$$R-CN \xrightarrow[\text{硝化酶}]{+H_2O} R-\underset{OH}{\underset{|}{C}}=O$$

图 2-6　酶催化下丙烯腈的水合反应

产腈水合酶的普通菌株在生成腈水合酶的同时也产生一定量的酰胺酶。腈水合酶能使丙烯腈转化到丙烯酰胺，丙烯酰胺是最终产物；而酰胺酶能把丙烯腈转化成为丙烯酸，丙烯酸是最终产物。目前工业上使用的钴型腈水合酶是产腈水合酶的变异菌株，该菌株主要产生腈水合酶，仅产生微量酰胺酶。从根本上解决了酰胺酶引起的副产物丙烯酸的产生。反应液中丙烯酰胺的浓度最高可达 600g/L。下面以钴型腈水合酶为例描述催化反应过程。

腈水合酶中的钴离子起到 Lewis 酸的作用。首先，钴离子与腈及周围的水分子结合，激活氰基中的三键，并在辅酶 PQQ（吡咯喹啉醌）的共同作用下水合。一氰基靠近 OH—（或者一个与金属离子形成共价键的水分子）；然后，OH—（如图 2-7A 所示）或者水分子（像广义上的碱一样被活化，如图 2-7B 所示）攻击氰基中的碳负离子，形成一个亚酰胺 [R—C（—OH）NH]；最后，亚酰胺异构化生成酰胺。正是由于这种独特的催化机理，使腈水合酶能有效地催化腈类化合物的水解。

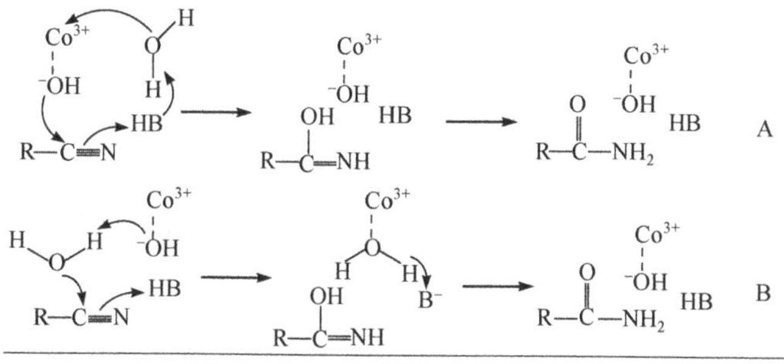

图 2-7　钴型腈水合酶的催化机理

2.4　酶催化体系的丙烯酰胺制备工艺

腈水合酶催化制备丙烯酰胺工艺，习惯上叫生物法生产丙烯酰胺工艺。因为反应体系中投加的是含腈水合酶的生物菌体，而非从菌体中提取的腈水合酶。

生物法丙烯酰胺工艺有以下几个主要工序：微生物催化剂——含钴型腈水合酶菌体的制备；丙烯腈和水在含腈水合酶游离菌体催化下的水合反应；产物丙烯酰胺与反应催化剂-游离细胞的分离；粗丙烯酰胺溶液的纯化-精制工艺；精丙烯酰胺溶液的蒸发浓缩；丙烯酰胺水溶液的结晶；丙烯酰胺晶体的干燥。其工艺流程简图如图 2-8 所示。

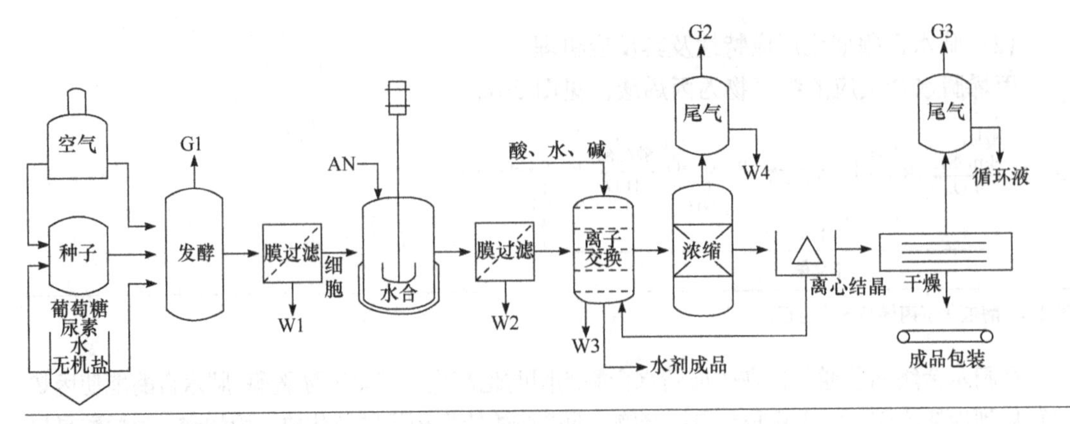

图 2-8　生物法丙烯酰胺工艺流程

2.4.1　微生物催化剂——含钴型腈水合酶菌体的制备

（1）微生物催化剂的分类及特点

微生物催化剂是游离的或固定化的细胞和酶的总称，见图 2-9。

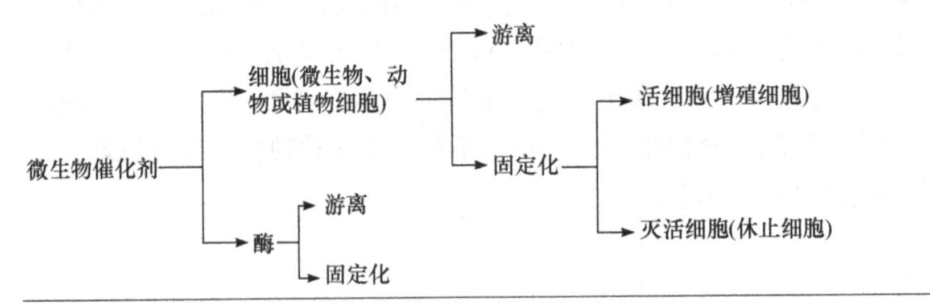

图 2-9　生物催化剂

在进行酶反应时，考虑将催化酶从细胞中提取出来以较纯的催化形式进行酶反应，整体细胞或是从细胞中提取出来的酶都可以游离的形式使用，或采用固定化技术将其固定在多孔惰性介质表面后再使用。固定化酶和固定化细胞可统称为固定化催化剂。固定化细胞根据反应要求，又可分为固定化的活细胞（增殖细胞）和灭活细胞（休止细胞）两种。

与化学催化剂相比，生物催化剂具有能使反应物（底物或基质）在常温常压下反应，反应速率大、催化反应专一、低廉等优点。但其缺点是易受热、受某些化学物质及杂菌的破坏而失活，因而稳定性较差；温度、pH 等对反应相当敏感，需严格控制。

随着原生质体融合技术——细胞水平的杂交技术，DNA 重组技术——分子水平的杂交技术等现代生物技术的发展，可以生产出许多具有特殊性能的非天然存在的新型生物催化剂。近几年，日本用新技术生产出含腈水合酶的新型细胞，该新型细胞腈水合酶的催化活性高、稳定性好。以此催化生成的丙烯酰胺浓度可高达 70%，且电导率很低，不需要精制。

（2）培养微生物菌体的反应器及反应条件的选择

微生物反应器是生物反应过程中的主要设备，它为产酶细胞提供适宜的生长环境和条件。发酵过程的周期一般较长，因此通常采用釜式反应器（发酵罐），实行间歇操作。

对酶反应过程，可选择的反应器类型较多，可根据反应特性（米氏常数的大小、是否存在底物或产物的抑制等）来决定究竟采用连续釜式还是连续管式反应器。反应条件的选择对生化反应过程来说也是至关重要的，可采用釜式反应器，实行间歇操作。

（3）含腈水合酶微生物的间歇培养

在种子罐、发酵罐内按比例加入葡萄糖、尿素、酵母膏、磷酸盐及菌种需要的其他微量元素和水，直接通入蒸汽消毒，加热至 120℃，保温 20min。消毒完毕，立即冷却到 28℃，用无菌接种法向种子罐接入菌种室培养好的诺卡氏菌种，通入无菌压缩空气进行一次发酵。培养 48h 取样，将试样放到 100 倍显微镜下检查是否有杂菌（简称镜检）。若有杂菌即为染菌，判断该批种子不能进入下道工序，通蒸汽杀死全部菌体，销毁。若没有杂菌只有诺卡氏菌，可从种子罐转移到配好料并通蒸汽消好毒、降温到 28℃的发酵罐中，进行二次扩大培养。22h 第一次取样测糖、氮、酶活等指标，同时镜检。之后每 6h 取一次样检测、镜检。检测指标正常，镜检无染菌，继续培养。若指标不正常，镜检染菌，终止培养，酶活低时不能进入下道工序，通蒸汽高温杀死全部菌体，销毁。当正常培养的发酵罐镜检和检测指标达到发酵放罐指标时，用无菌压缩空气压至发酵液初级储罐，降温至 4～6℃待用。表 2-4 为种子罐、发酵罐培养过程的工艺参数。

表 2-4　种子罐、发酵罐培养过程的工艺参数

发酵过程	工艺参数
罐温	25～29℃
风温	25～45℃
罐压	0.05～0.08MPa
风量	种子罐：15～30m³/h；发酵罐：400～300m³/h
搅拌速度	种子罐：60～80r/min；发酵罐：75～97r/min
培养时间	种子罐：48～60h；发酵罐：50～60h

（4）微生物催化剂——含腈水合酶游离细胞的提取

菌体大小为 1.14μm×1.76μm，要从发酵液中提取到纯净的游离细胞，可选用分离系数高的碟片离心机、管式离心机，也可选择孔径合适的中空纤维微滤膜、卷式膜等。目的是获得纯净的游离细胞，将生物细胞与发酵液里过剩的培养基——糖、氮、微量元素及培养过程中的二级代谢产物——如丙酮酸、乳酸、乙酸、氨基酸、蛋白质碎片等分开。用离心机分离细胞的优点是产生的工业污水量小；缺点是高分离系数的离心机转速高，单台产能小，细胞损失量大。用膜分离细胞的优点是细胞几乎不损失，能力可由膜管自由组合，占地面积小；缺点是产生的工业污水量大。

这里介绍一种中空纤维微滤膜的双向流过滤工艺。如图 2-10 所示。

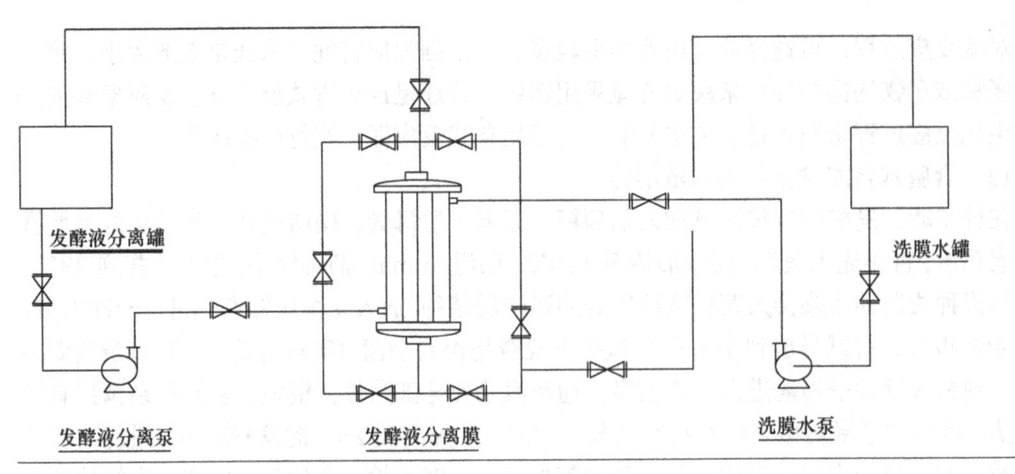

图 2-10 双向流（TWF）过滤工艺

将发酵液流向以 20min 为周期进行倒向，即发酵液流向按通常的下进上出方式运行 20min 后，切换阀门，将发酵液流向反转为上进下出方式，运行 20min，依次循环进行。将发酵液的电导率洗至小于 100μS/cm，保温 20℃待用。

膜型号为 MIF-910，膜面积为 $3.7m^2$，孔径为 0.1μm 的中空纤维微滤膜组件运行数据见表 2-5。

表 2-5 中空纤维微滤膜对丙烯酰胺发酵液菌体的浓缩数据

批次	发酵液体积/L	浓缩液体积/L	透过液菌体粒子分数/%	浓缩值/倍	所需时间/h
1	300	31	0	9.7	1.7
2	280	30	0	9.3	1.7
3	285	29	0	9.8	1.8
4	310	30	0	10.3	1.9
5	290	32	0	9.1	1.8

从表 2-5 中可以看出，利用微滤膜对发酵液里的菌体进行浓缩，透过液在放大 100 倍的显微镜下镜检未发现菌体，即菌体被全部截留。发酵液体积浓缩倍数接近 10 倍，且浓缩时间小于 2h。

另外，由于丙烯酰胺、发酵液成分简单，因而对膜造成的污染较轻。每次生产完成后经过简单的水清洗即可完全恢复膜的通量。

2.4.2 丙烯腈和水在含腈水合酶游离菌体催化下的水合反应

(1) 水合反应对原料的要求

在腈水合酶催化条件下要使丙烯腈和水的反应能顺利进行，原料丙烯腈中的 HCN、噁唑、NH_2OH、苯肼、羰基化合物、巯基乙醇和 EDTA 等这些能抑制或使腈水合酶失活的物质含量要尽可能低。最早生产丙烯酰胺用的丙烯腈必须进行蒸馏提纯。使用去除无机离子如重金属离子 Cu^{2+}、Hg^{2+}、Pb^{2+}、Ag^{+}等的脱盐水，以保证酶的高效和可持续性使用。细胞一定要分离、洗涤干净，把细胞的代谢产物如丙酮酸、乳酸、乙酸等去除。

（2）生物法水合反应条件的选择

①反应温度、反应物与产物浓度的确定　在以丙烯腈为原料、微生物酶催化生产丙烯酰胺的过程中，酶是反应过程的核心控制因素。因此，影响酶活性的因素就是影响丙烯腈水合反应的因素。研究含酶细胞作为催化剂的反应动力学，目的是研究菌体浓度、温度、pH 值、丙烯腈浓度、丙烯酰胺浓度等对催化反应速率的影响。结果表明，在这些因素中，温度和丙烯酰胺浓度是最主要的影响因素。28℃时酶活力浓度为 5659U/mL（菌液），在 5℃时的反应速率仅为 28℃时的 11.72%，相应的表观酶活力浓度为 663U/mL（菌液）。而在丙烯酰胺 45%浓度条件下的酶活大约只有丙烯酰胺 5%浓度下酶活的 1/2。经过对不同温度下反应速率的研究 $\ln r=(34.79567\pm0.80284)-(7887.2571\pm232.92912)/T$，得到水合反应的活化能为 65.57kJ/mol。进一步研究游离细胞状态下，菌体浓度、pH 值、温度、丙烯腈浓度、丙烯酰胺浓度对腈水合酶失活的影响，得到失活动力学方程：$\ln k_1=(36.15\pm0.88)-(11099\pm253)/T$。结果表明，在这些因素中，对酶失活影响的最主要因素还是温度和丙烯酰胺浓度。尤其当丙烯酰胺浓度达到 35%时，酶活性下降得很快，在 55h 后，酶活性几乎为零。而原料丙烯腈的浓度对酶活性影响很小。

通过温度对酶活性的影响试验，28℃的酶失活速率常数为 5℃的 21.77 倍。经过对温度与失活速率常数的拟合，得到腈水合酶失活反应的活化能为 92.28kJ/mol。因此，工业上控制酶反应温度 20～25℃，丙烯酰胺浓度 30%～35%。丙烯腈浓度小于 2%。

②反应体系 pH 值的确定　反应介质的 pH 值是影响酶活的又一个主要因素。pH 值影响着酶的离子化，而离子化状态决定了酶的构象，酶的构象进而又影响酶的活性和选择性，且 pH 值可通过对底物离解作用而影响反应速率。底物可以以质子化或非质子化状态发生反应。由于不同状态的底物与酶结合的能力不同，因而影响酶反应速率；同时，酶的质子化[EH^+]和非质子化[E]状态也会影响反应速率。腈水合酶最佳 pH 值范围具有相似性，一般为 6.5～7.5，这可能是由于酶蛋白的变性和亚基的解离造成的，如含有硫醇的氨基酸残基等电点 pKa 位于 4.6 附近，较低的 pH 易使之变性。然而，也有学者认为硫醇参与辅助因子金属离子的配位，而不参与催化过程。总之，pH 值对水合反应影响较大。

③影响反应的主要因素　腈水合酶是金属酶，由于金属离子在其催化活性中心的重要作用，所以培养基中加入特定金属离子对酶活有很大的影响。如 Co^{2+}和 Fe^{2+}有很大的促进作用，然而，重金属离子 Hg^{2+}、Cu^{2+}、Pb^{2+}、Ag^{+}等却能强烈地抑制酶活，另有一些化合物如 KCN、NH_2OH、苯肼、羰基化合物、巯基乙醇和 EDTA 等也有抑制作用。

（3）生物法丙烯酰胺的水合操作工艺

将中空纤维微滤膜的双向流过滤工艺得到的游离细胞液送入反应釜。加入符合原料要求的定量纯水，然后滴加符合原料要求的丙烯腈，按反应要求的控制条件进行反应，当产物浓度达到 30%～33%时，停止滴加丙烯腈，开始降低丙烯腈残留量。当丙烯腈残留量小于0.01%时，判定为反应结束。然后将水合反应釜中的反应混合液（丙烯酰胺+水+游离细胞+各种杂质）由泵送入中空纤维超滤膜，将游离细胞和产物分离。同时除去大部分大分子量杂质、细胞体和可溶性蛋白质，得到粗丙烯酰胺溶液。

2.4.3 产物丙烯酰胺与反应催化剂-游离细胞的分离

从表2-6中可以看出，聚偏氟乙烯中空纤维超滤膜的平均滤速大于150L/h，电导率小于800μS/cm，且透过液中蛋白的含量非常低，达到10^{-6}级别。

表2-6 中空纤维超滤膜对丙烯酰胺水合液菌体的分离数据

批次	原液体积/L	透过液体积/L	工作时间/h	平均滤速/（L/h）	透过液蛋白含量/%	色度（Pt-Co）	电导率/（μS/cm）
1	420	375	2.5	150	8.0×10^{-6}	5	520
2	430	390	2.6	150	5.6×10^{-6}	5	790
3	400	360	2.3	157	7.0×10^{-6}	15	700
4	410	360	2.4	150	8.0×10^{-6}	10	480
5	415	360	2.3	157	5.3×10^{-6}	15	500
6	425	380	2.6	146	4.7×10^{-6}	10	450
7	400	355	2.2	161	7.0×10^{-6}	20	450
8	400	360	2.2	164	4.7×10^{-6}	5	530
9	390	350	2.1	167	5.0×10^{-6}	5	790
10	430	370	2.5	148	7.3×10^{-6}	15	560

要从反应混合液中将游离细胞、自溶细胞碎片、大分子量杂质等分离出来，可选择孔径合适的中空纤维超滤膜或卷式膜单独使用；也可选用分离因数高的碟片离心机、管式离心机与中空纤维超滤膜、卷式膜联合使用。单独使用中空纤维超滤膜或卷式膜的优点是工艺简单，投资少，占地面积小；缺点是洗涤酶失活游离细胞需要较多的工艺纯水，产生大量工艺回收水，膜的使用寿命短。联合装置的优点是洗涤酶失活游离细胞需要的工艺纯水少，产生的工艺回收水少，膜的使用寿命长；缺点是工艺复杂，投资多，占地面积大。

产物丙烯酰胺水溶液中游离细胞的分离也是采用中空纤维微滤膜的双向流过滤工艺完成的（图2-11）。不同的是，分离产品中的游离细胞用的是超滤膜。

以组件型号为UIF-910，膜面积为3.7m²，截留分子量为60000的中空纤维超滤膜装置为例，分析装置的配套能力和过滤得到的产品质量。实验所得数据见表2-6。

经中空纤维超滤膜将游离细胞、自溶细胞碎片、蛋白质、可溶性大分子量杂质等分离出来得到的反应液，浓度在30%左右，工艺中称为丙烯酰胺粗溶液。

2.4.4　粗丙烯酰胺溶液的纯化-精制工艺

丙烯酰胺粗溶液里的杂质主要是不能被超滤膜除去的水溶性小分子量物质。它来源于两个途径：第一，由原料丙烯腈、水和游离细胞携带的；第二，反应过程中产生的。

原料丙烯腈和水带入反应系统的杂质量小且易控，游离细胞带入反应系统或在反应过程中产生的杂质有未洗净的氨基氮、磷酸盐、硫酸盐和细胞在反应过程中自溶产生的色素、氨基酸等。

反应中产生的杂质是游离菌体携带的微量酰胺酶，酰胺酶催化丙烯酰胺产生少量丙烯酸。

丙烯酰胺粗溶液里不能被超滤膜除去的水溶性小分子量物质，工艺上用阴、阳离子交换树脂进行交换去除。如图 2-11 所示。

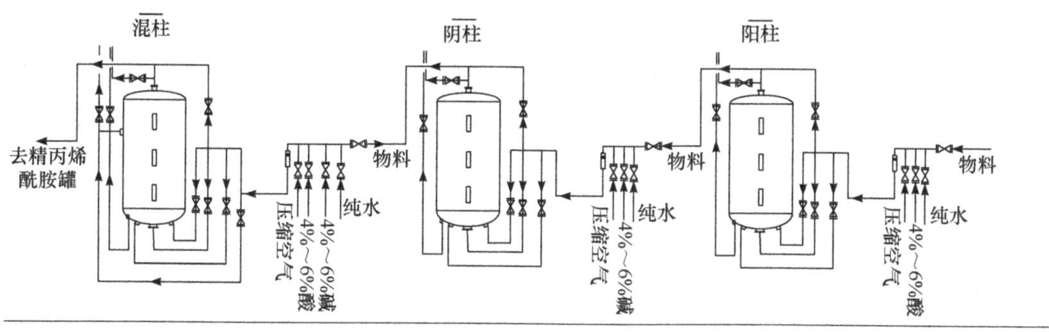

图 2-11　丙烯酰胺溶液精制流程

离子交换树脂分为阳离子树脂和阴离子交换树脂两大类，它们可分别与溶液中的阳离子和阴离子进行交换。阳离子树脂分为强酸性和弱酸性两类，阴离子树脂也分为强碱性和弱碱性两类。

离子交换树脂根据其基体的种类分为苯乙烯系树脂和丙烯酸系树脂。根据树脂的物理结构分类又分为凝胶型和大孔型。丙烯酰胺的工业化生产中，多用强酸强碱型。

经过超膜分离和离子交换树脂去除杂质的丙烯酰胺精制溶液，可作为丙烯酰胺水剂产品出售。但由于丙烯酰胺精制溶液的浓度在 30%左右，市售运输成本较高，因此，目前市售丙烯酰胺水剂的浓度多为 50%。

50%浓度的丙烯酰胺水溶液由 30%丙烯酰胺水溶液浓缩制得。生产丙烯酰胺晶体时，需要将丙烯酰胺水溶液浓缩到 60%。因此，需要了解丙烯酰胺水溶液的蒸发浓缩技术。

2.4.5　精丙烯酰胺溶液的蒸发浓缩

（1）丙烯酰胺水溶液蒸发浓缩原理

溶液的蒸发就是用加热的方法，将含有不挥发性溶质的溶液加热至沸腾状况，使部分溶剂汽化并被移除，从而提高溶剂中溶质浓度的单元操作。蒸发工艺一直是化工工艺中常见的操作单元，随着工业蒸发技术的不断发展，蒸发设备的结构和形式不断地改进与创新，其种类繁多，结构各异，常见的蒸发设备有溶液在蒸发器内作循环流动的自然循环和强制循环蒸发器；物料在蒸发器内单程通过的升膜蒸发器、降膜蒸发器、刮板式蒸发器。既可正压、常压、真空操作，又可单台（单效）、两台（双效）、三台（三效）等串联操作。

有对物料的适应性很强，且停留时间短到数秒或几十秒的蒸发设备；也有适应于高黏度（如栲胶、蜂蜜等）和易结晶、结垢、热敏性物料的蒸发设备；还有适应热敏、结晶性物料溶液在减压状态下沸点降低，实现低温蒸发的蒸发设备。尽管有很多文献报道和专利申请各种蒸发设备，然而遗憾的是，在丙烯酰胺稀溶液浓缩的工业化进程中至今没在上述蒸发设备中找到适合其蒸发的设备结构和形式。而是选用了广泛应用于精馏、吸收和萃取的逐级接触型气液传质设备——筛板塔。原因是丙烯酰胺为热敏性物质，加热情况下极易自聚。

丙烯酰胺是活泼的聚合单体，单体一旦受到自由基攻击蒸发设备将无法运行。相同温度下，高浓度比低浓度的丙烯酰胺水溶液易聚合；相同浓度下，高温比低温易聚合；高温高浓度时更易聚合。也就是说，丙烯酰胺水溶液的加热浓缩过程极易自聚，必须加入一定量的阻聚剂以阻止自聚现象的产生。生产中，在丙烯酰胺水溶液中添加化学阻聚剂对羟基苯甲醚，然后在加热器中通入大量的空气（氧气为良好的阻聚剂），即在空气保护下完成浓缩过程。

板式塔是一类用于气液或液液系统的分级接触传质设备，由圆筒形塔体和按一定间距装置在塔内的若干塔板组成。根据塔板上气液接触元件的不同，可分为泡罩塔、浮阀塔、筛板塔、穿流多孔板塔、舌形塔、起浮舌形塔和起浮喷发塔等多种。在丙烯酰胺溶液浓缩工艺中，主要使用筛板塔和泡罩塔。

筛孔塔板简称筛板，如图 2-12 所示。塔板上开有许多均匀的小孔，一般分为小孔径 3～8mm 和大孔径 10～25mm。筛孔在塔板上为正三角形排列。塔板上设置溢流堰，使板上能保持一定厚度的液层。操作时，气体经筛孔分散成小股气流，鼓泡通过液层，气液间密切接触而进行传热和传质。在正常的操作条件下，通过筛孔上升的气流，应能阻止液体经筛孔向下泄漏。

优点：结构简单、造价低、塔板阻力小。

缺点：操作弹性小，筛孔小时容易堵塞。

在一般筛板塔内，没有加热装置；而改进型的筛板塔内，有加热装置，如图 2-13 所示。

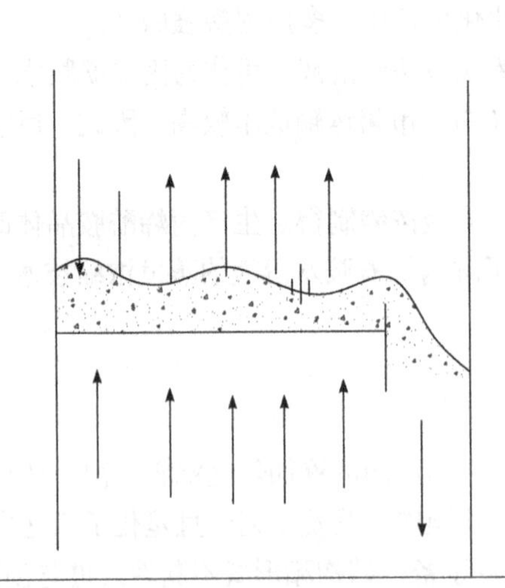

图 2-12 筛孔塔板

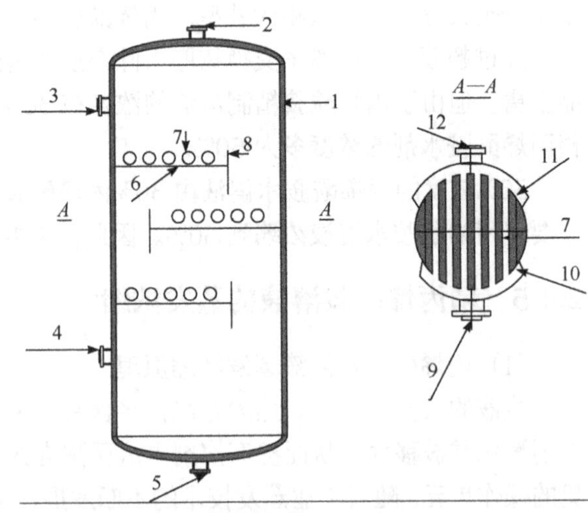

图 2-13 丙烯酰胺溶液蒸发筛板塔和加热管结构

1—塔体；2—排气口；3—进料口；4—进气口；5—出料口；6—塔板；7—加热管；8—溢流口；9—加热蒸汽进口；10—加热蒸汽腔；11—冷凝液排出腔；12—冷凝液排出口

以改进型筛板塔为例，分析丙烯酰胺溶液在设备内的传热传质过程和设备运行中是如何实现不干壁、均匀有效阻聚的。

在一般筛板塔内，当热流体自上而下流动，空气由下而上与热流体逆流流动时，沿塔高气液两相的温度和湿度是发生变化的，并且空气与料液接触时，在料液面上（气、液界面）存在一层饱和空气层，其温度与界面料液温度相同（处于平衡状态）。气相湿度 H 自上而下始终低于料液界面饱和空气层中的平衡湿度 H_i，因此沿塔高不断有水分蒸发，水汽向空气传递并携走潜热，致使料液不断冷却，空气不断增湿。如果有足够多层的塔板，那么从温度变化来看，料液温度自上而下连续下降，在塔中某处与空气温度可以达到平衡。

按照两相间的温度可将全塔分成上、中、下三段，每段情况：上段气温低于料液温度，中段某截面料液温度与气温平衡，下段料液温度低于气温。结合图 2-14 所示温度和湿度的分布情况，可看出塔内各段的热量、质量传递过程特点。

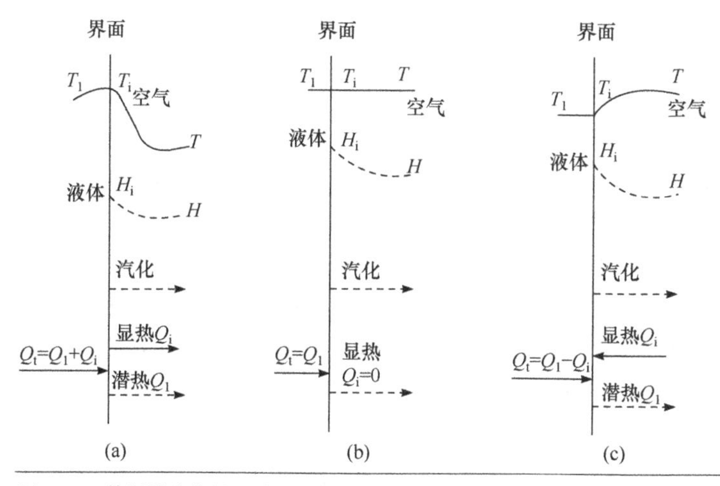

图 2-14　筛板塔中热量、质量传递过程

这一过程，实际上就是空气在塔中的增湿过程。高温物料将热量传递给空气进行热交换，同时，水分子进入空气完成质交换。这样就实现了丙烯酰胺水溶液在低于沸点温度下的脱水过程。有效控制丙烯酰胺浓缩浓度在 60%左右。通过程序降温可以得到丙烯酰胺晶体，经离心和干燥后即可得到单体的晶体产品。

（2）丙烯酰胺溶液蒸发浓缩工艺流程

将精丙烯酰胺溶液加入丙烯酰胺循环罐，启动丙烯酰胺循环泵、罗茨风机，给加热盘管提供热源开始浓缩。物料一直循环，直至浓度达到要求。进入浓缩塔的空气经过热、质交换从塔顶排出进入旋风分离器，分离出空气夹带的液滴。液体回到循环罐，从旋风分离器排出的气体进入尾气吸收塔，用纯水或低浓度丙烯酰胺水吸收空气中夹带的丙烯酰胺，丙烯酰胺回收利用，空气排入大气，如图 2-15 所示。

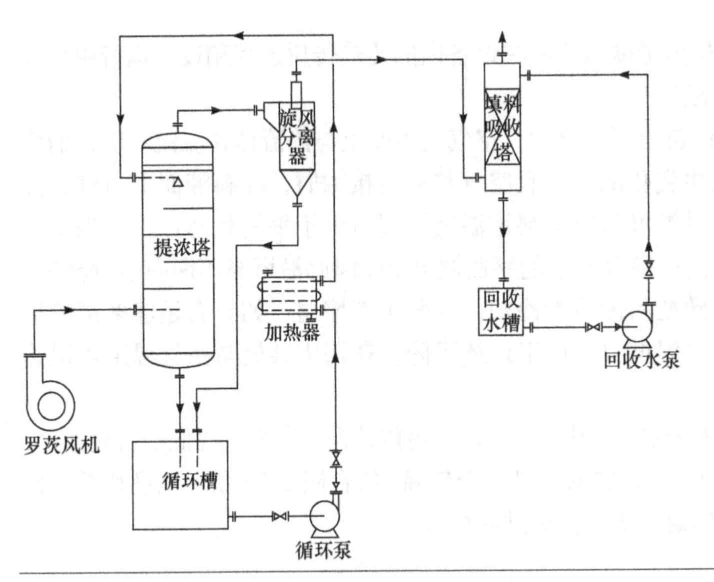

图 2-15 丙烯酰胺溶液蒸发浓缩工艺流程

2.4.6 丙烯酰胺水溶液的结晶

从丙烯酰胺的不饱和溶液里析出晶体，一般要经过下列步骤：不饱和溶液→饱和溶液→过饱和溶液→晶核的发生→晶体生长等过程。

析出晶体的方法有以下两种（图 2-16）。①恒温蒸发，使溶剂的量减少，P点所表示的溶液变为饱和溶液，即变成s曲线上的A点所表示的溶液。在此时，如果停止蒸发，温度也不变，则A点的溶液处于溶解平衡状态，溶质不会由溶液里析出。若继续蒸发，则随着溶剂量的继续减少，原来用A点表示的溶液必须改用A_1点表示，这时的溶液是过饱和溶液，溶质可以自然地由溶液里析出晶体。②若溶剂的量保持不变，使溶液的温度降低，假如P点所表示的不饱和溶液的温度由t_1降低到t_2时，则原P点所表示的溶液变成了用s曲线上的B点所表示的饱和溶液。在此时，如果停止降温，则B点的溶液处于溶解平衡状态，溶质不会由溶液里析出。若使继续降温，由t_2降到了t_3时，则原来用B点表示的溶液必须改用B_1点表示，这时的溶液是过饱和溶液，溶质可自然地由溶液里析出晶体。

2.4.6.1 丙烯酰胺结晶热力学

丙烯酰胺结晶过程的研究通常是从研究其热力学行为开始，主要包括固液相平衡和亚稳区两方面内容。

(1) 丙烯酰胺的固液相平衡-溶解度的影响因素

①温度　丙烯酰胺在水中的溶解度与温度的关系曲线见图 2-17。从图中可以看出，丙烯酰胺在水中的溶解度较大，且随温度的升高明显增大，这种特性适合溶液结晶过程的进行。

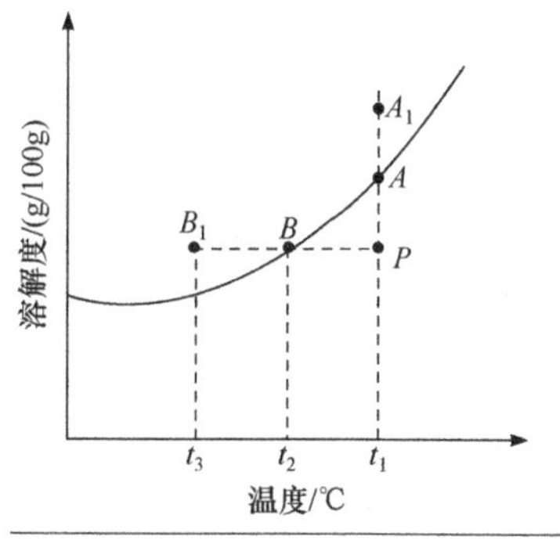

图 2-16　结晶原理

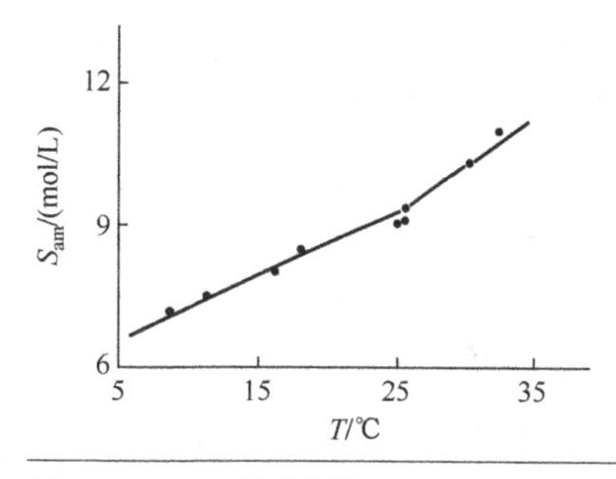

图 2-17　S_{am}-T关系曲线

将图 2-17 中丙烯酰胺在水中的溶解度与温度关联，由于丙烯酰胺溶解度随温度变化很大，其溶解度曲线较陡，用一阶指数方程式关联比用多项式关联的效果要好。一阶指数方程式的相关系数 r= 0.94，拟合结果如下所示：

$$S_{am} = 5.990e^{0.018T} \tag{2-3}$$

式中，T为溶液温度，℃；S_{am}为丙烯酰胺溶解度，mol/L。在图 2-17 所示的温度范围内，用此关联式的误差不超过 7%。

②pH 值　在结晶过程中是比较重要的操作参数，但丙烯酰胺的溶解度随着 pH 值的改变变化并不明显。根据丙烯酰胺的化学特性，结晶在中性条件下进行效果最好。

(2) 亚稳区宽度的影响因素

结晶亚稳区宽度（图 2-18）值能反映结晶溶液的过饱和溶解特性。丙烯酰胺的结晶亚稳区宽度为 7～10℃，且随着搅拌速度的增加而减小。搅拌速度的提高，溶液过饱和度减小，结晶发生的时间提前。结晶发生后的温升减小，温度对过饱和度的影响不大。

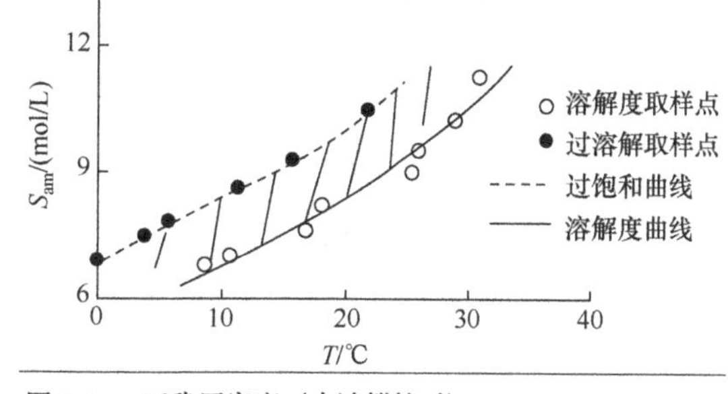

图 2-18　亚稳区宽度（中速搅拌时）

2.4.6.2　丙烯酰结晶动力学

采用 MSMPR 连续结晶器研究丙烯酰胺的成核-生长动力学。实验结果表明，丙烯酰胺的结晶过程基本满足ΔL 定律（大多数物质，悬浮于过饱和溶液中的几何相似的同种晶体都以相同的速率生长，即晶体的生长速率与原晶粒的初始速度无关），丙烯酰胺的晶体生长与粒度无关。在小于 100μm 的晶体粒度范围内存在大量的细小晶粒。成核-生长动力学级数随温度没有明显的规律，可认为在 10～20℃，丙烯酰胺的成核-生长动力学级数为 4.30，大于 1，说明晶体成核动力学级数大于晶体生长动力学级数，即成核速率大于生长速率，不利于晶体的生长，不能通过调节晶浆密度来控制晶体产品的粒度。

2.4.6.3　丙烯酰胺的工业结晶方法和设备

化学工业上常见的蒸发结晶设备如HC系列蒸发结晶器、强制循环蒸发结晶器、DTB型蒸发结晶器、克里斯塔尔结晶器、导流筒结晶设备等均不能用于丙烯酰胺浓缩液的结晶。经过大量的试验研究，第一套用于工业大生产的结晶器确立为夹套结晶釜，结晶釜的材质必须为惰性材料搪玻璃，而不能用传热效果好的不锈钢，原因是丙烯酰胺分子中氧原子与氮原子的存在，在结晶过程中严重结疤，致使结晶过程不能正常进行。

2.4.6.4　丙烯酰胺工业结晶过程的操作及质量控制

丙烯酰胺水溶液的过饱和度增加，可提高成核速率和晶体生长速率，有利于提高结晶生产能力。但饱和度过大会出现以下问题：成核速率过快，产生大量微小微晶，晶体难以长大；结晶生成速率太大，影响晶体质量；结晶釜壁容易产生晶垢。所以，丙烯酰胺浓缩液在结晶釜降温时，要严格控制降温速率，降温速率应控制在8～12℃/h。

（1）结晶釜的搅拌与混合

提高搅拌速度可提高成核和生长速率。搅拌速度过快会造成晶体的剪切破碎，影响晶体产品质量。为获得较好的混合状态，同时避免晶体的破碎，利用直径或叶片较大的搅拌桨，降低桨的速度。结晶釜多用锚式搅拌，3～8m^3结晶釜，转速60～120r/min。

（2）丙烯酰胺晶浆浓度

晶浆浓度越高，单位体积结晶釜中晶体表面积越大，结晶速率越大，有利于提高结晶生产能力。但晶浆浓度过高时，悬浮液的流动性差，混合搅拌困难。丙烯酰胺结晶时，不添加晶种，晶浆浓度控制在50%～60%。

（3）丙烯酰胺浓缩液共存杂质的影响

丙烯酰胺浓缩液中有阻聚剂、丙烯酸及其盐等杂质共存。这些杂质的浓度低时，对丙烯酰胺的结晶无明显影响；高时，可使丙烯酰胺晶体发黄、变黏，流动性差。

①丙烯酰胺浓缩液pH：一般控制在7～8。

②结晶釜及管道的晶垢：结晶釜壁及循环系统中产生晶垢影响结晶效果，需定期用纯水对结晶釜清洗。

③丙烯酰胺晶体的结块：是一种导致结晶产品品质劣化的现象。导致晶体结块的主要原因有二，一是晶体结晶理论，由于结晶与溶解不断交替造成丙烯酰胺晶体表面溶解并重结晶，使晶粒之间在接触点上形成固体晶桥，呈现结块现象；二是毛细管吸附理论，由于丙烯酰胺晶体间或晶体内的毛细管结构，水分在晶体内扩散，导致部分晶体的溶解和移动，为晶粒间晶桥的形成提供饱和溶液，导致晶体结块。

2.4.7　丙烯酰胺晶体的干燥

经过结晶、离心得到的丙烯酰胺晶体含水分3%～5%。要得到性能稳定、易于储存的丙烯酰胺晶体，就需要对其进行干燥，使水分降到0.8%以下。

干燥是指通过汽化除去湿物料中水分或其他溶剂的方法。丙烯酰胺中水分存在的形式有两种：非结合水和结合水。非结合水为存在于丙烯酰胺表面或孔隙中的水分，结合水为存在于丙烯酰胺内可溶性固体溶液中的水分。非结合水结合能力较弱，易通过一般加热汽化除去。结合水结合能力较强，难以从丙烯酰胺物料中除去。丙烯酰胺的平衡水是该物料在一定温度和相对湿度下的水分。平衡水分不能用干燥的方法除去，要降低这部分水分，只有降低空气的相对湿度。

丙烯酰胺的干燥过程如图 2-19 所示。

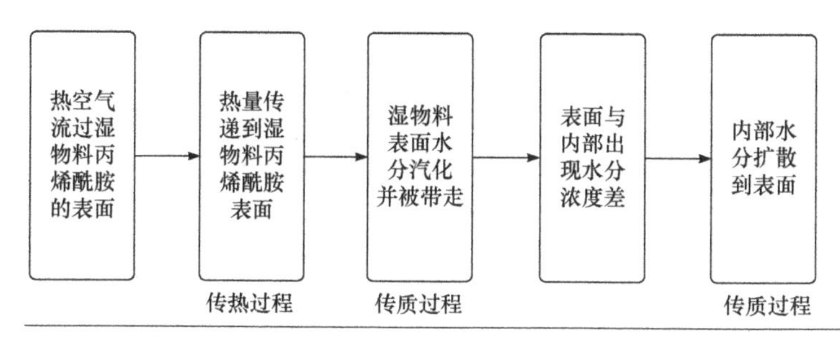

图 2-19　丙烯酰胺的干燥过程

2.4.7.1　丙烯酰胺的干燥方法和设备

丙烯酰胺的干燥方法是微负压、连续式、对流干燥。采用设备是振动流化床，其结构如图 2-20 所示。

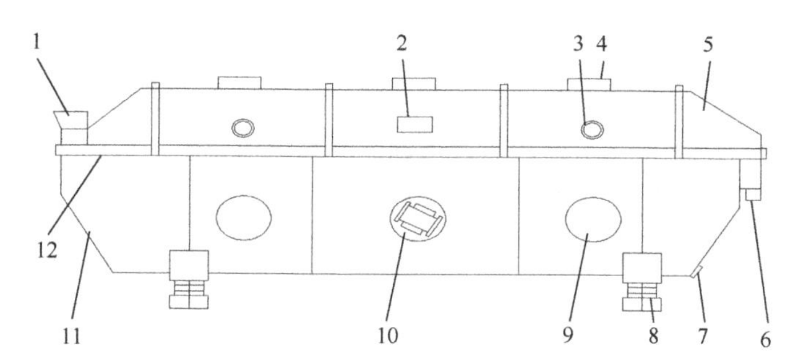

1—进料口; 2—手孔; 3—视镜; 4—出风口; 5—上床体; 6—出料口; 7—积料排出口;
8—减震弹簧; 9—热风进口; 10—振动电机; 11—下床体; 12—布风板

图 2-20　振动流化床结构

振动流化床就是将机械振动施加于流化床上，调试振动参数，使物料沸腾流化，在连续进料状态时能够得到较理想的活塞流。

流化床干燥是利用从流化床底部吹入的热空气使丙烯酰胺晶体吹起悬浮，流化翻滚如“沸腾状”。丙烯酰胺晶体的跳动大大增加了蒸发面，热气流在悬浮的颗粒间通过，在动态下进行热交换，带走水分，实现干燥目的。干燥后的丙烯酰胺晶体由溢流口连续溢出。尾气进入旋风分离器将所夹带的细粉除下，气体经引风机排到淋洗塔。洗涤后排入大气。

2.4.7.2　丙烯酰胺晶体的干燥工艺

丙烯酰胺晶体干燥的工艺流程如图 2-21 所示。

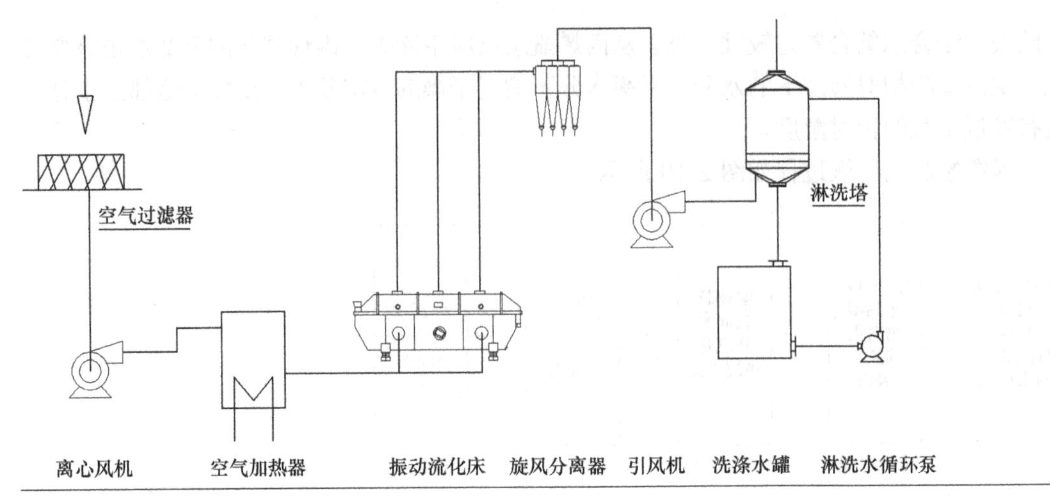

图 2-21　丙烯酰胺晶体干燥工艺流程

2.4.7.3　丙烯酰胺干燥的质量控制因素

丙烯酰胺晶体湿物料的结构、形态、水分与物料的结合方式会影响水分在丙烯酰胺内部的扩散速度。结晶颗粒大的丙烯酰胺物料比结晶小的丙烯酰胺物料干燥快。影响其干燥的质量控制因素如下。

(1) 干燥温度与时间

温度越高，干燥介质与丙烯酰胺湿物料间温差越大，分子运动速度越快，干燥速度越快。但温度过高会使丙烯酰胺晶体升华加剧，达到或超过丙烯酰胺晶体熔点时，丙烯酰胺熔融聚合。提高振动流化床物料的床层厚度，可延长干燥时间。

时间长干燥效果好。但当物料中水分达到平衡水分时，即使无限制地延长干燥时间，也不能改变丙烯酰胺的干燥程度。

(2) 空气的湿度和流速

干燥空气的相对湿度越低，流速越快，则湿度差越大，丙烯酰胺晶体的干燥速度越快。因此，为避免空气的相对湿度饱和而停止蒸发，常用加大空气流速及时将汽化的湿气带走。

(3) 丙烯酰胺物料的暴露面

干燥速度与丙烯酰胺晶体物料的暴露面积成正比。在静态下进行干燥，气流只在丙烯酰胺表面掠过，暴露面越大，干燥越快。在动态下进行干燥，丙烯酰胺处于悬浮的气流中，晶体颗粒彼此分开，增大了在空气中的暴露面，干燥速度加快。提高振动流化床的振幅，有利于增大物料的暴露面积。

(4) 干燥压力

丙烯酰胺的干燥是在微负压的振动流化床中进行的。压力与干燥速度成反比。压力越小，干燥速度越大。因此，减压干燥是加快干燥的有效手段。减压干燥既能加快干燥速度，又能降低干燥温度。尤其是在负压状态下，升华的丙烯酰胺气体不会从振动流化床内溢出，保证了生产车间的卫生健康条件。

□ 思考题

1. 如何提纯丙烯酰胺晶体?
2. 月末在制品盘存时，15%、20%、36%的丙烯酰胺水溶液体积依次有 $20m^3$、$8m^3$、$30m^3$。问系统共有多少丙烯酰胺?
3. 35℃温度下，有一丙烯酰胺水溶液的折射率为 1.348，问丙烯酰胺的浓度是多少?
4. 25℃时，丙烯酰胺固体的气相浓度为 26mg/L，怎么理解?
5. 30℃时，干燥、开放空间存放的丙烯酰胺重量为什么会减少?
6. 如何将撒落到地面上的丙烯酰胺变成无毒品，然后进行清洗?
7. 碱性条件下密闭存放的丙烯酰胺，开盖时有什么气味?
8. 丙烯酰胺具有弱酸性，它能生成盐吗?
9. 丙烯酰胺单体分子内的共轭体系对聚合有什么影响?
10. 丙烯酰胺水溶液在酸性和碱性条件下都能聚合，哪种情况下聚合更快？为什么?
11. 空气是如何起阻聚作用的?
12. 运输甲醇的罐车能否直接盛装丙烯酰胺水溶液？为什么?
13. 丙烯腈水解反应中水优先进攻丙烯腈的哪个位置?
14. 腈水合酶中的钴离子起什么作用?
15. 腈水合酶是金属酶，那么哪些金属对其有抑制作用?
16. 对酶失活影响的最主要因素有哪些?
17. pH 值如何影响腈水合酶的催化能力?
18. 哪些方法能从发酵液里获得丙烯腈水合反应所需的游离细胞?
19. 如何从含有游离细胞的反应液中得到所需产品丙烯酰胺溶液?
20. pH 值如何影响水合反应?
21. 温度是如何影响酶的活性的?
22. 精制工序是要去除哪些杂质?
23. 反应对哪些原料有要求?
24. 溶液在蒸发器中的运动状况可分为哪几种形式?
25. 蒸发操作有哪些特点?
26. 丙烯酰胺的成核-生长动力学级数为 4.30，说明什么问题?
27. 单程型升膜蒸发器的传质传热过程有几种情况?
28. 蒸发过程中的干壁现象怎样避免?

第3章 聚丙烯酰胺的理化性质

3.1　聚丙烯酰胺的物理性质

一般来说，聚丙烯酰胺是丙烯酰胺的均聚物或与其他单体的共聚物，以及这类衍生物的统称，分子量可以达到千万数量级，是水溶性高分子聚合物中应用最广泛的品种之一。

由于聚丙烯酰胺分子链上含有酰氨基、离子基团等，因此其显著特点是亲水性高，易吸收水分和保留水分，且吸水率随衍生物的离子性增加而增加。聚丙烯酰胺能以任何比例与水互溶，不溶于大多数有机溶剂，如甲醇、乙醇、丙酮、乙醚和烃类化合物；可以在加热下微溶于少数极性有机溶剂，如乙酸、丙烯酸、氯乙酸、乙二醇、甘油和甲酰胺等。因此，聚丙烯酰胺可以通过甲醇或丙酮从水溶液中沉淀出来，干燥的聚丙烯酰胺可用含20%～30%水的甲醇或丙酮洗涤除去单体。

3.1.1　聚丙烯酰胺水溶液的黏度性质

聚丙烯酰胺水溶液是均一清澈的溶液，在极低浓度的纯聚丙烯酰胺溶液中，仅含单个无缔合的高分子线团，当聚合物分子量为 10^6、浓度为 $6\times10^{-6}g/cm^3$ 时，高分子线团开始互相渗透，足以影响对光的散射。浓度稍高时，链间的缠结和氢键相互作用使聚丙烯酰胺呈现溶胶行为。

聚丙烯酰胺水溶液对很多电解质有良好的相容性，例如氯化铵、硫酸铜、氢氧化钾、碳酸钠、硼酸钠、硝酸钠、磷酸钠、氯化锌等都可以与聚丙烯酰胺水溶液共存，不发生相分离。此外，聚丙烯酰胺水溶液能容纳相当多的与水互溶的有机化合物，例如尿素、季戊四醇、糖、三聚氰胺以及六亚甲基四胺等。

聚丙烯酰胺水溶液另一个重要特性是呈现高黏性，其黏度依赖于聚丙烯酰胺的分子量、溶液的浓度、温度、pH 以及剪切速率。

(1) 分子量对黏度的影响

在一定温度下，聚丙烯酰胺水溶液的黏度随聚丙烯酰胺分子量的增高而增高，且黏度随分子量的增高存在突变点。在较低分子量范围内，黏度随分子量增加缓慢，超过突变点后，黏度随分子量增加的变化速率显著加快。通常用分子缠结概念解释这个现象，即突变点分子量是溶液在该浓度下，聚合物分子量线团实现物理缠结的临界点。由于缠结的发生，导致聚合物分子链线团之间发生相对运动，分子间摩擦导致黏度发生变化。

(2) 聚合物的离子度对黏度的影响

聚丙烯酰胺在水溶液中呈线团结构，侧链上离子基团通过分子链之间的静电排斥力导致分子链舒展，使溶液中分子线团半径增大，分子链间作用力增强，表观黏度增大。无论是阴离子聚丙烯酰胺还是阳离子聚丙烯酰胺，相同链长时，离子度越高，水溶液黏度越高，见图 3-1。

(3) 水溶液浓度对黏度的影响

聚丙烯酰胺水溶液黏度和浓度近似成指数关系，如图 3-2 所示。对于高分子量聚丙烯酰胺来说，聚合物溶液浓度很低时，有很高的黏度，浓度达到 5%以上，溶液就会失去流动状态形成胶块状。

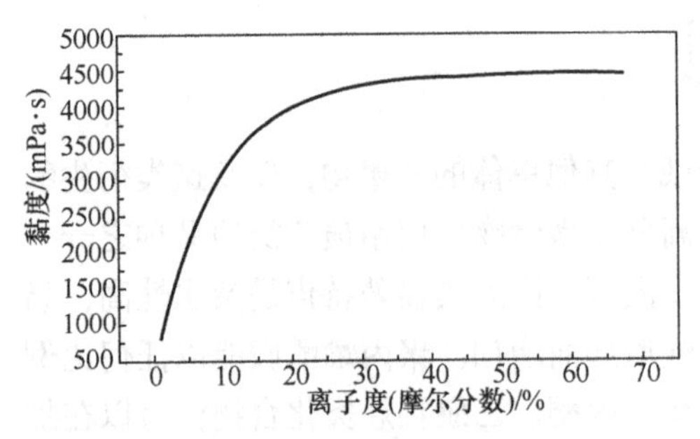

图 3-1 聚丙烯酰胺水溶液黏度与离子度关系

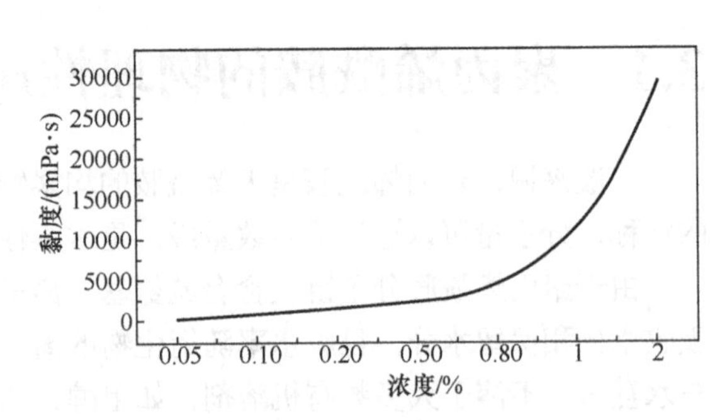

图 3-2 聚丙烯酰胺黏度与水溶液浓度的关系

（4）电导率与 pH 对黏度的影响

电导率对聚丙烯酰胺水溶液性质的影响：电解质溶液中，侧链基团在溶液中吸附异种电荷，导致表观离子度降低，水溶液黏度随之降低。非离子聚丙烯酰胺受电导率影响不大。如图 3-3 所示，阳离子和阴离子聚丙烯酰胺水溶液黏度受电导率影响很大，在电导率 10000μS/cm 以内黏度随电导率增大而快速降低，而非离子产品则不然，非离子产品受电导率影响不大，甚至在很高电导率时表现出随电导率升高黏度提高。

pH 对聚丙烯酰胺水溶液黏度的影响：pH 对聚丙烯酰胺水溶液黏度影响比较复杂，无论何种离子性的聚丙烯酰胺，由于酰胺基团易发生水解，在低 pH（pH<4）通过生成酰亚胺交联水解，高 pH（pH>8）条件下发生碱性水解。阴离子聚丙烯酰胺在酸性条件下，侧链中羧酸根被 H^+中和，在水溶液中不电离，分子间排斥力降低，溶液黏度也会降低，而高 pH 对阴离子聚丙烯酰胺的黏度影响不大。

（5）剪切速率对黏度的影响

聚丙烯酰胺水溶液为假塑性流体，其黏度随剪切速率增大而下降。在很低的剪切速率下，黏度与剪切速率无关；当剪切速率增大到临界值以上，剪切速率增大，黏度明显下降，即剪切变稀现象，见图 3-4。

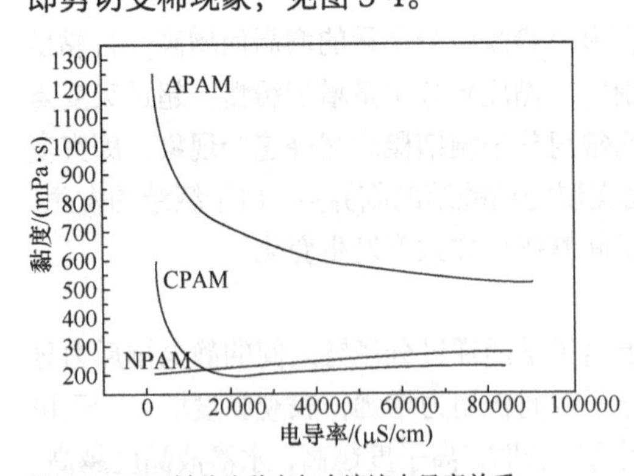

图 3-3 聚丙烯酰胺黏度与水溶液电导率关系

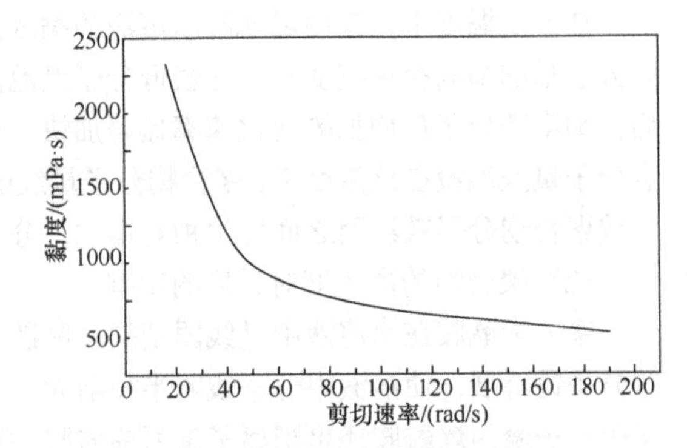

图 3-4 聚丙烯酰胺黏度与剪切速率关系

该现象可以用高分子链的缠结概念来解释，当剪切速率增大时，缠结被部分破坏，缠结点的数目有所降低，导致黏度下降。

3.1.2　聚丙烯酰胺类水凝胶的性质

水凝胶是一种具有立体网络结构的软物质材料，由亲水性高分子通过物理相互作用或化学键交联形成，能够吸收大量的水发生溶胀，里面的水失去了流动性。当水凝胶中的高分子网络结构中存在可电离的基团时，该水凝胶又称为电解质水凝胶。

聚丙烯酰胺类水凝胶（polyacrylamide gel，PAAG）就是由丙烯酰胺类单体和含以亚甲基双丙烯酰胺为代表的交联剂共聚得到，是实验室常用的凝胶电泳材料，具有良好的生物相容性。该类水凝胶交联网的特性与构成它的单体种类、网孔的大小、分布和聚合条件等密切相关。传统的 PAAG 强度低，耐温性能差，通过化学改性、纳米粒子复合等方法制备具有特殊性能的 PAAG。近年来，在石油化工、水处理、生物医药等领域，聚丙烯酰胺类水凝胶的应用比较广泛。常见的聚丙烯酰胺类水凝胶有吸水性树脂和电泳凝胶。从 2018 年开始，中石油长庆油田开始往低渗区油层注入纳米微球乳液以提高油井的采收率。注入柔性凝胶堵剂以封堵高渗区油层提高油井采收率。

（1）膨胀-收缩行为

凝胶吸收液体使自身体积增大的现象称为膨胀，水凝胶的一个重要特性就是吸水膨胀。通常用膨胀度 V/V_0（凝胶的体积增至 V 与初始体积 V_0 的比值）来衡量水凝胶的膨胀程度。聚丙烯酰胺水凝胶的膨胀度通常有几百倍（卫生制品的吸水树脂），有的高达几千倍，如聚-2-丙烯酰胺-2-异丁基磺酸水凝胶。

水凝胶的吸水膨胀过程大致分为三个阶段。第一阶段：遇水前，水凝胶是一种固态的高分子交联网络。第二阶段：遇水后，水分子向凝胶网络扩散，水合作用使进入凝胶的水分子与大分子的亲水基团作用形成水合层，电离基团电离成聚离子和对离子，聚离子同性电荷的静电斥力使高分子网络扩张，该过程时间短，速度快。第三阶段是水的渗透作用，使凝胶吸收大量水，凝胶网络向空间扩展，体积大幅度增加。

凝胶之所以吸水，是由于凝胶内部的溶液与外部的溶液存在渗透压，凝胶本身起到了半透膜作用。由于凝胶内部与外界水相之间的离子浓度差形成的渗透压，水的渗入使凝胶持续膨胀。在凝胶膨胀和高分子网络扩张的同时，产生网络的弹性收缩力，并随着膨胀体积的增大而增大。高分子链的弹性收缩力限制水渗入凝胶，是膨胀的阻力。当膨胀的阻力与推动力相等，膨胀达到平衡。

在吸水膨胀凝胶中加入一些强电解质无机盐，外界的电解质强度超过吸水凝胶内部，渗透压水相高，凝胶内部相对低，凝胶脱水收缩分层。这种现象随无机盐电解质的离子强度及其浓度增加而加剧，这就是凝胶的电解质效应，是电解质凝胶的重要性质之一。此外，电解质凝胶还可以通过静电作用吸附带有相反电荷的表面活性剂，形成一对一的复合物。形成复合物后，凝胶失去电性而发生体积收缩。

当高度膨胀的电解质水凝胶置于一对电极之间，施以适当的直流电压，凝胶会收缩析出水分，就是电解质凝胶的电收缩现象。当凝胶网络聚合物为阳离子时水从阳极析出，带阴离子时水从阴极析出。该现象是可逆的，将收缩后的凝胶置于水中，又会膨胀到初始体积。

（2）体积相转变

部分水解的聚丙烯酰胺凝胶在水/丙酮混合溶剂中溶胀，在某一特定的溶剂组成，凝胶体积会突然缩小，该现象被称为体积相转变。影响凝胶的体积相转变的因素很多，主要是温度、pH值、电场作用以及化学反应等因素。

(3) 凝胶的筛分作用

聚丙烯酰胺水凝胶是一类具有高分子网络骨架的凝胶，其间分布着孔径不同的空隙，各类空隙相通形成通道。这类结构的凝胶类似于分子筛，具有分离不同尺寸分子的作用，近年来发展比较快的就是聚丙烯酰胺凝胶电泳和凝胶色谱，主要用来分离不同分子量的蛋白质分子。

(4) 力学性能

水凝胶的机械强度较低，可以将水凝胶接枝到一定强度的载体上加以改善。通过在载体表面上电离辐射、紫外线照射、等离子激化原子以及化学催化游离基等方法，产生自由基将单体共价连接到载体上，是制备接枝水凝胶的有效技术。

3.2 聚丙烯酰胺的化学性质

聚丙烯酰胺（PAM）的化学性质主要是聚合物链的断裂降解和活泼酰氨基的化学反应。通过酰氨基的反应可以对PAM进行化学改性，引入阴离子、阳离子及其他官能团，制备一系列的功能衍生物，从而进一步扩展PAM的性质和应用范围。在某些情况下，通过PAM的反应制备其功能性衍生物比共聚法更方便或更廉价。因此，PAM已成为一个重要的高分子母体。

当采用多官能团化合物或组分与PAM反应时还可以产生分子链内或分子链间的交联，改变PAM及其衍生物的化学结构、物理性质及性质，成为制备水凝胶或微凝胶的方法之一。

与低分子量PAM相比，高分子PAM中酰氨基的化学反应表现出更大的复杂性。一方面，副反应导致产物结构的多变性，大分子化学反应的邻基效应引起的结构和动力学行为变化等。此外高分子量PAM溶液的高黏度也会引起一些混合、分散等操作上的困难，使PAM的化学反应表现出不均匀性。另一方面，PAM水溶液在储存和应用过程中的水解、降解等反应会显著地改变PAM类聚合物水溶液的性质，如流变性质，从而影响其应用性能，尤其是长期应用性能。下面就PAM中一些重要的化学反应进行一些介绍。

3.2.1 水解反应

PAM酰氨基的水解反应在中性条件下进行得很慢，在40℃水解10天，其水解度未发生明显的变化。但在酸、碱和加热条件下，水解度会发生显著变化。PAM水解产物的结构、羧基与酰氨基的序列分布、水解程度以及水解动力学都显著地依赖水解时的pH值、温度和溶液中小分子电解质浓度。通常将PAM中所含阴离子丙烯酸单元的比例称为PAM的水解度（物质的量或质量）。

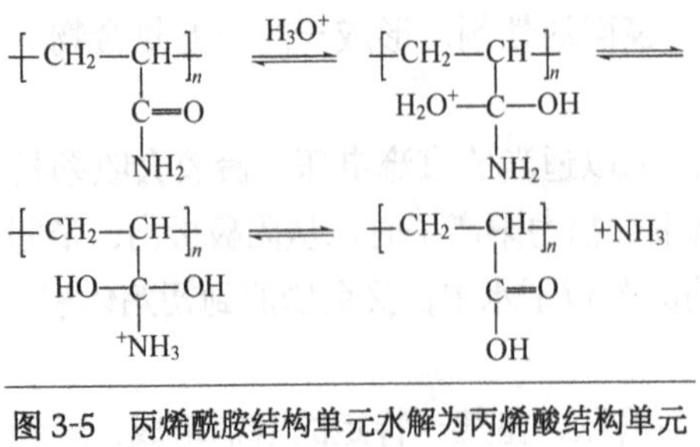

酸可以强化PAM的水解，但酸性条件下PAM的水解速率较碱性水解慢很多，故需在较高的温度下进行。酸性条件下，水与质子化的酰胺羰基发生亲核加成，之后消去氨，丙烯酰胺结构单元水解为丙烯酸结构单元（图3-5）。

$$\text{+CH}_2\text{—CH(CONH}_2\text{)+}_n \xrightleftharpoons{H_3O^+} \text{+CH}_2\text{—CH[C(OH)(}H_2O^+\text{)NH}_2\text{]+}_n \rightleftharpoons$$

$$\text{+CH}_2\text{—CH[C(OH)}_2\text{(}^+NH_3\text{)]+}_n \rightleftharpoons \text{+CH}_2\text{—CH(COOH)+}_n + NH_3$$

图3-5　丙烯酰胺结构单元水解为丙烯酸结构单元

工业生产中，PAM 的水解反应常在碱性条件下完成，在强碱的环境里，反应速率很快，并放出大量的热。

3.2.2 羟甲基化反应

聚丙烯酰胺和甲醛反应生成羟甲基化聚丙烯酰胺，该反应称为羟甲基化反应（图 3-6），该反应主要以水为介质，在酸性和碱性条件下都可以发生。碱性条件下反应速率很快，酸性条件下由于甲醛容易形成多聚物，导致反应速率变慢。

聚丙烯酰胺经过羟甲基化反应很容易形成交联结构，反应时，先将 pH 调到 10 左右，加入甲醛以后在 30℃条件下搅拌两小时，然后调回中性，即可完成羟甲基化反应。

聚丙烯酰胺除与甲醛反应以外，还可与其他醛类反应，例如乙醛、乙二醛等，通过调节反应体系的 pH 和温度，可将交联反应控制在较低水平。

$$\left[CH_2-CH(CONH_2)\right]_n + HCHO \longrightarrow \left[CH_2-CH(CONH-CH_2-OH)\right]_n$$

图 3-6 羟甲基化反应

3.2.3 胺甲基化反应

聚丙烯酰胺和二甲胺、甲醛反应可以生成二甲基取代的丙烯酰胺聚合物，该反应可在酸性或碱性条件下进行，又称为 Mannich（曼尼希）反应（图 3-7）。

$$\left[CH_2-CH(CONH_2)\right]_n + HCHO + NH(CH_3)_2 \longrightarrow \left[CH_2-CH(CONH-CH_2-N(CH_3)_2)\right]_n$$

图 3-7 Mannich（曼尼希）反应

该反应的机理为活泼氢化物与 *N*-羟甲基胺或者亚甲基亚胺阳离子之间的缩合反应。由于聚丙烯酰胺的弱酸性，而且在酸性条件下，聚丙烯酰胺易发生分子内或分子间的交联，因此，Mannich 反应多在碱性条件下进行。

Mannich 反应是制备阳离子型聚丙烯酰胺的一种方法，产品实质上是一种丙烯酰胺-羟甲基丙烯酰胺-*N*-（二甲氨基甲基）丙烯酰胺的三元共聚物。由于反应后可以在聚丙烯酰胺分子侧链中引入叔胺官能团，使用时经酸化形成阳离子，可以提高产品的絮凝能力，增加污水澄清的速度，因此该类产品在水处理中应用比较广泛。

3.2.4 磺甲基化反应

聚丙烯酰胺与甲醛、亚硫酸氢钠在碱性条件下反应可以生成阴离子类型的衍生物，得到磺甲基化聚丙烯酰胺（图 3-8）。

$$\left[CH_2-CH(CONH_2)\right]_n + HCHO + NaHSO_3 \longrightarrow \left[CH_2-CH(CONH-CH_2-SO_3Na)\right]_n$$

图 3-8 磺甲基化反应

该反应是在碱性介质（pH=10～13）、温度为 50～70℃条件下完成，生成的磺甲基聚丙烯酰胺的最大磺甲基化度为 50%，因此，该产品实际上是丙烯酰胺、羟甲基丙烯酰胺、磺甲基丙烯酰胺的三元共聚物。目前，该类产品的存放稳定性还不够，但在钻井液和土壤改良方面仍有相当的竞争能力。

3.2.5 霍夫曼降解反应

聚丙烯酰胺和次氯酸钠在碱性条件下发生反应，制备阳离子型聚乙烯胺，该反应成为霍夫曼（Hofmann）降解反应（图 3-9）。

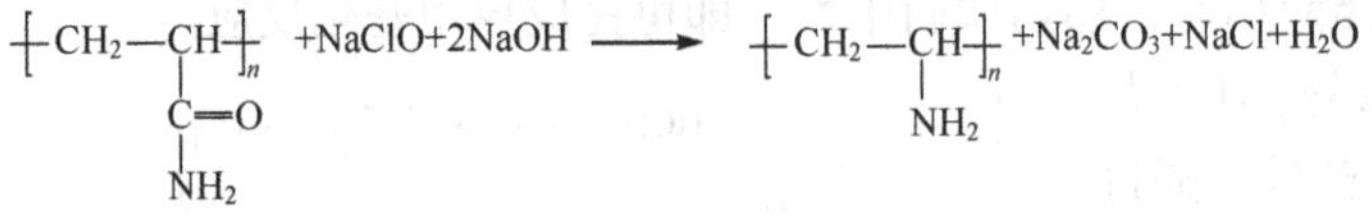

$$\left[\mathrm{CH_2{-}CH(CONH_2)}\right]_n + \mathrm{NaClO} + 2\mathrm{NaOH} \longrightarrow \left[\mathrm{CH_2{-}CH(NH_2)}\right]_n + \mathrm{Na_2CO_3} + \mathrm{NaCl} + \mathrm{H_2O}$$

图 3-9 霍夫曼（Hofmann）降解反应

该反应需要将聚丙烯酰胺稀溶液在搅拌条件下，加到 NaOH 和 NaClO 的混合溶液中，室温条件下保持一小时，然后中和到中性，即可得到聚乙烯胺。此时的溶液盐浓度很高，生成的聚合物容易形成沉淀或胶状分离出来。此法制得的产品溶于水，胺化度可以达到 30%～60%。

3.2.6 交联反应

聚丙烯酰胺的活性可能导致聚合物链间相互连接，形成不溶性的凝胶或微凝胶，使聚合物发生交联而不溶于水。这种交联反应可以通过在聚合过程中加入多官能团单体形成，也可以由线型或支链聚合物链间反应形成。

聚丙烯酰胺含有次甲基叔碳氢，由于叔碳氢易发生自由基过程，链间的自由基耦合反应会导致聚合物链的支化和交联。引起这种自由基过程的因素主要包括自由基引发剂、辐射以及外界机械作用等。在聚合物浓度较高时，易导致聚丙烯酰胺链间的交联反应，使聚丙烯酰胺溶解性下降，生成不溶性凝胶，该类凝胶在空气中暴露会吸水而润胀。

酰亚胺化是聚丙烯酰胺常见的交联反应，在酸性介质中受热，分子间发生酰亚胺化生成环状结构，分子链的刚性增加（图 3-10）。但酰亚胺化反应是可逆反应，在碱性条件下会发生水解，反应的速率与溶液的 pH 和温度有关。

酰氨基与醛的反应是聚丙烯酰胺交联的一个重要反应，将聚丙烯酰胺和甲醛在碱性条件下（pH=10～10.5）反应，形成不溶性凝胶（图 3-11）。醛可以是甲醛或者二醛，如乙二醛、戊二醛，也可以是甲醛的加成物，如六亚甲基四胺、脲醛或酚醛树脂等。

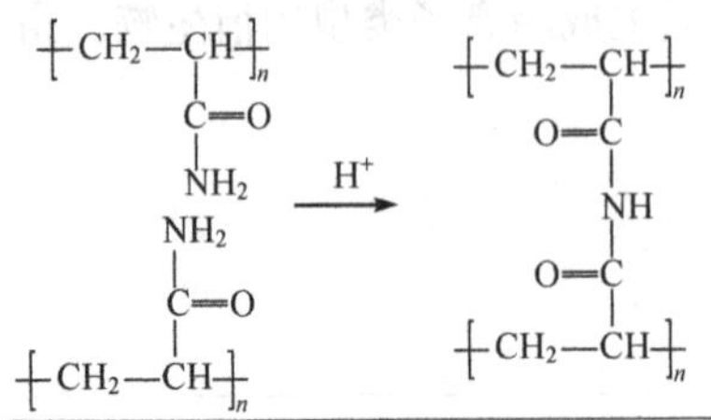

$$2\left[\mathrm{CH_2{-}CH(CONH_2)}\right]_n \xrightarrow{\mathrm{H^+}} \left[\mathrm{CH_2{-}CH}\right]_n\mathrm{{-}C(=O){-}NH{-}C(=O){-}}\left[\mathrm{CH_2{-}CH}\right]_n$$

图 3-10 聚丙烯酰胺交联反应——酰亚胺化

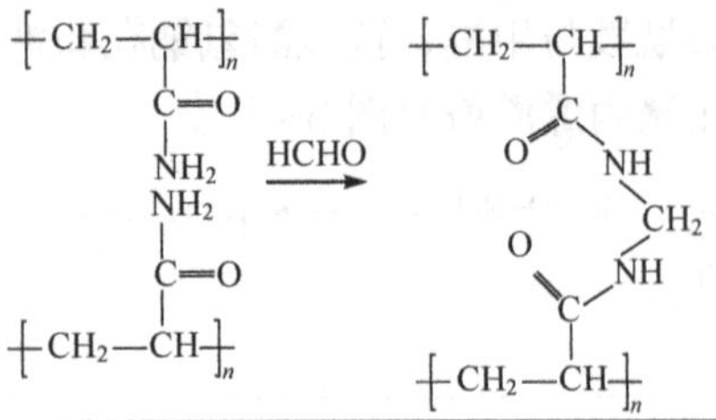

$$2\left[\mathrm{CH_2{-}CH(CONH_2)}\right]_n \xrightarrow{\mathrm{HCHO}} \left[\mathrm{CH_2{-}CH}\right]_n\mathrm{{-}C(=O){-}NH{-}CH_2{-}NH{-}C(=O){-}}\left[\mathrm{CH_2{-}CH}\right]_n$$

图 3-11 聚丙烯酰胺交联反应——酰氨基与醛的反应

利用高价金属离子如 Cr^{3+}、Al^{3+}来交联聚丙烯酰胺的方法被广泛地用于油田的堵水调剖，其交联过程基本分为三个阶段：①活性交联剂的生成；②聚丙烯酰胺链在活性交联剂上的吸附；③聚丙烯酰胺链上的羧基与高价金属离子配位，形成凝胶，反应式见图 3-12。

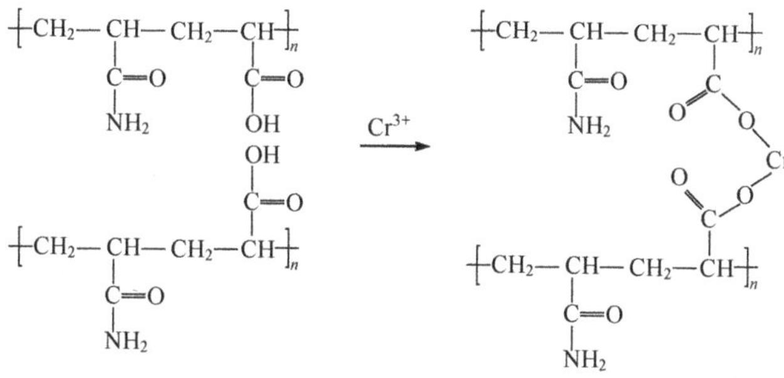

图 3-12　聚丙烯酰胺与金属铬离子交联

此交联过程中，还可以通过加入多种与高价金属离子形成络合物的有机配体，调控溶液中金属离子的浓度。根据所形成的络合物的稳定性、解离速率、配体交换速率，直接影响金属离子与聚丙烯酰胺的交联速率。常见的有机配体如酒石酸、柠檬酸、水杨酸、乳酸等，简单的乙酸、丙酸以及丙二酸也可作为有机配体。

因此，可利用聚丙烯酰胺的交联反应制备各种用途的凝胶。

3.2.7　老化

聚丙烯酰胺及其水溶液在长期放置或使用过程中，由于物理形态发生改变，或化学结构发生变化，包括分子链上结构单元的变化（如水解）和分子链的断裂导致的分子量的降低、支化及交联等，出现老化现象。引起老化的原因可能有以下几个方面。

（1）生物因素

在微生物作用下，聚丙烯酰胺的酰氨基易降解生成羧基和氨气。近年来，研究发现聚丙烯酰胺的降解产物可以作为细菌生命活动的营养物质，进一步促进聚合物的降解。在石油三次开采时，聚丙烯酰胺从配制到注入井下，需经过一段敞开系统，然后再经过一段密闭系统。整个注入过程中，细菌有可能在此生长繁殖，不仅对设备造成严重的穿孔腐蚀和堵塞，而且会促进聚合物的降解，对聚合物的黏度产生很大的影响，导致驱油效率降低。

（2）化学因素

由酸、碱或热引起的聚丙烯酰胺的化学降解对聚合物水溶液的性质影响很大，聚丙烯酰胺中酰氨基或其他官能团的水解会显著改变聚合物的结构组成和电性，从而改变聚丙烯酰胺水溶液的性质。此外，水解生成的羧基与金属离子等相互作用，还会引起聚丙烯酰胺分子链间的缔合状态、分子构象变化等，对聚丙烯酰胺水溶液的性质改变很大。

此外，在热、光、氧以及自由基引发剂等作用下，聚丙烯酰胺分子主链会发生自由基断裂降解，导致分子链断裂或分子间的交联。固体聚丙烯酰胺的稳定性很好，在 200℃以下，有轻微的质量损失，主要是由于吸附的水或其他易挥发的杂质。在 200～220℃会发生侧基分解，甚至分子链的断裂。

因此在聚丙烯酰胺溶液中添加稳定剂来抑制氧化断裂成为一个有效的方法，这类稳定剂具有还原剂作用，可以快速消耗引发剂，使聚丙烯酰胺黏度具有稳定性。此外，通过链转移减弱对聚合物主链的进攻，消除聚丙烯酰胺自由基，进而抑制其断裂。

（3）物理因素

机械降解由机械能输入引发的聚丙烯酰胺链化学反应，是聚丙烯酰胺降解的另一个影响因素，例如高剪切、拉伸流动、摩擦及超声作用等。聚丙烯酰胺机械降解是自由基反应过程，当机械能传递给聚丙烯酰胺分子链时，分子链内会产生内应力，导致聚丙烯酰胺分子链断裂，形成链自由基，进而引发聚丙烯酰胺自由基化学反应，使聚丙烯酰胺的分子量和分子结构发生变化。一般在聚丙烯酰胺浓度较低时，机械降解导致聚丙烯酰胺分子量下降，溶液黏度降低，分子量分布变窄；而在较高浓度时，机械降解可能导致聚丙烯酰胺的支化，分子量分布变宽，甚至形成微交联结构，导致聚丙烯酰胺溶解性能下降。

□ 思考题

1. 简述线型聚丙烯酰胺的物理性质。
2. 对聚丙烯酰胺水溶液黏度大小的影响因素有哪些?
3. 简述聚丙烯酰胺水凝胶吸水膨胀过程。
4. 简述非离子聚丙烯酰胺加碱水解过程，并用反应方程式表示。
5. 简述阴离子聚丙烯酰胺交联反应，两种常见的交联反应分别发生在哪个基团上，用反应方程式表示。

第4章 聚丙烯酰胺产品的生产技术

4.1 丙烯酰胺聚合反应

丙烯酰胺聚合物通常有两种合成方法：一种是由丙烯酰胺与丙烯酸、DMC 和 DADMAC 等共聚合反应合成；另一种是将丙烯酰胺的聚合产物经化学反应改性而制得。通过控制聚合反应调控分子链结构和组成，满足市场应用需求。自由基聚合是最常用的方法。

4.1.1 丙烯酰胺自由基聚合机理

丙烯酰胺自由基聚合反应符合自由基聚合反应的一般规律，由链引发、链增长和链终止等基元反应组成，也有链转移反应发生。

（1）链引发

链引发是形成单体自由基活性物质的反应，一般引发过程分成以下两个步骤：①产生带自由基的活性物质，即初级自由基，该步骤是链引发的关键步；②初级自由基与单体加成，形成单体自由基。

初级自由基和单体加成步骤是放热反应，活化能低，反应速率大。

值得注意是，一些杂质与初级自由基反应，使之不与单体反应，无法形成单体自由基，链无法增长。例如氧作为阻聚杂质使初级自由基失活，或者初级自由基之间反应而终止。

（2）链增长

由链引发产生的单体自由基与其他单体结合生成更多的链自由基，这个过程称为链增长反应，实质上是自由基与单体发生的连续自由基加成反应。

丙烯酰胺的链增长反应有两个特点：一是放热反应，聚合热约为 82.8kJ/mol；二是链增长活化能低，增长速率很快，在几秒内聚合度可以达到 10^2～10^4。链增长过程中，单体自由基一旦形成立刻与其他单体分子加成，直至链终止后成为聚合物大分子。

（3）链终止

自由基由于活性高，易相互作用而终止反应。主要有偶合终止和歧化终止两种方式。偶合终止是由两链自由基的孤电子相互结合成共价键的终止反应，大分子的聚合度是两个链自由基重复单元数之和。歧化终止是一个链自由基夺取另一个链自由基的氢原子或其他原子的终止反应，聚合度与链自由基的单元数相同，每个大分子只有一端为引发剂残基。

正常情况下，丙烯酰胺聚合的终止反应中既有偶合终止，也有歧化终止，而歧化终止经常占较大比例。某些场合也会发生单基终止反应，体系中有高价金属离子时，链增长活性自由基被氧化而发生终止反应。

（4）链转移

丙烯酰胺在自由基聚合过程中，链自由基可能从单体、引发剂、溶剂和聚合物等分子中夺取一个原子而终止反应，这些失去原子的分子成为新的自由基。该自由基若向低分子转移，结果使聚合物的分子量降低；向大分子转移一般发生在叔氢原子或氯原子上，形成大分子自由基。

自由基转移后能形成稳定的自由基，最后与其他自由基发生终止反应。如氧的作用使初期无聚合物形成，出现诱导期，该现象称为阻聚作用。

在聚合物的实际工业生产中，聚合反应速率过快时常常加入阻聚剂（如氧气或空气）来终止聚合物反应。

4.1.2　丙烯酰胺自由基聚合的引发方法

丙烯酰胺自由基聚合的引发方法主要分成两类：引发剂引发和物理-化学活化引发。引发剂引发包括单组分引发剂引发（热或光分解引发）和双组分引发剂引发（氧化还原引发）。而物理-化学活化引发是指外加能量源的作用下使单体活化而引发聚合，例如电子束辐射、紫外线和高能射线照射、等离子体聚合、高压、剪切和机械化学引发等。

（1）自由基聚合引发剂

自由基聚合引发剂常用偶氮类化合物和过氧化物两类，而过氧化物又分为有机和无机两类。在单组分引发反应中，引发剂热分解需要较高的温度。低温引发的单组分引发剂储存稳定性差，需冷冻保存或随用随合成。采用引发剂（或光敏剂）光分解引发可以在低温下进行，在实际生产中应用越来越广泛。

丙烯酰胺聚合用的无机过氧化物引发剂主要有过硫酸盐、过氧化二磷酸盐、过氧化二碳酸盐等。过硫酸盐在水中分解成两个硫酸根自由基，该分解反应与体系中过硫酸根离子浓度、氢离子浓度、温度以及离子强度等因素有关。而过氧化氢热水解形成两个氢氧自由基，但分解活化能较高（220kJ/mol），很少单独用作引发剂。

有机过氧化物类引发剂很多，根据结构主要分为烷基过氧化物、过氧酰和过氧酯（见表 4-1）。过氧化二苯甲酰（BPO）是最常用的有机过氧类引发剂，其 O—O 键易断裂，产生苯甲酸自由基，有单体存在时可引发聚合。常用的量化指标为“10h 半衰期温度”，即当引发剂的半衰期为 10h（$t_{1/2}$=10h）时对应的分解温度。

表 4-1　有机过氧化物类引发剂

引发剂	结构式	T/℃ ($t_{1/2}$ = 10h)
烷基过氧化氢	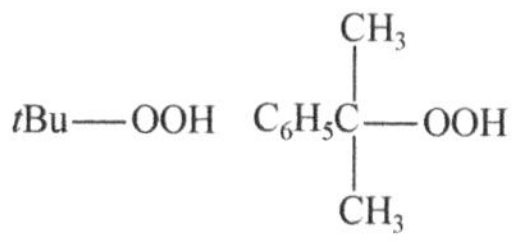 tBu—OOH　$C_6H_5C(CH_3)_2$—OOH	133、170
二烷基过氧化物	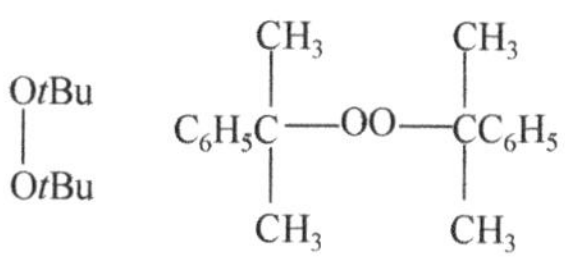 OtBu—OtBu　$C_6H_5C(CH_3)_2$—OO—$C(CH_3)_2C_6H_5$	115、126
过氧化二酰	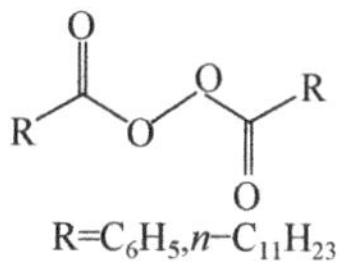 R—C(=O)—O—O—C(=O)—R R=C_6H_5,n-$C_{11}H_{23}$	73、62

续表

引发剂	结构式	T/℃ ($t_{1/2}$=10h)
过氧化酸酯	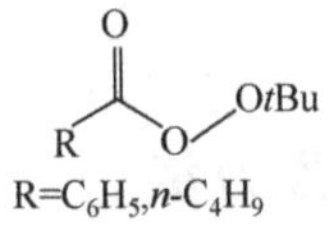 $R-C(=O)-O-OtBu$ $R=C_6H_5,n\text{-}C_4H_9$	105、55
过氧化二碳酸酯	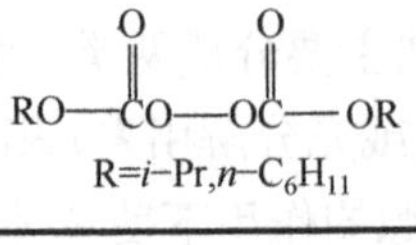 $RO-C(=O)-O-O-C(=O)-OR$ $R=i\text{-}Pr,n\text{-}C_6H_{11}$	45、44

目前被广泛采用的有机偶氮类化合物有偶氮二烷基腈、偶氮二氰基酸、偶氮二烷基脒、α-氨基乙酸及衍生物的偶氮化合物等。通过在偶氮类引发剂中引入极性基团增加水溶性，可以拓宽其在聚丙烯酰胺生产中的应用。常见的偶氮类引发剂见表 4-2。

表 4-2 偶氮类引发剂

结构式	分解活化能/(kJ/mol)	T/℃($t_{1/2}$=10h)
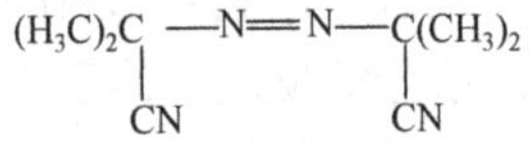 $(H_3C)_2C(CN)-N=N-C(CH_3)_2(CN)$	128.4	64
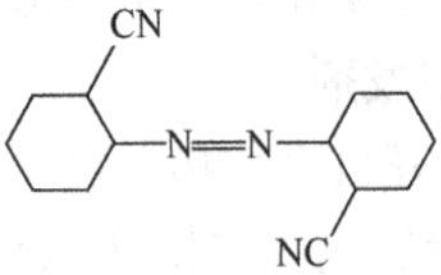 2-氰基环己基$-N=N-$2-氰基环己基（CN、NC）	149	88
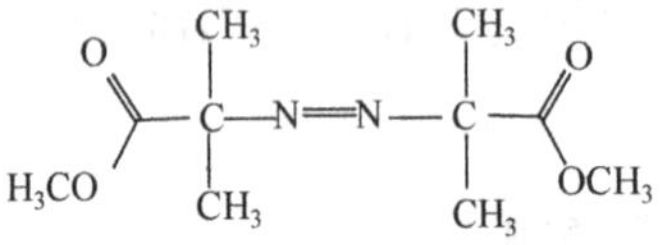 $H_3CO-C(=O)-C(CH_3)_2-N=N-C(CH_3)_2-C(=O)-OCH_3$	127	66
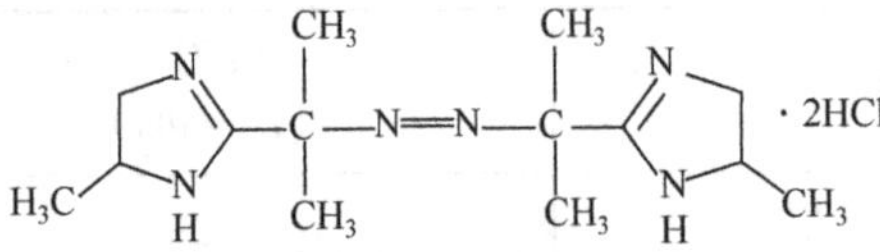 4-甲基-2-咪唑啉基$-C(CH_3)_2-N=N-C(CH_3)_2-$4-甲基-2-咪唑啉基 $\cdot$ 2HCl	121	41
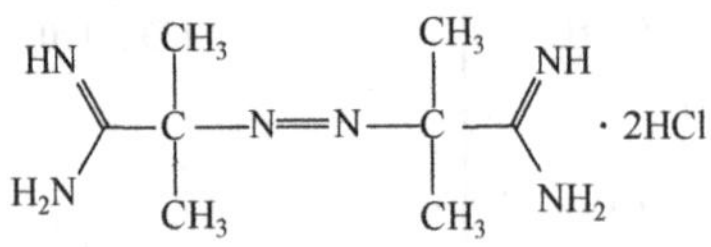 $HN=C(H_2N)-C(CH_3)_2-N=N-C(CH_3)_2-C(=NH)NH_2 \cdot 2HCl$	124	56
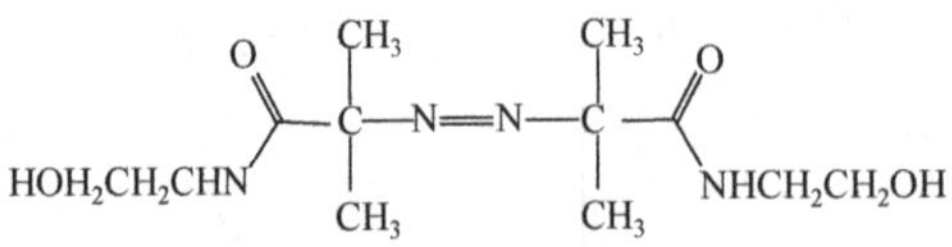 $HOH_2CH_2CHN-C(=O)-C(CH_3)_2-N=N-C(CH_3)_2-C(=O)-NHCH_2CH_2OH$	128	86

偶氮二异丁腈（AIBN）是最常用的偶氮类引发剂，一般在 55～85℃下使用，也可以用作光聚合的光敏剂。其分解只形成一种自由基，无诱导分解，因此广泛应用于聚合动力

学研究和工业生产。此外，AIBN 比较稳定，储存和运输比较方便。

单组分引发反应的另一类引发剂主要集中在金属络合物引发剂上，例如 Ce（Ⅳ）、Co（Ⅲ）、Mn（Ⅲ）、Fe（Ⅲ）、Ni（Ⅲ）及 Cu（Ⅱ）等金属离子的络合物。中心金属离子、配体、单体、反应介质及各种活性中心间的缔合作用等均对引发过程有很大的影响，自由基的产生源于配体部分。

（2）氧化还原聚合引发

丙烯酰胺的聚合常采用氧化还原引发体系，工业生产中，氧化剂和还原剂都具有较高的稳定性，可独立保存，两者混合后在低温下即可产生自由基。这正是氧化还原引发体系的最大优点，即活化能较低（40～60kJ/mol），可在 0～50℃范围内引发聚合，速率快，对温度的依赖性较小。但该方法的主要缺点是引发剂消耗太快，会降低单体的转化率，而且还原剂易参与链转移反应，降低聚合物的分子量。引发体系分为水溶性氧化还原体系和油溶性氧化还原体系。

水溶性氧化还原引发体系在丙烯酰胺聚合中应用比较广泛，常用的氧化剂有过硫酸盐、过氧化氢、高锰酸盐以及溴酸盐等；相应的还原剂有亚硫酸盐、焦亚硫酸盐、硫代硫酸盐、Fe^{2+}、羟胺、巯基化合物、脲、抗坏血酸以及酒石酸等。常见的氧化还原引发体系见表 4-3。

表 4-3　AM 聚合的不同引发剂及总活化能

引发剂	$E_{总}$/（kJ/mol）	引发剂	$E_{总}$/（kJ/mol）
过硫酸盐/巯基乙醇	134	高锰酸盐/苹果酸	83
过硫酸盐/脲	51	高锰酸盐/酒石酸	78
过硫酸盐/乳酸	33	高锰酸盐/乳酸	65
过氧化氢/羟胺	27	高锰酸盐/硫脲	48
氯酸盐/亚硫酸盐	31	Ce^{4+}/L-巯基丙氨酸	20
溴酸盐/巯基乙酸	26	二氯化钴/二甲胺	39

油溶性氧化还原体系的氧化剂主要有烷基过氧化物、二酰基过氧化物等，而还原剂有叔胺、硫醇、有机金属化合物等。过氧化苯甲酰（BPO）/*N*, *N*-二甲基苯胺是最常用的引发体系。此外，还可在聚合反应中引入含氨基的单体，既可以参与氧化还原引发聚合，自身也可以参与聚合，而且聚合产物结构不同于纯聚丙烯酰胺，可以提高聚合物水溶液的黏度。

（3）复合引发剂体系

聚丙烯酰胺的生产过程中，为得到高分子量的产品，通常将不同温度范围的引发剂复合使用。既可以降低前期的引发温度，实现多级引发，又可以提高后期的聚合转化率。该复合引发剂可以由两组分或更多组分构成，可以是简单的物理混合，也可以是化学复合。

在使用氧化还原引发体系时，通常将氧化还原引发剂与热敏引发剂共同使用，不但可以达到提高聚合转化率的目的，同时可以避免后期向体系中补加还原剂。

在同一个引发剂分子中含有两个活性基团的化合物，称为双官能度引发剂，在丙烯酰胺的聚合反应中应用比较广泛。通常该类引发剂含有过氧键、过氧酯键、过氧酰键或者偶氮键，例如烷基二过氧化氢、二过氧酸类、二过氧烷基类、二过氧酯类、二过氧酰类以及二偶氮类等。该类引发剂在制备高分子量的聚丙烯酰胺中应用很广泛，也可以制备其他水溶性高分子。

(4) 光及电磁辐射引发

光引发分为直接光引发、引发剂的光分解和光敏剂的间接引发。一些可热分解的引发剂或光敏剂，在紫外线照射下也可产生自由基，并引发聚合，具有不受温度影响、操作简便、易控制、产品纯度高以及环保节能等优点。

以电磁辐射引发的聚合统称为辐射活化聚合，其机理和结果与紫外线引发的不同。物质的辐射吸收没有选择性，辐射能可被所有分子吸收，吸收的能量与分子的化学性质无关。辐射引发的生产工艺简单，但设备投资大，所得产品分子量分布很宽，聚合率低，单体的残留量大，而且产品的溶解性较差，因此该方法在大规模的工业生产中应用比较受限。

4.1.3 丙烯酰胺聚合反应动力学

烯烃类单体的微观聚合反应动力学通常以低单体浓度、低聚合转化率及聚合物为线型结构为前提，经引发剂热分解引发的自由基聚合反应，R_p表示聚合速率，引发速率 R_i与单体浓度无关时，$R_i = 2fk_d[I]$:

$$R_p = k_p(fk_d/k_t)^{1/2}[I]^{1/2}[M] \tag{4-1}$$

当引发速率 R_i与单体浓度有关时，$R_i = 2fk_d[I][M]$:

$$R_p = k_p(fk_d/k_t)^{1/2}[I]^{1/2}[M]^{3/2} \tag{4-2}$$

式中，R_p 为聚合速率；[M]为单体浓度；[I]为引发剂浓度；f 为引发效率；k_d、k_p、k_t分别为引发剂分解反应、链增长反应和链终止反应速率常数。

(1) 单体和引发剂浓度的影响

丙烯酰胺聚合反应的微观聚合反应动力学如式 (4-2) 所表达的规律，可以看出，随着丙烯酰胺单体浓度和引发剂浓度的增加，聚合反应速率提高。此外，体系中的单体浓度不能太高，要严格控制聚合转化率和聚合反应温度。

(2) pH 的影响

随体系 pH 的下降，丙烯酰胺水溶液中聚合的增长与终止速率常数均有所增加。如果所选引发剂引发过程不受 pH 影响，则总聚合速率与体系 pH 无关。若介质 pH 较高，丙烯酰胺的酰氨基易水解而带负电荷，静电荷间的排斥效应使增长自由基活性中心的构象及运动能力发生变化，导致链增长及终止速率常数下降。

介质 pH 对丙烯酰胺聚合的链终止反应与链增长类似，终止速率常数随介质 pH 下降而上升，但终止反应活化能随 pH 下降而增加，可能由于发生链终止的大分子自由基活性中心间的相互排斥导致；此外，pH 的改变，大分子自由基活性中心的形状、尺寸及增长性质等发生改变，终止反应的活化熵受到影响，最终终止速率常数 k_t 保持较高的值。

（3）有机溶剂的影响

丙酮、醇类及二甲基亚砜（DMSO）等有机溶剂在一定程度上会影响 AM 聚合过程中聚合速率、各单元反应速率及聚合度的下降，甚至有些溶剂的加入可导致聚合物的沉淀。AM 在水中以单分子的形式存在且聚合物活性链溶解性高于在 DMSO 中，在有机溶剂中以二聚体的形式存在，从而使得 AM 在水中的聚合热为 82.8kJ/mol，而在 DMSO 中聚合热约为 59kJ/mol，在水中的聚合热高于 DMSO 中的聚合热。有机溶剂另一重要作用是可作为链转移剂，如甲醇和异丙醇可以明显降低聚合物分子质量，其他方面的因素也会影响 AM 聚合反应的变化，同时醇类化合物的加入能使 PAM 活性链在水介质中强水化层的面积减少而导致终止反应加速。溶解性、单体取向、增长链自由基尺寸、链转移、络合物的形成及反应活性中心的化学性质等都会随着聚合介质的变化而发生一系列的变化，最终导致 AM 聚合过程各个阶段发生不同程度的变化。

此外，溶剂还可以作为链转移剂，甲醇和异丙醇是公认的可以降低聚合物分子量的溶剂。

（4）无机盐的影响

AM 聚合过程中，一些无机盐的存在会使聚合反应发生一些复杂变化。例如，在水溶液聚合反应中加入溴化锂对反应没有影响，当加入 DMSO 聚合体系中，随溴化锂用量增加，聚合速率增加达三个数量级，随后下降。而对于以 DMSO-水组成的混合溶剂，LiBr 的作用介于水和 DMSO 之间。在 DMSO 中，不同盐类作用大小次序：$CaCl_2$>LiCl>LiBr。

很多无机盐对聚合反应产生负面影响，例如氯化钾、硫酸钠、氟化钠、氯化铵、氯化钠等通常使聚合速率及转化率下降。

（5）表面活性剂的影响

丙烯酰胺聚合体系中需加入一定量的表面活性剂，如 Tween20、Span20、Span80、OP-10、十二烷基磺酸钠等，不但可以提高各组分的扩散能力，还有利于反应活性络合物的形成。表面活性剂的浓度、库仑作用力及水化现象是影响聚合动力学的主要因素，而且不同表面活性剂的加入，对聚合反应的影响不同，结果较为复杂。表面活性剂的加入，在一定量内，可以增加溶解性，超过一定量会降低产品的分子量。

4.1.4 丙烯酰胺衍生物的聚合

丙烯酰胺衍生物因其性能和应用的特殊性，在工业应用上越来越广泛，例如甲基丙烯酰胺和 *N*, *N*-二甲基丙烯酰胺等，它们的均聚和共聚过程与丙烯酰胺的聚合相似。

由于位阻效应和超共轭效应，烯烃类单体双键上的碳原子上引入甲基，会使其相应的自由基反应活性降低。相比丙烯酰胺而言，甲基丙烯酰胺自由基通过甲基上的氢转移而易异构化为稳定性良好的烯丙基自由基，使甲基丙烯酰胺聚合过程中易发生向单体的链转移反应，导致相应的聚合速率和聚合度较低。*N*, *N*-二甲基丙烯酰胺的聚合反应是在本体中进行，氮原子上甲基的引入使其自由基反应活性下降。若在碳原子及氮原子上都引入取代基，所得丙烯酰胺衍生物就不能进行自由基聚合。

4.2 丙烯酰胺水溶液聚合生产聚丙烯酰胺

将单体溶于水中，在氮气保护下加入引发剂（或催化剂）在溶液状态下进行的聚合反应过程称为水溶液聚合。水溶液聚合法是聚丙烯酰胺工业生产中最早采用的聚合方法。由于操作简易，聚合反应速率快，单体转化率高，易获得高分子量聚合物，以及对环境污染少，一直是聚丙烯酰胺生产的主要方法。

水溶液聚合过程遵循一般自由基聚合机理的规律。对水溶液聚合的工艺特点，如引发剂体系、溶液 pH 值、添加剂和温度等对聚合反应的影响已经有深入的研究。

工业上最常采用的 AM 聚合引发体系是氧化还原引发体系。氧化还原体系（如过硫酸铵与亚硫酸氢钠）通过电子转移反应，生成中间产物自由基而引发聚合。氧化还原引发体系的活化能较低，引发剂分解速率快，诱导期短，可以在较低温度条件下进行聚合反应。为了提高转化率和分子量，降低残余单体含量，通常采用不同活化能梯度的复合引发体系（如氧化还原和偶氮复合引发体系）。

氧化还原引发体系归纳起来主要分为五类：过氧化氢体系、过硫酸盐体系、有机过氧化物体系、多电子转移的氧化还原体系、非过氧化物体系。例如 $K_2S_2O_8$、$(NH_4)_2S_2O_8$ 与 $NaHSO_3$ 等组成的引发体系；过氧化二苯甲酰、偶氮二异丁腈、偶氮双氰基戊酸钠、偶氮二（2-脒基丙烷）盐酸盐和过氧化二碳酸酯类等，与叔胺如三乙胺、DMAEMA（甲基丙烯酸二甲氨乙酯）等组成的引发体系。有时也使用有机物和无机物如 DMAEMA-$K_2S_2O_8$ 或 $K_2S_2O_8$-DMAEMA-$NaHSO_3$ 组成的复合引发体系。采用这类引发体系能够制得分子量高、水溶性好的聚合物产品。

不同 pH 值条件下，聚合反应和最终产品有很大区别。AM 在酸性环境水溶液中质子化程度高于碱性环境，因此 pH 值是影响聚合速率的重要因素。而在较低 pH 值时，聚合、水解反应易伴生分子内和分子间的酰亚胺化反应，形成支链或交联性产物，影响产品溶解性。

根据反应热动力学，提高引发温度，能加快反应速率，缩短生产周期。但引发温度过高，聚合反应速率常数将比链增长速率常数增加得更快，使产品分子量下降。同时，聚合反应温度过高，可能发生交联，影响产品溶解性。

4.2.1 低浓度丙烯酰胺聚合生产聚丙烯酰胺水溶液

PAM 胶体溶液生产通常使用低浓度（5%～12%）AM 水溶液聚合工艺。工艺过程为：把精制的 AM 水溶液、去离子水、各类助剂等泵入聚合釜，升温至 20～50℃，通 N_2 去除水溶液中的氧气，加入引发剂引发聚合。再将反应物转移到后反应釜中充分停留，使反应完全。

为得到部分水解阴离子聚丙烯酰胺水溶液，通常根据水解度的要求配制成丙烯酰胺与丙烯酸水溶液，再用氢氧化钠中和，调整 pH 值为 6.5～7.0 后，在氮气保护下进行引发聚合。

生产中最常采用的制备 PAM 水溶液产品的工艺流程和工艺设备如图 4-1、图 4-2 所示。

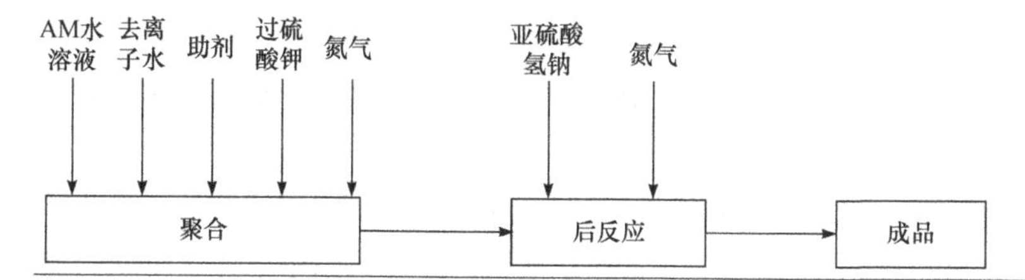

图 4-1 PAM 水溶液生产工艺流程

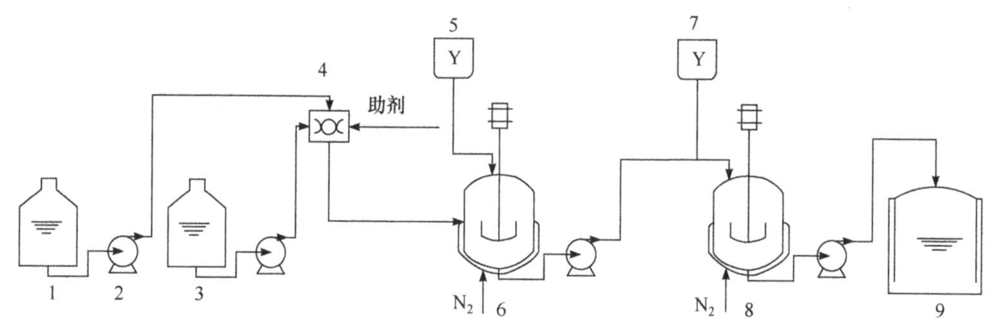

图 4-2 PAM 水溶液生产工艺设备

工艺技术特点是生产的聚合物经连续稀释后可直接使用，消除了粉剂产品在生产造粒、干燥和粉碎等过程中使聚合物分子受到剪切而质量变差，适用于现场聚合或短途运输场合。缺点是产物固含量低，仅为 8%～12%，存储和运输成本高。

4.2.2 中浓度丙烯酰胺聚合生产聚丙烯酰胺干粉

生产制备 PAM 干粉，通常使用中高浓度（20%～50%）丙烯酰胺水溶液聚合工艺。经过大工业生产工艺的不断优化，聚合工艺技术实现了从带式片状聚合工艺到锥形釜式聚合工艺的转变。实现了前水解聚合工艺技术向丙烯酰胺均聚合后水解技术和丙烯酰胺与丙烯酸共聚合技术的转变。

4.2.2.1 片状带式聚合生产工艺技术

该装置由多个固定在移动链条上的聚合反应槽组成，控制链条移动速度，在链式传送的一端，加上单体水溶液，进行引发聚合，当聚合槽传送到另一端时，完成聚合反应。

带式片状聚合工艺有利于聚合反应过程的散热，使反应可控。但存在设备尺寸大、工艺操作复杂、产能受限等不足。

4.2.2.2 锥形釜式聚合工艺技术

釜式聚合是水溶液聚合中最简单最常用的工艺技术，也是最不容易解决聚合散热问题的工艺技术。因此，在生产工艺的优化中，常将单体浓度控制在 30%以下，将引发温度控制在 20℃以下，最高温度保持在 90℃以下。

釜式聚合技术有 AM 均聚合前水解聚合技术、AM 和其他单体共聚合技术及 AM 均聚合后水解技术。在这三种聚合技术中，由于均聚前水解聚合技术存在众多的缺陷已被后两种聚合技术替代，因此，在本节中仅对其进行简述。而后两种聚合技术又存在着明显的不同点与共同点。不同点是共聚合技术需要在配料釜中完成丙烯酰胺单体与带不同官能团的单体如丙烯酸、二丙烯酰胺二甲基丙磺酸等与氢氧化钠的中和反应，而在均聚合后水解技术中，需要在生产出AM的聚合胶块后，通过切块造粒，在水解釜中完成胶粒与氢氧化钠的水解反应后再进行二次造粒，然后进入下一步工序。共同点是：工艺中造粒、干燥、磨粉、筛分、包装等工序完全一致，因此，本节将对AM共聚合技术进行简述，对AM均聚合后水解技术进行详述。

(1) AM均聚合后水解工艺技术详述

①AM均聚合后水解工艺流程　工艺流程方块图和带节点的工艺流程如图4-3、图4-4和图4-5所示。

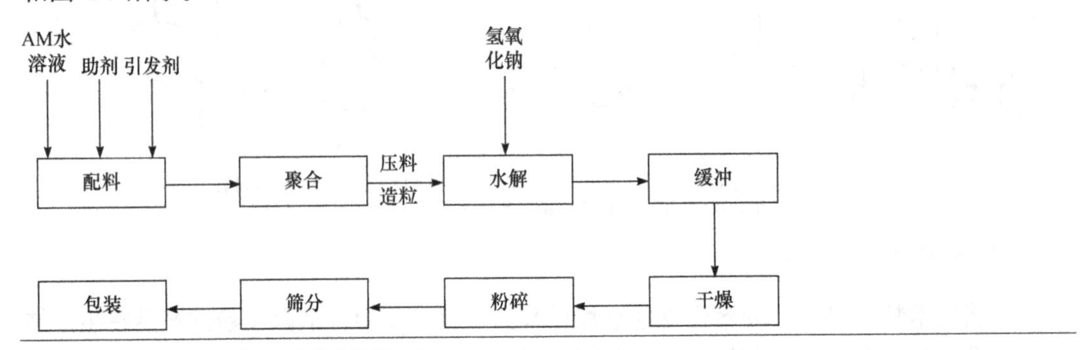

图4-3　AM均聚合后水解PAM方块流程

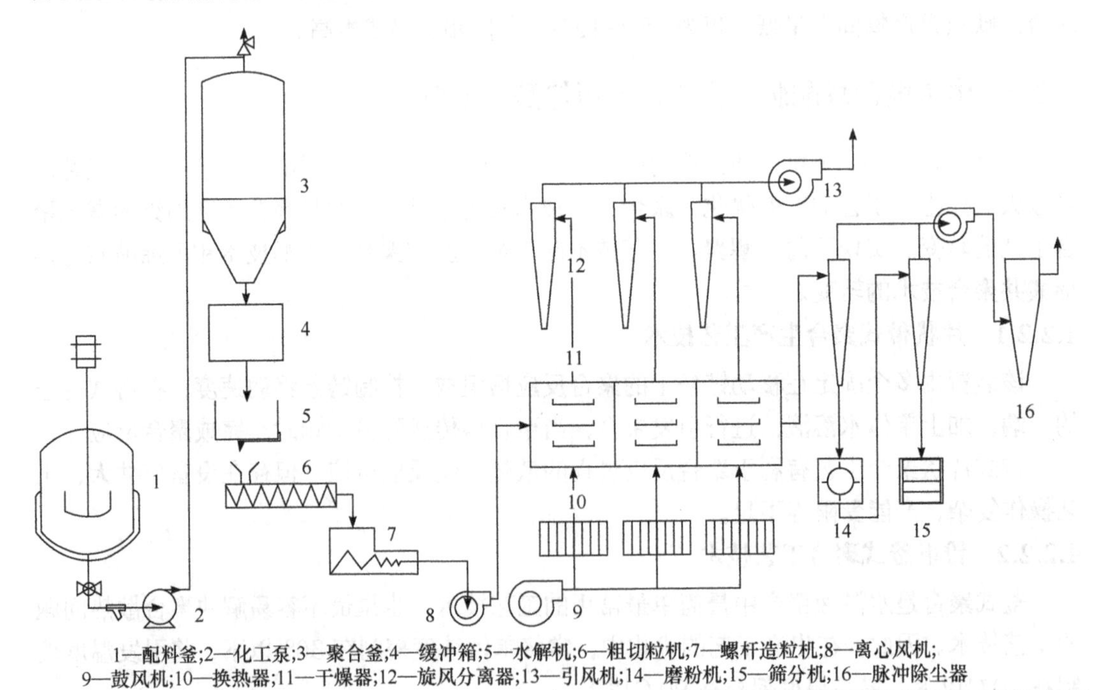

图4-4　AM均聚合后水解PAM干粉生产流程

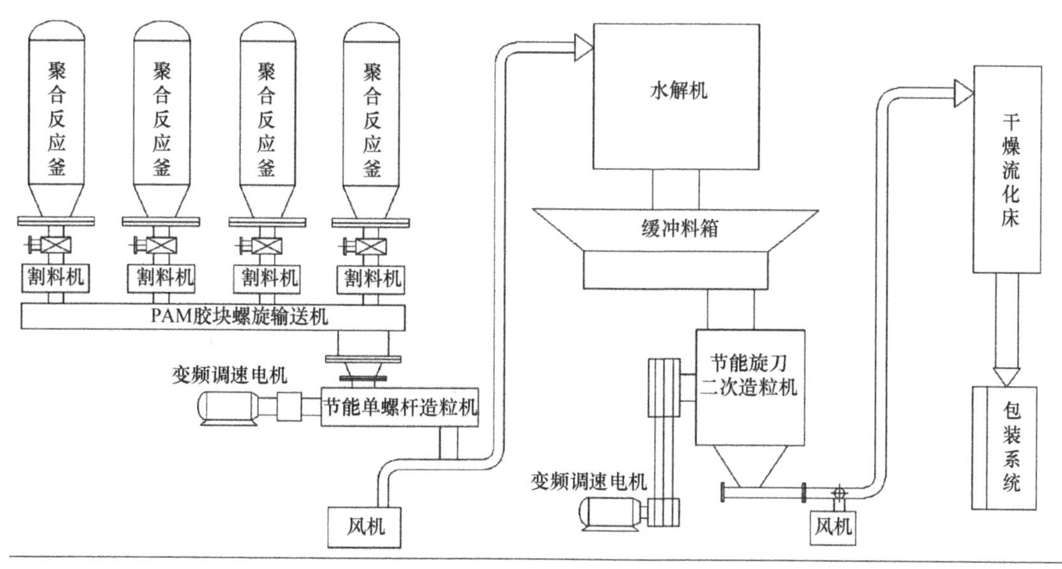

图 4-5　AM 均聚合后水解 PAM 干粉工艺流程

②生产工艺详解

a. 工艺配料：把精制的 AM 水溶液经计量泵泵入配料釜中，添加链增长剂、碳酸氢钠、尿素等辅剂，搅拌均匀，调节溶液 pH 值在 6.5～7.0，调整水相温度在 10～15℃。通过泵转移到聚合釜，并用少量水清洗管线与机泵。

b. 引发聚合：将配制好的 AM 水溶液泵入聚合釜，加入低温引发剂，通氮气以搅匀引发剂和除去聚合物料中的氧气，约通氮半小时，开始引发聚合，釜内温度上升，关闭氮气，保温聚合至温度不再上升为止，每批聚合从打料到聚合完成的时间约为 6h。

该工艺的核心技术分为两部分，一是超低温两级引发 AM 聚合，二是加碱后水解。

超低温两级引发分两步完成，用有机过氧化物作为引发剂在超低温下引发聚合，释放出的 AM 聚合热会激活具有较高活化能的偶氮类引发剂，有利于自由基的产生和分子链的增长。采用小型的聚合装置，并采用低温引发更有利于自由基的产生和分子链的增长。

c. 聚合物胶块的切块造粒、水解造粒、干燥和粉碎筛分：在聚合釜中完成胶块生产后，胶块再经过切块、造粒、干燥、粉碎筛分等过程，整个工艺过程复杂而且技术含量特别高。在工艺和设备选型上首先应该解决的问题就是克服剪切而使聚合物分子量降解的问题。在满足聚合物干粉分子量的前提下，还应该满足产品国家标准中以下几个基本参数的要求：固含量≥88%，不溶物≤0.2%，粒度≤0.2mm 和粒度≥1mm 均小于 5%。

传统的处理工艺采用捏合机对聚合后的胶块进行破碎和脱水，然后在回转窑中干燥。这样得到的产品因剪切分子量会大幅度下降，细粉产量大，不溶物多，滤过比超标；同时干燥时间长，能耗高，生产环境差，工人劳动强度大，生产效率很低，无法实现大规模的连续化生产。

通过近二十年行业精英的不断创新，确定了一条适合产业化规模生产的干粉生产成套装置。其工艺流程见图 4-6。

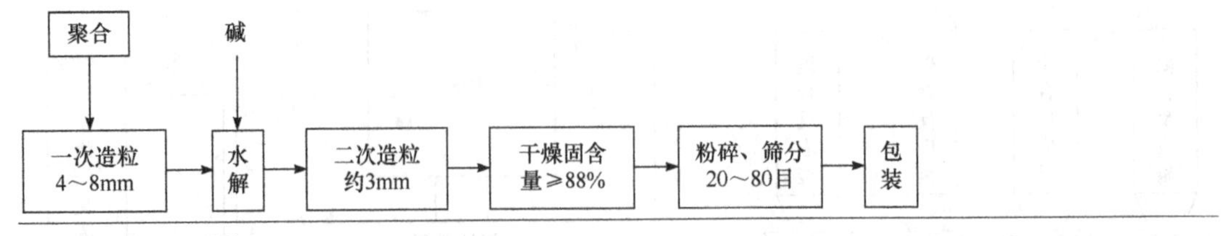

图 4-6　后水解工艺流程

从图 4-6 中可看出，在聚丙烯酰胺生产的两种工艺过程中，后处理的重点在于造粒、干燥和粉碎三部分，造粒是关键，造粒的质量及颗粒的大小直接影响干燥、粉碎等后续工艺。因此将后处理工艺划分为造粒、干燥、粉碎筛分和包装四部分，可连续操作，适合大规模连续化生产，可实现全自动控制。

d. 造粒：造粒是整个后处理过程的龙头，聚合好的胶块首先进行第一次造粒。聚合完成后，打开聚合釜的下料阀门，开启釜顶压缩空气，将胶体从聚合釜中压出，在聚合釜下料口用压料管道直接与造粒机相连接，胶体通过管道直接压入造粒机。造粒机可选用双螺杆造粒机。

造粒后的胶粒直接输送至螺带式水解器进行水解反应。

为了保证胶块与烧碱颗粒水解反应的均匀性，后水解工艺选择造粒的胶粒直径为 4～8mm。

e. 水解反应：造好粒的 4～8mm 胶粒送至一个专门的螺带式水解反应器中，边搅拌边加碱混合。水解反应放出大量的氨气，氨气必须经过氨气吸收装置吸收利用。水解反应是一个放热反应，释放的热量会使胶块的温度升高，从进料到出料水解过程所需的时间约为 6h。

水解反应器出料进入一个中间料箱，料箱中带有分散装置，使物料在其中保持一种分散的状态，不会重新再黏结成团，以便于在二级造粒的过程中保证造粒的效果。

水解剂 NaOH 的加入可使 PAM 胶粒表面产生碱润滑作用，降低胶粒的粘接程度，水解机搅拌电机电流下降。

均聚合后水解的聚合物胶块绵软，为了防止胶粒黏合，水解过程须加入一定量的分散剂。由于水解过程中存在分子间和分子内的亚胺化交联，因此控制水解 pH 值、水解温度、水解时间和搅拌转速非常关键。通常采用在水解过程中加入助溶剂的办法解决超高分子量产品的溶解性问题。

f. 二次造粒：水解完全的小胶粒进入造粒机进行二次造粒，特殊设计的高效旋片式造粒机对胶块进一步实施切割破碎，在造粒过程中加入表面活性剂以利于颗粒的分散，得到直径为 3mm 左右的小胶粒。快速有效的切削方式可以确保胶块分子量不降解；而且制得的颗粒均匀、松散，具有良好的流动性，易于干燥。

g. 干燥：良好的造粒方式为聚丙烯酰胺的干燥创造了有利条件。对于聚丙烯酰胺的干燥，既要蒸发大量的水分，又要控制物料温度不能过高（140℃），同时还要防止局部过热，所以干燥机的高效和节能就显得尤为突出。流化床干燥器可以有效适应聚丙烯酰胺的这一物料特性，进入流化床的物料与热空气充分接触，翻腾跳跃，保持一个均匀且能定向移动的流化状态，从而保证湿物料与热空气进行充分的传质和传热，实现物料的干燥。采用隔板和溢流堰板控制物料层的厚度，从而实现对物料停留时间和最终固含量的控制，保证物料在干燥过程中的均匀性和一致性，保证了产品的质量。在干燥机尾部设置冷却段，使两种操作在一套设备中完成，保证了工艺的连续性；同时采用热风循环使用的操作方式，降低能量的消耗。

h. 粉碎与筛分：干燥后的聚丙烯酰胺颗粒，由输送和提升设备送去粉碎和筛分系统。由于造粒和干燥的效果比较理想，颗粒大小均匀，固含量较高，粉碎比较容易进行。粉碎过程采用对辊式粉碎机，差速运转的双辊，方便调节的辊间距，压花的辊表面结构，有效控制粉碎粒度，降低细粉率；两级的粉碎搭配，大大提高生产效率。高效振荡筛有效完成粉碎后的筛选分级；整个系统采用气力输送，全密闭操作，两级旋风除尘，大大改善操作环境，有效控制粉尘污染。产品颗粒粒度均匀，细粉率低（≤5%）。

经粉碎筛分得到粒度合格（20～80 目）的粉状聚丙烯酰胺产品，可直接进行包装。

整个过程均采用微负压状态操作，有效控制生产过程中气味和粉尘的污染；采用高位落料自然搭接的连接方法，尽量避免采用输送提升设备，以减少中间环节，保证流程的畅通。

均聚后水解工艺减少了聚合反应过程杂质的干扰因素，反应起始温度较低，是制备超高分子量聚丙烯酰胺的主要方法。该工艺也有很好的灵活性，可通过调节配方和引发温度，根据需要生产分子量为 500 万～3500 万的产品。

（2）AM 均聚合前水解聚合工艺技术简述

前水解聚合工艺技术又称均聚合共水解技术，是以丙烯酰胺为原料，聚合和水解过程同时进行，其工艺过程为：把精制的丙烯酰胺水溶液，计量泵入配料釜；添加螯合剂、碳酸钠（或氢氧化钠）、尿素等辅助材料，用氢氧化钠溶液调节溶液 pH = 8～12.3、温度-5～50℃，泵入聚合釜；通氮除氧引发，形成聚丙烯酰胺胶块，并利用聚合升温完成部分水解反应，在熟化过程中使水解反应更加完全；再经过造粒、干燥、磨粉、筛分等工序，制得聚丙烯酰胺干粉。

在前水解工艺中，工业上常规使用的水解剂有 Na_2CO_3、$NaHCO_3$、Na_3PO_4 以及 NaOH 和 H_3BO_3。NaOH 作水解剂得不到分子量较高的产品；磷酸盐溶解度低，得不到高水解度产品；而碳酸盐作为水解剂，尤其是丙烯酰胺浓度较高时易生成不溶解物。因水解剂溶解度的影响，所以聚合反应的起始温度不能太低，聚合过程又受到水解剂杂质的影响，所以难以获得超高分子量的产品。

近年来，研究人员经深入研究后认为，前水解工艺的水解反应是伴随着聚合放热进行的，其速率受聚合反应速率制约，而 NH_3 的生成依赖于水解反应，因而亦受聚合反应的影响，致使聚合物的最终分子量、水解度、溶解性能都与聚合反应速率相关。因此控制聚合反应进行的速率十分重要，控制得当可提高前水解工艺的产品质量。

该法有如下主要优点：①由于水解剂是与单体在配料时一起加入，溶液的 pH 值较高，AM 分子在聚合中几乎不发生酰氨基质子化反应，酰亚胺化交联概率很小。同时，在碱性介质中 AM 的水解释放出 NH_3。NH_3 在 AM 存在下生成氨三丙酰胺链转移剂，它可以有效地抑制聚合物叔碳偶合交联。因此，采用前水解聚合工艺较为容易制得溶解性能优异的聚丙烯酰胺产物。②在聚合的同时进行水解的工艺简便，设备投资和生产成本低，产品的水解度均匀。该工艺所用的单体只有AM，相对于共聚合工艺简单许多。

采用该技术，其产品分子量最高能达到2000万，聚合物配液浓度为0.15%时，采用DV-Ⅲ布氏黏度计检测黏度达到50mPa·s以上。此项技术可根据需要生产分子量500万～2000万的产品。

其工艺流程和工艺设备如图4-7、图4-8所示。

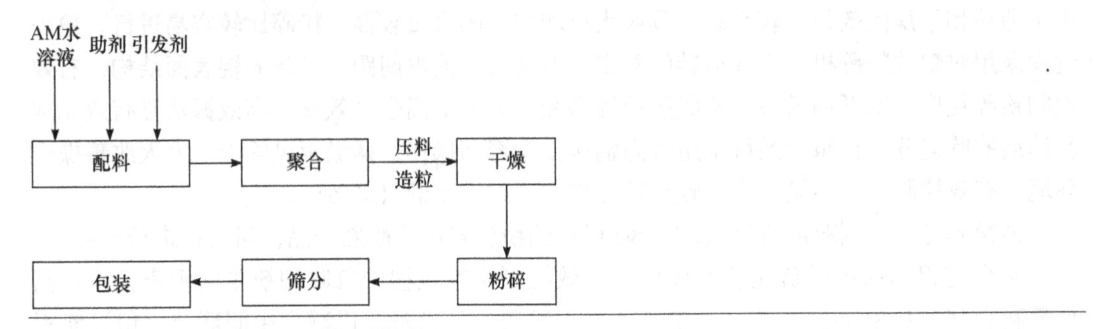

图4-7　前水解工艺生产PAM干粉工艺流程

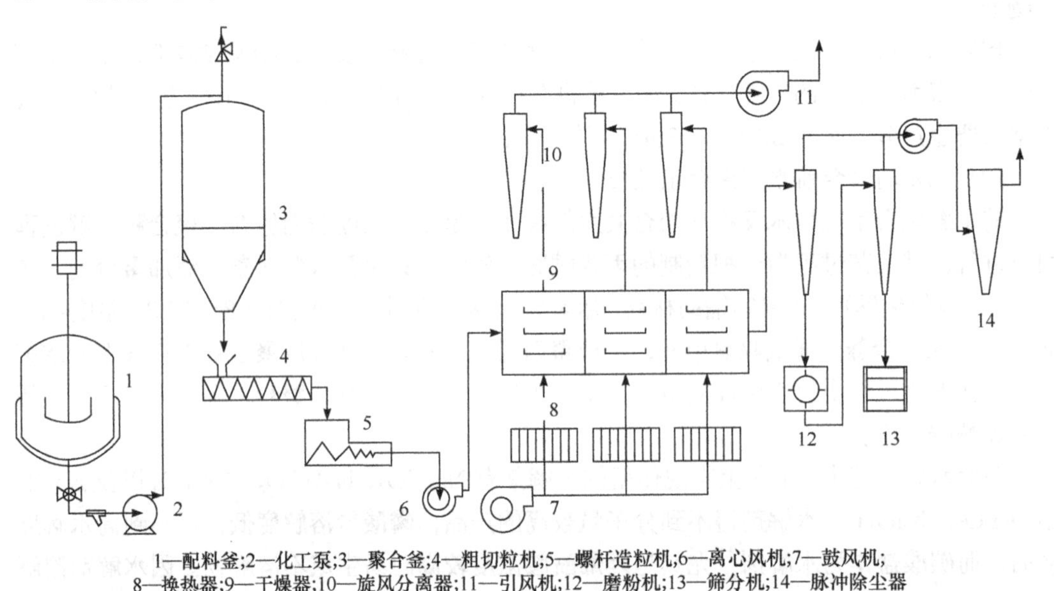

1—配料釜;2—化工泵;3—聚合釜;4—粗切粒机;5—螺杆造粒机;6—离心风机;7—鼓风机;
8—换热器;9—干燥器;10—旋风分离器;11—引风机;12—磨粉机;13—筛分机;14—脉冲除尘器

图4-8　前水解工艺生产PAM干粉生产工艺设备

前水解工艺采用粗造粒将其处理成为≤60mm的胶块，目的是将相对较大的胶块分割破碎成为相对较小的形状，以满足物料输送的要求，同时保证造粒的有效喂料。

(3) AM和其他单体共聚合工艺技术简述

聚丙烯酰胺类产品其结构变化多样，由于大侧基或刚性侧基等基团的引入，聚合物的空间位阻比较大，分子运动、卷曲和旋转阻力增大，在老化过程中也会伴有分子链的断裂，因此在较高温度下聚合物溶液也具有较高的黏度，表现出较好的热稳定性。

抑制聚丙烯酰胺水解的基团的引入，可以提高耐盐性。常用的功能单体有*N*-乙烯基吡咯烷酮、4-乙烯基苯磺酸盐、AMPS（2-丙烯酰胺-2-甲基丙磺酸）等，其中*N*-乙烯基吡咯烷酮由于其五元环结构的空间位阻效应，增加了酰氨基的水解难度，从而可以更好地保护酰氨基，适应高矿化度油藏环境。AMPS 含有亲水性很强的—SO_3H^-，可以增加聚合物的水溶性，同时对钙、镁离子的敏感度比较低，因此 AMPS 与丙烯酰胺形成的聚合物耐盐性、耐温性较好。

丙烯酰胺还可与丙烯酸盐、交联剂（如亚甲基双丙烯酰胺）共聚合成 PAM 型吸水树脂。

丙烯酰胺单体与阳离子单体共聚是获得高性能阳离子聚丙烯酰胺的常用方法。常用的阳离子单体有二烯丙基季铵盐类（二甲基二烯丙基氯化铵 DMDAAC）、丙烯酰氧烷基季铵盐类（甲基丙烯酰氧乙基三甲基氯化铵 DMC、丙烯酰氧乙基三甲基氯化铵 DAC）和丙烯酰胺烷基季铵盐类（如甲基丙烯酰胺丙基二甲基胺 DMPMA、丙烯酰胺丙基二甲基胺 DMPAA）三类。因为聚丙烯酰胺中含有叔胺结构，而叔胺在酸性条件下可与 H^+结合而带正电，从而形成带正电的铵离子，分子链之间的静电排斥作用增强，高分子链更加伸展，有利于架桥效应，对负电粒子的电中和作用加强，有利于絮凝沉淀；但离子度过大时，分子链上阳离子基团过多，使絮凝剂与胶体颗粒的吸附作用增加，导致能够桥联的结构减少，废水中颗粒表面的负电荷完全中和后，剩余正电荷使颗粒表面电荷性质反转，颗粒间斥力增大，反而不利于絮凝。

利用丙烯酰胺与疏水性单体（主要有丙烯酸酯类、*N*-烷基取代丙烯酰胺类、长链烷基烯丙基季铵盐类、甜菜碱类等）聚合反应得到疏水缔合型共聚物。在聚合物水溶液中，疏水基团由于疏水亲脂作用发生聚集，相互产生链间缔合作用，形成空间网状超分子聚集体，以三维立体网状结构（多级结构）均匀地布满整个体系，宏观上表现为“分子量增大”的现象，使聚合物黏弹性得到大幅提升。这种缔合反应形成的高分子链网状结构在快速剪切力的作用下也会遭到破坏，聚合物分子流体力学体积减小，溶液表观黏度下降；当剪切作用消除后，疏水缔合聚合物之间的物理缔合作用又会恢复，聚合物水溶液黏度上升，体现了缔合作用的可逆性。小分子电解质的加入使溶液极性增加，疏水缔合作用增强，具有明显的抗盐性。此外，由于疏水缔合是熵驱动的吸热效应，其溶液具有一定的耐温增黏性。因此，相比同一规格的普通聚丙烯酰胺，疏水缔合型聚合物具有良好的增黏性（岩芯流动有较大的阻力系数和残余阻力系数）及耐温耐盐、抗剪切性能，表现出良好的驱油效果。

实施疏水性改进的方法可分为两大类：一类是从单体出发，由亲水性单体和疏水性单体聚合得到疏水改性的水溶性高分子，包括扩链封端反应和自由基共聚反应；另一类是由水溶性聚合物出发，用疏水性试剂对其进行化学改性而得。

共聚反应体系中的单体结构不同，活性会有差异，因此，需要考虑参与聚合的单体竞聚率，来配比各组分的含量。

竞聚率是表征不同单体与同一自由基反应的相对活性，等于自增长速率常数与交叉增长速率常数的比值，受温度、压力和溶剂等因素的影响。带有共轭结构的单体有助于共聚；单体极性相差大有利于交替共聚；单体极性相差不大，有利于理想共聚；带有体型大数量多的基团的单体不易均聚，但可与位阻效应小的单体共聚。

共聚物组成方程式是描述共聚物组成与单体混合物（原料）组成间的定量关系式，它可由共聚合反应动力学或由链增长概念推导出来。

共聚物组成摩尔比微分方程见式（4-3）：

$$\frac{d[M_1]}{d[M_2]}=\frac{[M_1]}{[M_2]}\times\frac{\gamma[M_1]+[M_2]}{\gamma[M_2]+[M_1]} \tag{4-3}$$

式中，$\gamma_1=k_{11}/k_{12}$和$\gamma_2=k_{22}/k_{21}$分别是均聚和共聚的链增长速率常数之比，表征两单体的相对活性，称为竞聚率。令f_1为某瞬间单体M_1在单体混合物中占有的摩尔分数，F_1为同一瞬间M_1在共聚物组成中占有的摩尔分数，则共聚物组成微分方程可表示为式（4-4）：

$$F_1=\frac{\gamma_1 f_1^2+f_1 f_2}{\gamma_1 f_1^2+2f_1 f_2+\gamma_2 f_2^2} \tag{4-4}$$

式中，表示共聚物瞬间组成F_1是单体组成f_1、f_2的函数。影响两者关系的主要参数是竞聚率γ_1及γ_2。竞聚率数值可以在很宽的范围内变动，共聚行为也就有较大的差异。典型竞聚率数值所代表的物理意义如下：

$\gamma_1=0$，表示$k_{11}=0$，活性端基只能与异种单体反应。

$\gamma_1=1$，表示$k_{11}=k_{12}$，即M_1与两种单体反应的难易程度相同，或两者概率相同。

$\gamma_1=\infty$，表示只能均聚，不能共聚，实际上尚未发现这种特殊情况。

$\gamma_1<1$，活性端基能与两种单体反应，但更有利于与异种单体反应。

$\gamma_1>1$，则易与同种单体反应。

根据γ_1、γ_2的数值不同，将共聚物组成类型可以分为如下几类。

①理想共聚：$\gamma_1\gamma_2=1$时，这是一般理想共聚。其中一种极端情况是$\gamma_1=\gamma_2=1$，两种自由基各自均聚和相互共聚的增长概率完全相同。在这一条件下，不论单体配比和转化率如何，共聚物组成和单体组成完全相同。

②交替共聚：另一种极限情况是$\gamma_1=\gamma_2=0$，或$\gamma_1\to 0$，$\gamma_2\to 0$。表明两种自由基都不能与同种单体加成，只能与异种单体共聚，因此，共聚物中两种单体均匀交替。

③非理想共聚：当$\gamma_1>1$和$\gamma_2<1$，且$\gamma_1\gamma_2<1$时，M_1的聚合能力大于M_2，共聚物瞬间组成的F_1始终大于单体中M_1的含量f_1。

④嵌段共聚：$\gamma_1>1$，$\gamma_2>1$。此时两种链自由基都倾向于加成同种单体，形成“嵌段”共聚物，链段长短决定于γ_1和γ_2的大小。但M_1和M_2的链段都不长，很难用这种方法制得真正有实际意义的商品嵌段共聚物。

4.2.3 反相悬浮聚合

反相悬浮聚合是将水溶性单体以液体微珠形式分散于油相介质中进行的聚合，是自由基聚合特有的方法，也叫珠状聚合，其反应机理与本体聚合相同。

在反相悬浮聚合液中，AM水溶液在Span60、无机氨化物、C_{12}～C_{18}脂肪酸钠或乙酸丁酸纤维等悬浮剂（分散稳定剂）存在下，在汽油、二甲苯、四氯乙烯中形成稳定的悬浮液，引发聚合。

在引发聚合时，聚合物液滴黏度随转化率升高而上升，当单体转化率上升到一定程度，逐渐转变为圆珠状颗粒，具有均相聚合的特征。其成粒过程基本上分为以下三个阶段。

（1）聚合反应初期

单体相在搅拌剪切作用力下和界面张力的作用下，分散形成均相液滴，并达到动态平衡。分散剂的加入使液滴表面形成一层保护层，有利于液滴分散稳定，防止聚合物的液滴黏结。于适当的温度时引发剂分解为自由基，单体分子开始链引发。

（2）聚合反应中期

聚合中期可细分为聚合反应中前期与聚合反应中后期。在聚合反应的中前期，单体聚合的链增长速率较慢，生成的聚合物液滴仍保持均相。随聚合物增多，透明液滴的黏度增大，液滴间黏结的倾向增大，所以自转化率达 20%以后进入液滴聚集结块的危险期。

聚合反应中后期，转化率达 50%以上，聚合物的增多使液滴变得更黏稠，聚合反应速率和放热量达到最大，此时若散热不良，液滴内会有微小气泡生成。转化率在 70%以后，反应速率随单体浓度降低而减慢，液滴内大分子链愈来愈多，大分子链活动受到限制，黏性逐渐减少而弹性相对增加。

（3）聚合反应后期

当转化率达 80%时，聚合物大分子链因体积收缩被紧紧黏结在一起，残余单体在这些纠缠得很紧密的大分子链间进行反应并形成新的聚合物分子链，使聚合物粒子内大分子链间愈来愈充实，聚合物颗粒变得比较坚硬。这时液滴黏结的危险期度过，可提高聚合温度促使残余单体二次反应。这些残余单体分子就只能在其相邻区域形成新的大分子，使聚合物分子链间完全被新生成的大分子链所填充，若干大分子链相互缠结，无规则、无间隙地黏聚在一起组成统一的相态，完全固化后最终形成均匀坚硬透明的球珠状粒子。

悬浮聚合结束后，经共沸脱水、分离、干燥，得到珠状或粉状产品。聚合过程中添加无机盐 NaCl、$NaNO_3$或Na_2CO_3可调节体系的表面张力，增加悬浮稳定性，而对聚合过程影响不大。但加入少量一元、二元或多元羧酸盐，则通常可使产物分子量增大。

4.2.4　聚丙烯酰胺干粉生产设备简述

聚丙烯酰胺干粉在生产过程中，为防止聚丙烯酰胺胶块的分子量因剪切而降解，造粒机、干燥机、粉碎机和振动筛等设备的选择十分重要。本节着重就常用的这三种设备进行简述。

4.2.4.1　双螺杆胶体造粒机

双螺杆胶体造粒机是为胶状高分子聚合物的大规模工业化生产专门设计制作的。聚合物胶块在聚合釜密闭的状态下通过压缩空气加压进行连续分割、破碎、造粒，保证了生产工艺的连续性。使原来劳动密集型的间歇生产方式转变成为自动化程度较高的连续化生产方式，大大提高了生产效率，特别是提高了聚合釜的利用率。同时，改善了操作环境，降低了生产消耗，保证了产品质量。

（1）设备结构

造粒机的主要工作部件由两根旋向相反的螺杆组成，运行过程中，两根螺杆上的螺旋相互啮合，进口螺旋采用非密闭形式，出口螺旋采用密闭式结构，保证了吃料顺畅并能够产生足够的压力。随着螺杆的转动，密闭腔里的胶体沿着密闭腔做轴向运动，平稳而又连续地输送到预切割板和配流板，最终输送至细孔网板，被细孔网板内旋转的切刀切断，形成颗粒。双螺杆胶体造粒机实物及原理图见图 4-9、图 4-10。

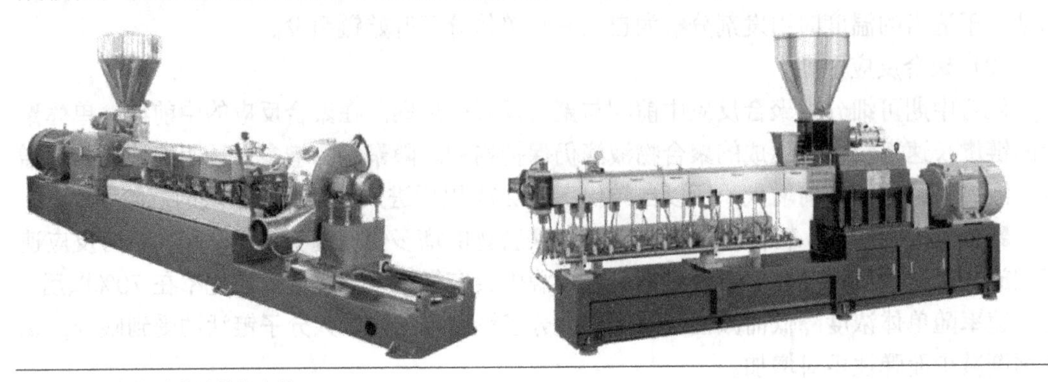

图 4-9 双螺杆胶体造粒机实物

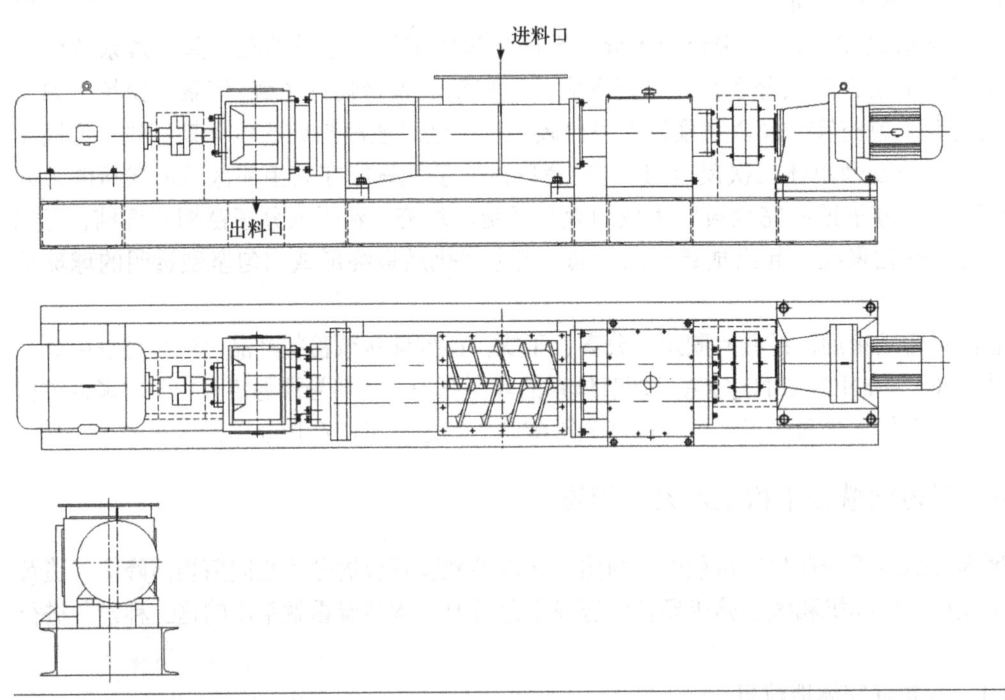

图 4-10 双螺杆胶体造粒机剖面

聚丙烯酰胺胶块具有较强的黏弹性，普通的造粒方式很难将其分割、破碎。采用螺旋喂料和推进物料有效克服其黏弹性，独特的螺杆结构非常有利于物料的输送；特殊设计的造粒机结构分为输送段和压实段，使物料在输送过程中不断被压实，同时保证了物料在筒体内的均匀性；螺杆端部的模板与高速旋转的旋转切刀形成无数的剪刀将物料切碎，从而得到粒度均匀的颗粒。

(2) 性能特点

①通过调节转速即可调节产量，实现与下游的能力无级匹配。

②采用螺杆造粒可使颗粒大小均匀，调节切刀转速控制颗粒尺寸。

③造粒机内部设置了配流板，可将表面分散剂很均匀地加入胶料中，节省表面分散剂的用量。

④主机低速运行，主机上的关键零件采用特殊工艺处理。切刀具有浮动自动补偿功能，能够在长期运转中与网板紧密贴合，确保造出的胶体均匀、不粘连。

⑤主、从螺杆采用同步齿轮传动结构，保证在螺杆运转过程中互不接触，同步齿轮采用可调整斜齿轮，保证主、从螺杆运转平稳、可靠。

⑥整个系统采用全封闭、全自动化集装块式结构，其液压、电气及机械设备相对独立，操作、维护方便。

4.2.4.2　静态流化床干燥机

流化干燥是将流态化技术应用于固体颗粒干燥操作的一种干燥方式。颗粒状固体物料在热空气的作用下剧烈运动，形成流态化，增大了固体颗粒与干燥介质之间的接触面积，促进了两相之间的传质和传热的进行，大大提高了干燥效率。

（1）设备结构

流化床干燥系统主要由空气过滤器、鼓风机、空气加热器、流化床干燥器、旋风分离器、引风机、管路系统和控制系统等组成；流化床干燥器由充气室、分布板和床体等几部分组成。如图 4-11 所示，过滤后的空气通过管路送入空气加热器加热后进入位于干燥器下部的充气室，在充气室内分布均匀后，以一定的压力穿过干燥器分布板与湿物料充分接触，湿物料在热气流作用下上下翻腾，互相混合碰撞，保持一个均匀且能定向移动的流化状态，从而保证湿物料与热空气进行充分的传质和传热，加热物料同时蒸发水分，实现物料的干燥，在干燥机的尾部设有冷却段，未经加热的冷空气将已干燥的物料冷却至常温。干燥后的物料由干燥机出料口连续排出；从物料中蒸发出的水汽随气流由干燥器床体顶部通过管路进入旋风分离器进行分离除尘，分离下来的物料由送料风机重新送回干燥器，废气由引风机送入烟囱排入大气。

蒸汽由蒸汽总管进入空气加热器，加热空气后的冷凝水由空气加热器排出，汇入总管回收利用。干燥温度由位于空气换热器蒸汽入口的阀门进行调节和控制。

（2）性能特点

流化床干燥机可以通过对进风流量的控制使物料实现流态化，并使物料更加容易分散，与热风接触更加均匀，消除了空床、死床和局部过热等现象；溢流堰板的结构方便调整料层厚度，使操作不受上游下料量的影响，调节空间更大；而且可精确控制物料的停流时间，保证了产品的质量；采用 PLC 或 DCS 对干燥温度及风机的流量和压力进行控制，实现了设备的全自动节能控制，同时采用热风循环的操作方式，进一步降低能耗；同时，在干燥机尾部增加冷却段，使两种操作在一套设备中完成，保证了工艺的连续性。

（3）工艺流程

①工艺流程　流化床干燥工艺流程见图 4-12。

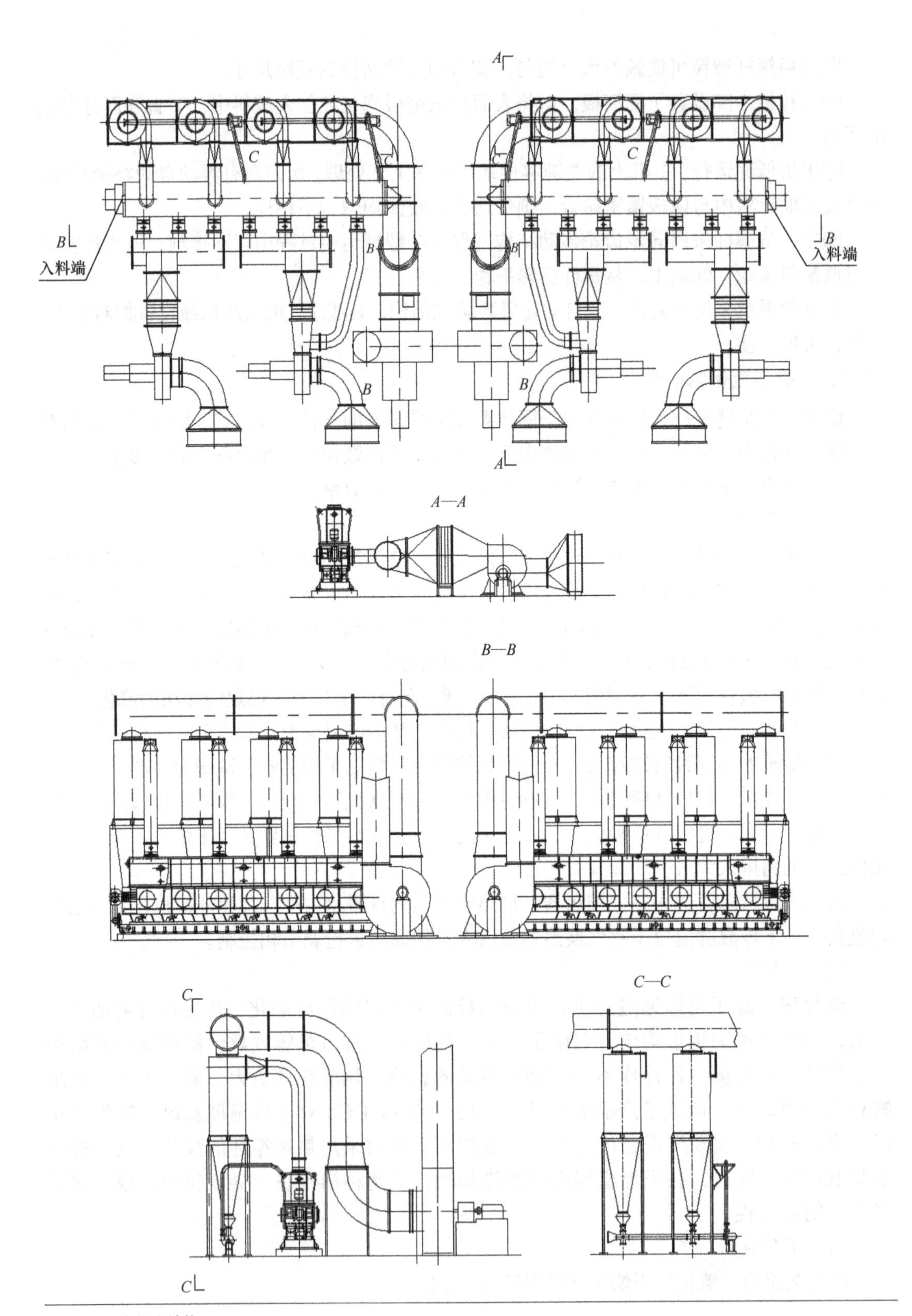

图 4-11　流化床结构

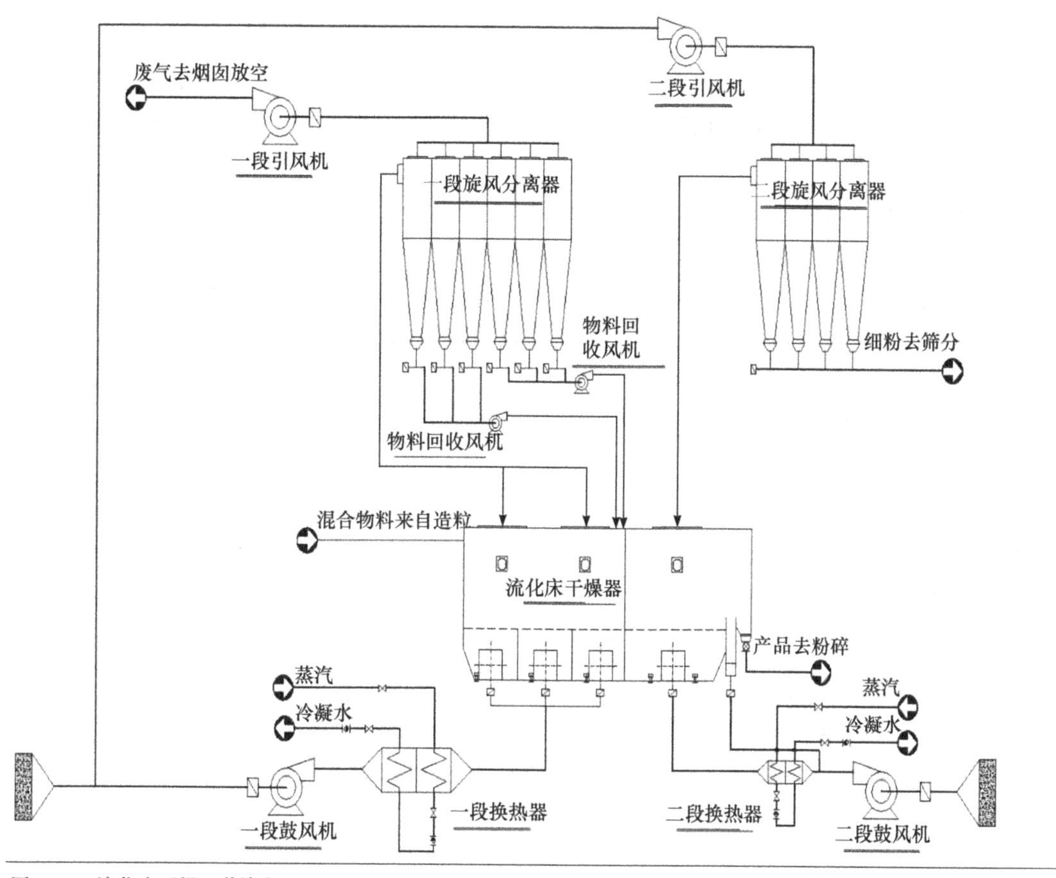

图 4-12　流化床干燥工艺流程

②工艺描述　经造粒机生产的聚合物小胶粒通过输料风机连续输送入流化床的进料口。

一段鼓风机吸入的空气为大气和二段引风机排出的循环气体的混合气体，采用该循环气体可以提高一段鼓风机的进口气体温度，减少蒸汽的消耗，从而实现节能；同时也减少了废气的排放总量。该气体被一段换热器加热到所需温度（125℃）进入流化床一段的三个充气室；采用位于管路上的调节风门调节进入三个充气室的空气流量，以更好地实现流化和气体平衡。

进入充气室的热气流通过气体分布板与位于分布板上部的胶粒相接触，使胶粒实现流化吸热，使水分蒸发。由溢流堰板控制胶粒的料层厚度和停留时间。

废气由位于流化床干燥器顶部的四个排风口通过汇总管路进入旋风分离器，然后再通过管路由一段引风机送入烟囱放空。

旋风分离器分离出来的细粉料由胶粒回收风机通过管路返回到流化床干燥器中。

二段鼓风机吸入的空气全部为大气，由管路和位于管路上的调节风门分配，一部分通过二段换热器加热到所需的温度（90℃）进入流化床二段的两个充气室，另一部分则直接进入流化床尾端的冷却气体充气室。

被加热的气流通过气体分布板与位于分布板上部的胶粒相接触，使胶粒流化，进一步蒸发物料中的水分，使物料实现干燥。

干燥后的胶粒通过一个可以手动调节的溢流堰从流化床干燥器的二段溢流进入冷却段。

经冷空气冷却后的产品通过一个可以手动调节的溢流堰和位于流化床干燥器出料口的旋转阀门连续排出。

二段干燥及冷却产生的废气由位于流化床干燥器顶部的两个排风口通过汇总管路进入旋风分离器，然后再通过管路进入一段鼓风机循环使用。

旋风分离器分离出来的细粉料由位于旋风分离器底部的旋转阀门连续排出。

进料流量和胶粒含水量的波动，可以通过调节换热器蒸汽的流量来控制流化床干燥器中胶粒的温度，以保证产品的质量。

4.2.4.3 粉碎与筛分

（1）粉碎

粉碎是破碎和磨碎的总称，粉碎过程中可能发生聚丙烯酰胺分子量的降解。导致聚丙烯酰胺分子量降解的因素有两种，即机械剪切和粉碎热。经过大量试验和多年来的生产经验证明：导致粉碎作业聚丙烯酰胺分子量降解的主导因素是粉碎热所致，而非一般认为的机械剪切所致。工业生产中，采用对辊式粉碎机粉碎聚丙烯酰胺颗粒以实现颗粒粒径在20～80目的国家标准范围内。

对辊粉碎机又叫双辊式粉碎机，出现于1806年，已有两百多年的发展历史。其主要由辊轮组成、辊轮支撑轴承、压紧和调节装置以及驱动装置等部分组成，结构简图见图4-13。

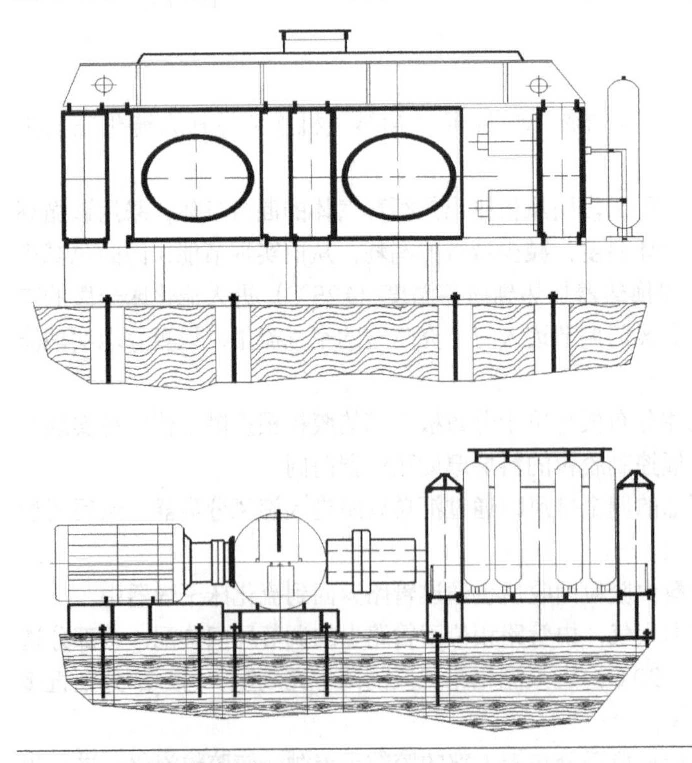

图4-13　对辊粉碎机简易结构

由于双辊式破碎机的辊子是光面的，因此不仅具有压碎的作用，同时还具有研磨的功能。当物料进入机器的破碎腔以后，物料受到转动辊轴的啮力作用，使物料被逼通过两辊之间，同时受到辊轴的挤轧和剪磨，物料即开始碎裂，碎裂后的小颗粒沿着辊子旋转的切线，通过两辊轴的间隙，向机器下方降落，超过间隙的大颗粒物料，继续被破碎成小颗粒。

（2）筛分

筛分是将松散的混合物料通过单层或多层筛面的筛孔，按照粒度分成两种或若干不同粒径的过程。在聚丙烯酰胺干粉的生产过程中，采用的筛分设备为振动筛。

振动筛是采用激振装置（电磁振动或机械振动）使筛箱带动筛面或直接带动筛面产生振动，促使物料在筛面上不断运动，防止筛孔堵塞，提高筛分效率。根据筛箱的运动轨迹不同，振动筛可以分为圆运动振动筛、直线运动振动筛和三维振动圆筛。

振动筛的主要优点：

①由于筛箱振动强烈，减少了物料堵塞筛孔的现象，使筛子具有较高的筛分效率和生产率。

②构造简单、拆换筛面方便。

③筛分每吨物料所消耗的电能少。

振动筛的工作原理：将颗粒大小不同的碎散物料群，多次通过均匀布孔的单层或多层筛面，分成若干不同级别的过程称为筛分。大于筛孔的颗粒留在筛面上，称为该筛面的筛上物，小于筛孔的颗粒透过筛孔，称为该筛面的筛下物。实际的筛分过程是：大量粒度大小不同、粗细混杂的碎散物料进入筛面后，只有一部分颗粒与筛面接触，由于筛箱的振动，筛上物料层被松散，使大颗粒本来就存在的间隙被进一步扩大，小颗粒乘机穿过间隙，转移到下层或运输机上。由于小颗粒间隙小，大颗粒并不能穿过，于是原来杂乱无章排列的颗粒群发生了分离，即按颗粒大小进行了分层，形成了小颗粒在下、粗颗粒居上的排列规则。到达筛面的细颗粒，小于筛孔者透筛，最终实现了粗、细粒分离，完成筛分过程。然而，充分分离是没有的，在筛分时，一般都有一部分筛下物留在筛上物中。细粒透筛时，虽然颗粒都小于筛孔，但它们透筛的难易程度不同，物料和筛孔尺寸相近的颗粒，透筛就较难，透过筛面下层的颗粒间隙就更难。

4.3　缔合聚合物生产技术简介

疏水缔合水溶性聚合物（HAWP），是指在水溶性聚合物分子链中引入少量的疏水基团，其水溶液由于疏水作用而发生分子内或分子间缔合，从而形成超分子三维网络结构的一类水溶性聚合物衍生物。“疏水相互作用”的概念是 Walter J. Kauzmann 在 20 世纪 50 年代末期，在《蛋白质化学进展》上发表了一篇题为《影响蛋白质变性的一些因素》的文章首先提出来的，当时是用于描述生物聚合物性质的，例如基质对酶的束缚、蛋白质的构象转变、膜的形成等。20 世纪 60 年代后期，U. P. Strauss 带领小组成功合成了一系列具有疏水活性的聚皂和具有超线团结构的聚合物。随后，疏水改性脲烷（HEUR）问世并迅速得到应用，在改善水基胶乳涂料的流变性方面效果很好。

目前，合成疏水缔合水溶性聚合物的方法主要有两种：一是水溶性单体与疏水性单体共聚；另一种是水溶性聚合物的化学改性。

4.3.1 水溶性单体与疏水性单体共聚法

大多数的疏水缔合水溶性聚合物仍是以丙烯酰胺为单体，与疏水单体经自由基共聚合反应而生成的。另外亲水单体还有丙烯酸（AA）、甲基丙烯酸、能改善盐敏性的含磺酸基团的单体，如乙烯基磺酸盐、乙烯基苯磺酸盐等。

一般情况下，疏水缔合水溶性聚合物合成工艺比较复杂，这主要是由于在合成过程中很难将疏水性单体和水溶性单体均匀混合。依据实现这种混合的方式不同，共聚又有多种实施方法。

非均相共聚法是利用机械搅拌使疏水单体以微细液滴分散的形式直接分散于水中与AM共聚，这是最先提出制备HAWP的方法。采用超声波可使疏水单体形成更细小的液滴，与AM水溶液混合后共聚，可在一定程度上改善共聚效果。但仍不能很好地控制分散过程和共聚效果，聚合结果或是形成乳胶状物质，或是疏水性单体没有进入形成的聚合物中，现已较少使用。

均相共聚法是将水溶性单体与疏水性单体溶于共同的单一溶剂或混合溶剂而实现共聚，这种方法虽可溶解两类不同的单体，但此类溶剂对形成的聚合物不是优良溶剂，所以随着聚合过程的进行，形成的聚合物会不断地从溶剂中析出。由于高分子量聚合物在溶剂中的不溶解性以及在有机溶剂中的链转移作用，致使最终所得的聚合物分子量较低，但疏水基团多呈无规分布。

反相乳液聚合法与反相微乳液聚合法，与AM反相乳液或反相微乳液相类似，将AM溶于水相，疏水单体溶于油相，在乳化剂作用下将水相分散于连续油相中，巨大的界面使疏水单体可以扩散进入水相，实现共聚。如长链烷基多氧乙烯基丙烯酸酯，可作为共乳化剂处于油-水界面。通过加入有机共溶剂也可将疏水单体增溶于水相。采用反相乳液或反相微乳液方法，可制得高固含量产物。该法合成的共聚物结构和疏水单体的结合量取决于疏水单体在两相的分配及引发地点。当采用油溶性引发剂时，易引发较多的疏水基团，并形成较长的疏水微嵌段。

在亲水单体水溶液中加入表面活性剂，将疏水单体以混合胶束或增溶胶束形式分散在连续相中（解决了疏水缔合聚合物聚合过程中亲水单体和疏水单体不相溶的问题），当连续相中生成的水溶性聚合物增长链的活性端伸入胶束时引发胶束中的疏水单体参与共聚。由于胶束的数量巨大，大大提高了疏水单体的共聚效率，一般在高转化率时疏水单体几乎全部被结合进入聚合物。研究表明，胶束共聚生成的共聚物中疏水基团是以微嵌段结构无规分布在亲水主链上的。通过改变表现活性剂的加入量可以有效地控制疏水微嵌段的长度和数量。当表面活性剂中杂质较少时，可制得较高分子量聚合物。

最早的疏水改性水溶性聚合物是由马来酸酐/苯乙烯共聚物经长链烷基多乙烯基醚部分酯化而制备的。为了克服酯化产物的易水解性，开发了改性乙氧基聚氨酯（HEUR），并很快用于改善水基乳胶涂料的流变性。埃克森研究及工程公司的 Schulz 等研究人员开始探讨将疏水缔合聚合物用于油气开采的可能性，对此进行了持续而深入的研究，并合成了多种疏水单体。

随着人们对胶束共聚合认识的加深，Hill 等人提出了丙烯酰胺参与的胶束聚合最可能的反应机理，具体表述如下：

①水溶性引发剂溶解于水中，分解生成自由基，随后引发丙烯酰胺聚合。

②表面活性剂在水中形成胶束，疏水单体的疏水链溶解于胶束中。

③链逐渐增长的丙烯酰胺大分子自由基会与溶解了疏水单体的胶束碰撞，引发胶束中疏水单体聚合，这个过程中引入了一小段疏水链。

④引入疏水链后的大分子自由基离开胶束，继续与胶束之外的丙烯酰胺反应，当碰上另一个增溶胶束后会再次引入一小段疏水链。

⑤上述过程反复进行，碰撞到自由基后，聚合反应终止。

⑥由于聚合反应反复在溶液和增溶胶束中发生，疏水链会以“嵌段”的方式插入水溶性大分子链上。

胶束聚合有个明显的缺点：掺杂的表面活性剂不易除去，产物不易提纯，共聚物的溶液性质受到严重影响，而且胶束聚合能引入的疏水基团一般含量较少（不大于 2%，摩尔比）。

为弥补上述不足，可以通过制备具有表面活性的疏水单体来解决，因为具有表面活性的疏水单体本质上是一种表面活性剂，从而就无需引入外来的表面活性剂，即直接采用水溶液聚合法来制备疏水缔合共聚物。水溶液聚合方法，省去了处理表面活性剂的步骤，大大简化了反应过程，而且可以引入更多的疏水单体参与到共聚反应中去，使共聚物具有更强的疏水缔合效应。

以季铵盐疏水单体为例，采用水溶液聚合法生产疏水缔合水溶性聚合物，聚合反应见图 4-14。

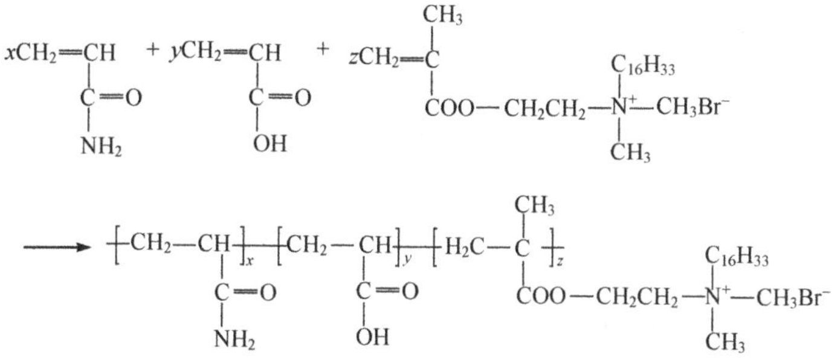

$$x\,CH_2{=}CH(C{=}O)NH_2 + y\,CH_2{=}CH(C{=}O)OH + z\,CH_2{=}C(CH_3)COO{-}CH_2CH_2{-}N^{+}(C_{16}H_{33})(CH_3){-}CH_3Br^{-}$$

$$\longrightarrow \left[CH_2{-}CH(C{=}O)NH_2\right]_x\left[CH_2{-}CH(C{=}O)OH\right]_y\left[H_2C{-}C(CH_3)(COO{-}CH_2CH_2{-}N^{+}(C_{16}H_{33})(CH_3){-}CH_3Br^{-})\right]_z$$

图 4-14　疏水缔合水溶性聚合物聚合反应

聚合工艺过程为：用离子交换法精制 AM 水剂，计量泵入配料釜；添加螯合剂、丙烯酸、碱、尿素等辅剂和疏水单体，调节溶液温度和 pH 值，泵入聚合釜；通氮除氧引发，形成丙烯酰胺共聚物胶体；再经过造粒、干燥、磨粉、筛分等工序，制得疏水缔合水溶性丙烯酰胺共聚物干粉。

4.3.2　水溶性聚合物的化学改性反应法

通过聚合物成品的化学改性在亲水聚合物链上引入疏水基团，利用聚合物链节中酰氨基的反应活性可实现这种化学改性。该方法可方便地控制疏水基团引入量，而且聚合物的分子量高。

此外，在疏水聚合物链上引入亲水基团制备疏水改性水溶性聚合物，反应常在均相介质中进行。但因聚合物溶解度及溶液黏度随疏水基团引入的反应程度而发生变化等原因，很难选择合适的溶剂，限制了该方法的工业应用。Deguchi 以 DMSO 为溶剂，将低分子量的 PAM 与烷基溴化物反应制得了疏水改性聚丙烯酰胺。由于悬浮体系的黏度较低，可以将水溶性聚合物和疏水单体作为分散相悬浮于油类连续相中，有利于改性反应的进行。

4.4 聚丙烯酰胺水溶液生产技术展望

4.4.1 丙烯酰胺生产技术展望

微生物法生产丙烯酰胺作为第三代技术应用于工业化生产已经有二十多年的历史，生产技术稳定可靠，丙烯酰胺的产品质量得到了所有应用领域的认可。在技术追求、技术进步上应该从以下两个方面着手：一是丙烯腈水合酶的活性方面；二是工业化装置的新工艺应用方面。

以丙烯腈为原料生产丙烯酰胺已经历了三次大的技术飞跃：硫酸法、铜骨架法和微生物法。每一次飞跃都带来了转化率的提高、反应条件的改良、设备对工艺的易满足和控制条件的易操作。实现了工业生产的单耗越来越接近理论单耗。尤其是微生物法丙烯酰胺的工业化，大大降低了设备投资，大大降低了生产成本和生产过程的安全风险（在非高温、高压条件下实现温和生产）。但产品制备的能耗仍然偏高，原料单耗距理论值仍有差距。因此，需要突破制备适合高浓度丙烯腈水溶液转化为丙烯酰胺的新型腈水合酶催化剂的技术瓶颈，以实现一次反应即可生产 50%丙烯酰胺水溶液的技术要求，提高产能，降低能耗。这方面，国外已有工程菌应用于工业大生产，国内需迎头赶上。

从丙烯酰胺生产装置和装置的控制手段上应加大投入和研发力度。国内丙烯酰胺装置均是分批次间歇操作，个别企业实现了每个单元的自动化连续或半连续操作，整套装置的自动化程度不高。因此，即使有更好的反应催化剂，也不易实现人工成本、管理成本以及工艺过程物料损失的控制。目前这一问题的焦点是缺乏检测每个工序混合物中每一种物质浓度的专用检测仪器或检测探头。

4.4.2 聚丙烯酰胺在造纸工业的应用展望

现代纸张产品基本应用在四大领域：包装材料、信息载体、生活物资和功能性材料。首先，包装材料是纸张的最大应用领域，2018 年我国包装用纸和纸板的消费量为 6478 万吨，占国内纸张总消费量的 62.1%。包装用纸和纸板的主要竞争性产品是塑料；而塑料受石化原料的制约，难以再生利用，加上其难以生物降解的特质，塑料作为包装材料正在被越来越多的国家限制使用。其次，纸张作为文字、符号和图像的信息载体功能是古人发明纸张的主要用途。但是，近五十年来，随着电子信息技术的飞速进步，纸张作为信息媒介的功能被大大削弱。尽管如此，书刊印刷、新闻报纸、文档书写、宣传广告等所需纸张的消费量依然不少，2018 年我国文化用纸的消费量为 2592 万吨，占国内纸张总消费量的 24.8%。长远来看，与电子信息存储媒介相比，纸张作为信息载体具备可视性、长期稳定性、不可更改性和艺术性四大优势，拥有其长期生存的市场空间。再次，生活用纸主要包括卫生用纸、餐巾纸、手帕纸和厨房用纸等。2018 年我国生活用纸的消费量达到 901 万吨，占国内纸张总消费量的 8.6%。过去十年国内生活用纸的消费量年均递增 6.1%，是所有纸种中除特种纸张之外持续增长速度最快的品类。最后，包括特种纸与纸板和其他纸与纸板在内的功能材料类纸张产品是造纸工业中品种繁多但产量不高的一个品类，例如，隔层纸、防油纸、防锈纸、防霉纸、防静电纸、吸湿纸、过滤纸、透气纸、热敏纸、无碳复写纸、描图纸、照相纸、钞票纸、离型纸、装饰原纸、导电纸、电池分离纸、印刷电路板厚纸、磁性记录纸、医疗用纸等数百个品种。2018 年我国功能性纸张的消费量为 468 万吨，占国内纸张总消费量的 4.5%。可以预计，随着科学技术的进步，纸张在国民经济各个工业门类中的渗透将更加深入，功能材料类纸张产品具有十分广泛的发展前景。

现代造纸工业已经发展成为一个完整的资源可循环、较低能耗、较低排放、可实现碳循环的循环经济体系，是目前国民经济工业门类中最具有循环经济属性的行业。造纸所用的原料均是可再生资源。我国造纸工业主原料中有 77%来源于各类固体废弃物，包括废纸、林业“三剩物”（采伐剩余物、造材剩余物和加工剩余物）、农业秸秆、制糖业废甘蔗渣和造纸工业自身固体废物（废纸制浆污泥、废水处理污泥、碱回收白泥等）。通过构建“林业、竹业、农业等植物种植行业—纸浆和生物质能源—纸张产品—废纸—再生纸浆—造纸和生物质能源”的循环经济产业链和人与自然碳循环链，造纸工业有希望实现超低排放的深度绿色化。

聚丙烯酰胺在造纸工业应用的核心价值就是帮助以湿法工艺为基础的造纸工业实现绿色化，其应用前景广泛而深远。聚丙烯酰胺助留剂可以使上网浆料中的有效物尽量保留在纸页上，而不是随着白水循环或者随着排水流失，这样可以最大程度地节约浆料、填料和化学品；聚丙烯酰胺助滤剂可以帮助网部、真空部和压榨部最大程度脱除湿纸页中的水分，从而节省干燥部的蒸汽消耗；聚丙烯酰胺干强剂目前业已是使用废纸原料造纸并保证纸张强度的难以或缺的关键材料。为了追随造纸工业追寻深度绿色化的步伐，以及满足造纸工业提质增效和新型功能纸张的开发需求，聚丙烯酰胺的研究者和生产厂商可以从以下几个方面拓展开发思路。

（1）适用于超高电导率湿部化学环境的助留剂及其应用体系的开发

在现代造纸厂碱性造纸的湿部体系下，随着废纸用量的不断增加和白水系统封闭程度的不断提升，湿部体系的电导率在不断升高。目前，对于以废纸为主要纤维原料的箱板纸生产纸机，其每吨纸的水耗大多在 5～8 吨，网部电导率在 3000～4000μS/cm。而当网部电导率达到 5000μS/cm 以上时，目前使用的助留剂系统的助留效果就会受到严重影响。在超高电导率环境中，由于同离子效应，阳离子型或阴离子型聚丙烯酰胺高分子链被压缩成更小的线团结构，其水力学体积大大缩小，桥联效应大幅度降低。一种解决思路是开发结构化的高分子量聚丙烯酰胺助留剂；而实验研究表明，这种方法是有效的。非线型的高分子量阳离子聚丙烯酰胺设计思路可以尝试适度交联化、支化结构等不同的合成路线。

（2）适用于沉淀碳酸钙（PCC）和研磨碳酸钙（GCC）填料超高添加量纸种生产的助留剂和干增强剂及其应用体系的开发

与过去以添加滑石粉填料为主的酸性造纸相比，以添加碳酸钙填料为主的碱性造纸根本解决了纸张存放稳定性问题；同时，碱法造纸可获得更高纸张白度和不透明度。PCC 系由石灰乳与 CO_2（通常是烟气）现场反应制得，而 GCC 系由天然方解石经机械研磨制得，其生产成本远远低于纤维原料的成本。对于非参与“造纸—纸张—废纸—再生纸浆—造纸”

经济循环的纸张产品，例如，书籍印刷纸、档案纸、建筑装饰用纸板等而言，通常是填料的添加量越高越好。当要求纸张中的填料含量（一般测试的是灰分含量）达到30%以上，甚至到50%时，湿部抄造技术将面临巨大的挑战。如何用助留剂把纸料中的碳酸钙高比率保留到纸页上，如何保证纸张产品具备足够的强度，这两个问题同时对聚丙烯酰胺的研发提出了要求。在这种极高碳酸钙添加量的湿部条件下，提高单程填料保留率显得至为关键。在助留剂和干强剂聚合物分子结构设计上，可以引入与碳酸钙表面有直接键合力的功能性基团。同时，应当考虑助留剂聚合物与干强剂聚合物具备协同效应的分子结构设计思路和产品应用方案。另外一种可行的思路是对碳酸钙填料预先进行改性处理，以提高其与纤维颗粒或者高分子量聚合物的结合能力。

(3) 适用于功能性纸张抄造的特种助留剂及其应用体系的开发

纸基功能材料的功能赋予一般是在特种纸张即功能性纸张成品的基础上，通过涂覆、浸渍、复合等再加工工艺实现的。但是，有些功能性纸张要求在湿法抄造过程中就把功能成分分散在浆料中继而保留到纸页上。例如，一种用于高端手机包装的黑色纸板，要求将研磨得非常细的、高比例添加的碳粉直接在抄纸时保留到纸页上，得到的纸品具有细腻高贵的感官与触觉。对于这种特殊的湿部体系，一般助留剂难以达到要求，需要针对性地开发新型聚合物助留剂。功能性物质一步结合到纸页上的做法不仅可以节省一道后加工工序，更有可能开发出性能新颖和独特的新产品。因为纸张纤维层内部具备大量的网络空间，以及羟基（—OH）和羧基（—COOH）等化学结合点，有可能容纳和分布细小功能性物质。例如，用作水相介质中物料过滤的特种纸板，如果在纸板内部高度分散并结合有阳离子或阴离子型树脂，就有可能实现类似离子交换树脂的功能。聚丙烯酰胺助留剂开发者有可能在这一特殊的造纸领域有所创新、有所作为。

(4) 低成本高性能聚合物-淀粉结合型两性干强剂

如前所述，由于废纸在包装纸板中的大量使用，特别是几年前国家出台的进口限废令使得进口废纸迅速减少并将很快归零，国内造纸纤维原料的品质将会变得更差，干强剂则日益成为废纸造纸的必需原料。而改性淀粉干强剂的留着率低，增强效果有一定限度，在大量添加改性淀粉时还会造成湿部阴离子垃圾增多并滋生大量微生物。聚丙烯酰胺干强剂尽管增强效果远高于改性淀粉，且没有增多阴离子垃圾和滋生微生物的副作用，但是成本较高。目前，国内有些厂家为了保证强度指标把聚丙烯酰胺干强剂的添加量提高到有效份7kg/t纸以上，每吨纸成本超过了100元。将淀粉与聚丙烯酰胺进行有机结合，有希望打造出成本低、性能好的聚合物-淀粉结合型两性干强剂。文献中报道了很多有关在淀粉分子主干上接枝聚丙烯酰胺的研究，但市场上并未见到用此法做成功的干强剂商品。在淀粉接枝聚丙烯酰胺的技术路线上应当开辟新的思路，简单的接枝所生成的分子结构是内核淀粉分子被外围聚丙烯酰胺长链所包覆，淀粉分子上大量的羟基基团被“屏蔽”了，无法施展其增加纤维之间氢键数量的能力。在淀粉分子上形成有控制的局部接枝聚丙烯酰胺的改性路线可能是一种解决办法。

4.4.3 聚丙烯酰胺在油气田开发生产应用前景展望

(1) 在聚合物驱油方面

我国主力油田经过几十年的开发，均进入高含水、高采出程度阶段，持续稳产难度不断加大。大庆油田聚合物驱油经过三十年的工业化生产，开发技术日益成熟，以聚合物驱为主的三次采油是油田稳产的主要技术，从 2002 年开始到 2020 年连续 18 年聚合物驱增加的原油产量保持在 1000 万吨以上。

但随着聚合物驱开发规模扩大和开采对象的变化，聚合物驱的效率和效益下降的问题也日益突出。一是接替储层性质变差，导致开发效果变差。作为接替层的二类油层与一类油层相比，河道砂发育规模小、层数多、单层厚度薄、渗透率低、平面及纵向非均质更加严重、各井点动用状况差异大，油井见效程度低，聚合物驱开发效果变差。吨聚合物增油量由原来的 90 吨降至 46 吨，平均下降 40%；二是采用污水稀释聚合物溶液，导致用量增加。近几年，为避免油田污水外排采用污水稀释聚合物溶液，由于污水矿化度较高，黏度保留率较低，为保证开发效果，需要提高聚合物浓度保证黏度，导致聚合物用量增加。在黏度相同条件下，聚合物用量比清水稀释增加 60%左右。如何优选更加高效的新型聚合物类型，从而提高聚合物驱开发效果和效益成为油田的迫切需求。

主要从以下两方面进行研究：①进一步提高聚合物的分子量以提高聚丙烯酰胺的水动力学半径，从而提高增黏能力；②通过疏水单体（一般含有长支链）和非离子、阳离子、阴离子单体共聚得到疏水缔合类的聚丙烯酰胺，提高聚合物的结构尺寸，从而提高其增黏能力和耐温抗盐性。

（2）在非常规油气田开发方面

我国油气勘探开发已经向深层、非常规、低渗透、海洋油气和老探区剩余油气资源拓展。低品质油气资源成为重点开发对象，低渗透、特低渗、重油等资源所占比例已增加至 60%以上，油气工业正在从资源主导型向技术主导型转变。

孙金声院士在 2020 年底公开表示，我国已探明剩余油气资源原油约为 1100 亿吨，天然气约为 280 万亿立方米。随着煤层气、页岩气和页岩油国家级示范区的建设，从“十四五”开始，非常规油气的开发将成为中国石油工业的重要生产领域。

油气层压裂技术是非常规油气田开发的重要环节，根据体积压裂 2.0 工艺要求，开发满足不同温度、矿化度和压力要求的可变黏便捷滑溜水——干粉和乳液聚合物，在低浓度时作为减阻剂，高浓度时作为稠化剂。实现用压裂返排液配液，更有利于简化施工条件、提高作业效率、减轻环境压力，降低作业成本也显得十分迫切。

4.4.4　聚丙烯酰胺在氧化铝生产方面的展望

在氧化铝生产中，因铝土矿经烧碱高压溶出产生的矿浆悬浮液碱度高，溢流要求浮游物（即悬浮的细颗粒）低，底流要求赤泥压缩性要好等，从而大大增加了赤泥沉降处理的困难，提高了对絮凝剂性能指标的要求。从目前全国氧化铝生产的现状看，在全国近 9000 万吨的氧化铝生产中使用了全球所有类型的铝土矿，如国产矿一水硬铝石、进口矿一水软铝石和进口矿三水铝石。在生产中不论以哪种配矿方式进行生产，在絮凝剂的使用类型上大体都可以分为以下两大类。

第一类是以丙烯酸为主原料，用氨水或烧碱中和后生产的聚丙烯酸铵（或钠）产品。这类产品如果在赤泥沉降过程中浮游物高时，其分子中可以引入酰氨基进行微调以满足生产的要求。这类产品可以是干粉也可以是反相乳液产品，但由于干粉产品的分子量带宽分布比乳液产品的宽，因此在赤泥分离工段使用的大多是乳液产品，而在赤泥的洗涤工段则种类繁多。

第二类是带氧肟酸基团的聚丙烯酰胺类产品，目前国内外在三水铝石生产氧化铝的赤泥分离工段使用的均为该类产品，原因是该絮凝剂结构中含有氧肟酸、羧基、酰胺三种官能团，可以有效地与溶解在矿浆中的铁离子结合，把难以沉降的铁的氢氧化物带入赤泥中。赤泥进入洗涤工段后，一洗工段部分工厂也用此类产品，但赤泥的洗涤工段基本上都用第一类絮凝剂产品。

根据统计数据，不同矿石生产氧化铝时沉降赤泥所用絮凝剂的单耗为：进口矿（三水铝石）为400～700g/t干赤泥，国产矿（一水硬铝石）为270～330g/t干赤泥，国产和进口混合矿为400～500g/t干赤泥。

因此，近些年，国内的中南大学、东北大学、南方冶金和昆明工学院等大专院校以及中外各大絮凝剂厂家都在试图研究开发应用于氧化铝生产的革命性的絮凝剂产品，但目前还没有取得大的进展。絮凝剂要在本行业内保持平稳发展，研发出革命性的产品既有利于大国氧化铝节能降耗的需要，又有利于企业发展的要求。研发生产氧化铝絮凝剂的专业技术人员宜从以下几方面开展研发工作：

①通过研究单体原料的分子结构，筛选更好的官能团的单体，并确定在聚合生产中的配伍性仍然是今后研发的方向。目前，各类合成有机赤泥沉降用的絮凝剂产品的官能团有羧酸基—COOH、酰氨基—$CONH_2$和氧肟酸基—CONHOH。在单体结构上通过寻找能够与矿浆浆液中的过渡性金属离子有更强结合能力的新的官能团是根本提高赤泥沉降效果、降低吨赤泥用量的最有效方法。

②对于干粉产品，在研发方向上重点应该从如何降低絮凝剂分子量分布带宽的问题着手。一方面从生产的工艺设备研究聚合过程中放出热量的热交换问题，并且可以实现产业化生产；另一方面从生产工艺上打破原有干粉产品的生产工艺路线，采用悬浮聚合方式和薄片聚合方式，研究一套适合工业生产的工艺路线，降低生产成本也不失为一种好方向。

③对于反相乳液类产品，一是应该加强对各类表面活性剂性质与配伍性的研究，优化乳化体系，改善乳化效果，提高产品速溶性，让有机大分子能够快速展开，可以提高产品的使用效果。二是研究通过微乳聚合技术，实现氧化铝赤泥沉降分离絮凝剂的升级换代。

□ 思考题

1. 简述氧化还原引发体系的基本原理，列举出最常用的氧化剂与还原剂。
2. 简述常见的三种丙烯酰胺水溶液聚合工艺，并用反应方程式表示。
3. 简述在聚丙烯酰胺干粉生产过程中，影响其分子量的主要因素。
4. 简述聚丙烯酰胺干粉生产中的主要设备。
5. 简述阴离子聚丙烯酰胺的种类，用结构式表示，并简述其重要的应用行业。

第5章 反相乳液聚丙烯酰胺生产技术

5.1 聚丙烯酰胺乳液产品的种类

5.2 影响丙烯酰胺反相乳液聚合的因素

5.3 聚丙烯酰胺反相乳液的生产技术

5.1 聚丙烯酰胺乳液产品的种类

在大多数工业使用聚丙烯酰胺产品的场合，液体形式存在的乳液产品能够提供比干粉产品更为简便的使用方式，甚至具有某些更优异的特性，是非常重要的一种产品形式。

乳液，通常是指油分散在水中形成的分散体，即水相为连续相，油相为分散相。油溶性单体被分散在水中形成水包油（O/W）型的聚合技术称为常规乳液聚合技术或正相乳液聚合技术。此类产品在聚丙烯酰胺类产品中有，但非常少见。

反相乳液，是指水相被分散在油相中的分散体系，即油相为连续相，水相为分散相。水溶性单体（常用其水溶液）被分散在油里形成油包水（W/O）型的聚合技术称为反相乳液聚合技术。通过反相乳液聚合技术制造的聚合物乳液，则称为反相胶乳。液态的聚丙烯酰胺类产品大多数属此类。

反相微乳液是指比反相乳液的水相尺寸更小、一种完全透明、长时间静置不会发生沉降分层的分散体系。这种水相分散在油相中的体系，其分散相的尺寸绝大多数在 100nm 以下，是典型的纳米尺寸材料制备技术。利用反相微乳形成的水相进行聚合，形成纳米级聚合物材料是水溶性聚合物材料的重要制备方法。

乳液和反相乳液是热力学不稳定的体系，静置会发生分相，通常是乳白色和不透明的。而微乳和反相微乳是自发形成的热力学稳定体系，通常是澄清透明的。

近年来在三次采油等领域，此类产品的使用开始普及，其中有利用微乳液的方法生产出的纳米微球产品。纳米颗粒跟随水流进入油藏深部，纳米颗粒的密度和尺寸在可以发生布朗运动的 10～300nm 范围内，在运移到渗流主要依靠孔隙结构与水形成的毛管力的油藏部位，发生布朗运动，降低水在孔隙中的渗流能力，但基本不堵塞孔喉。由此可以解决聚合物驱技术的油藏适应性问题，也就是说无论多么高温高盐，不管 pH 值是多少，不管回注水是否经过严格处理，均不会影响提高石油采收率的能力。

5.1.1 反相乳液体系的组成

反相乳液是油包水（W/O）型乳化体系，AM 水溶液在搅拌下乳化分散在连续相介质（油）中，形成一种 W/O 型分散体系。至少包含三个组分，即单体溶液、连续相介质（油）和乳化剂。

在此体系中，AM 水溶液一般不会有明显的表面性质变化，选择合适的溶剂作为油相，选取合适的表面活性或多种表面活性剂的配比是制备乳液需要考虑的重点，合适的聚合反应条件以及工艺是获得合格乳液产品的关键。

5.1.2 反相乳液的稳定与预反相

在 AM 的反相乳液聚合中，聚合前是单体溶液的乳状液，聚合后是聚合物凝胶的乳状液。在聚合过程中，随着聚合过程的发生，聚合热的产生使油水相平衡发生改变，所设计的乳液体系需要既能满足在较低温度即初始引发温度下（通常低于 20℃）乳状液的稳定，也能满足较高温度下即反应温度达到最高值（通常高于 70℃）下是均匀的分散体系。否则，聚合过程中乳液会被破坏，形成的聚合物会聚并沉淀，产生大量凝胶。同时，水相完成聚合后由于聚合过程的体积收缩，凝胶的密度增大，也容易造成产品分层沉降。因此，设计稳定的乳液配方是生产此类产品非常重要的一环。

但是，在产品使用时，能够在水中快速分散并溶解是产品非常重要的性能，稳定的乳液会使产品很难分散在水中。因此，聚合完成后，产品需要进行反相。

预反相过程是加入预反相表面活性剂，均衡体系的黏度、稳定性以及在水中的分散性和溶解性，使产品达到标准。

5.2　影响丙烯酰胺反相乳液聚合的因素

在 AM 反相乳液聚合中，影响聚合反应速率的因素主要有以下几个。

（1）引发剂的影响

引发剂对 AM 反相乳液聚合速率的影响与水溶液的聚合过程相似，AM 反相乳液聚合速率随引发剂浓度增加而增大，区别在于引发剂的种类和投加的过程。

在 AM 的反相乳液聚合中，由于体系一直有搅拌，引发剂既可以是水溶性的，也可以是油溶性的；既可以是氧化还原体系，也可以是热分解型的。可以少量多次加入，也可以一次投加。依据产品的标准决定投加的种类和方法。

一般而言，温度低的引发体系产品分子量高，温度高的引发体系分子量相对较低。

（2）单体浓度的影响

在 AM 反相乳液聚合中，聚合反应的速率随 AM 单体浓度增加而增大。

（3）乳化剂的影响

在 AM 的反相乳液中，乳化剂的选择不仅影响乳液的稳定性，而且会直接影响产品的分子量，一般而言，形成水相尺寸较大的乳化体系，所得产品分子量较大；水相尺寸较小时，产品的分子量也较小。乳化剂的亲水亲油平衡值（HLB）是选择乳化剂以及配比的重要参考依据。

HLB 值的作用可以预见乳化剂的性能、作用与用途，见表 5-1。

表 5-1　HLB 值的范围及其应用领域

HLB 值的范围	应用领域	HLB 值的范围	应用领域
1.5～3.0	消泡剂	8～18	O/W 型乳化剂
3～6	W/O 型乳化剂	13～15	洗涤剂
7～9	润湿剂	15～18	增溶剂

实际生产应用中，相同的设备及参数、相同的乳化时间，同一厂家的不同批号或者不同厂家的同一标准的产品，其乳化状况也会有所差异，对产品质量会产生影响。因此，在实际生产中，不仅需要检测每个乳化剂的 HLB 值，还需要进行实验室乳化实验，并根据需要微调配方和工艺。

(4) 聚合温度的影响

聚合温度对聚合反应速率和产物分子量的影响，基本上与水溶液聚合工艺相似。

由于搅拌在生产过程中的参与，AM 反相乳液产品的聚合过程的温度控制比水溶液聚合工艺容易。在水溶液聚合工艺中，由于形成的聚合物凝胶导热性差，聚合过程类似于绝热过程，聚合体系的温度取决于单体的种类和浓度、起始温度。而在反相乳液聚合中，反应器形状、换热器面积及型号、搅拌速度以及溶剂油的选择都可以有效地控制聚合反应的升温速度和反应最终温度。

实际生产中，聚合各阶段温度及升温过程，可以根据最终产品性能的需求适当地做出调整。

5.3 聚丙烯酰胺反相乳液的生产技术

5.3.1 工业化过程

在工业生产中，以丙烯酰胺、丙烯酸、AMPS（2-丙烯酰氨基-2-甲基丙磺酸）、DMC、DADMAC（二甲基二烯丙基氯化铵）、可溶性淀粉等为主原料采用反相乳液生产工艺可以生产出各类均聚、共聚和改性的适用于不同应用领域的聚丙烯酰胺产品。

生产过程的配料以生产丙烯酰胺-丙烯酸共聚物为例。用丙烯酰胺和丙烯酸单体为主要原料，和氨水或者氢氧化钠在规定的温度和 pH 值范围内进行酸碱中和，加入适当的引发剂，调整水相温度待用；用选定的溶剂与乳化剂进行混合，搅拌均匀后调整到适当温度作为油相；将水相加入油相中，利用搅拌或其他方式进行充分地混合，乳化均匀达到规定的黏度后，进行吹氮除氧，加入引发剂，按照设定的升温曲线，聚合反应出不同分子量的产品；为了能使产品在水中快速分散和溶解，对聚合完成的物料要进行预反相，最后用规定目数的筛网过滤，除去反应过程中可能产生的少量大颗粒凝胶，装桶，即为成品。其工艺流程见图 5-1。

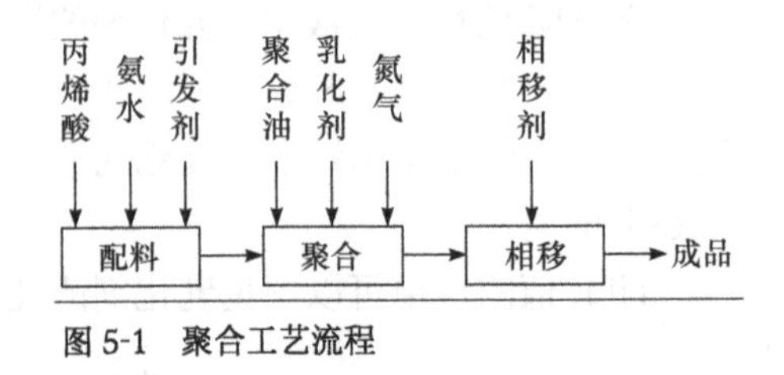

图 5-1 聚合工艺流程

需要注意的事项：

①必须保证各种原材料的质量。所有原材料需经过实验室小试验证，达到标准才能使用。必要时对配方和工艺进行适当的调整。

②聚合反应所使用氮气的纯度要达到 99.99%。要保证物料内的空气被氮气置换完全。在反应过程中添加氧化还原引发剂时，浓度、引发剂的滴加速度根据预先设定的升温曲线进行调整。

③反相剂的选择、加入量、添加时物料温度的确定，对产品的应用性能和稳定有很大影响，严格按照操作工艺手册进行。

5.3.2 生产设备简述

依据上述流程，所需设备工艺见图 5-2。

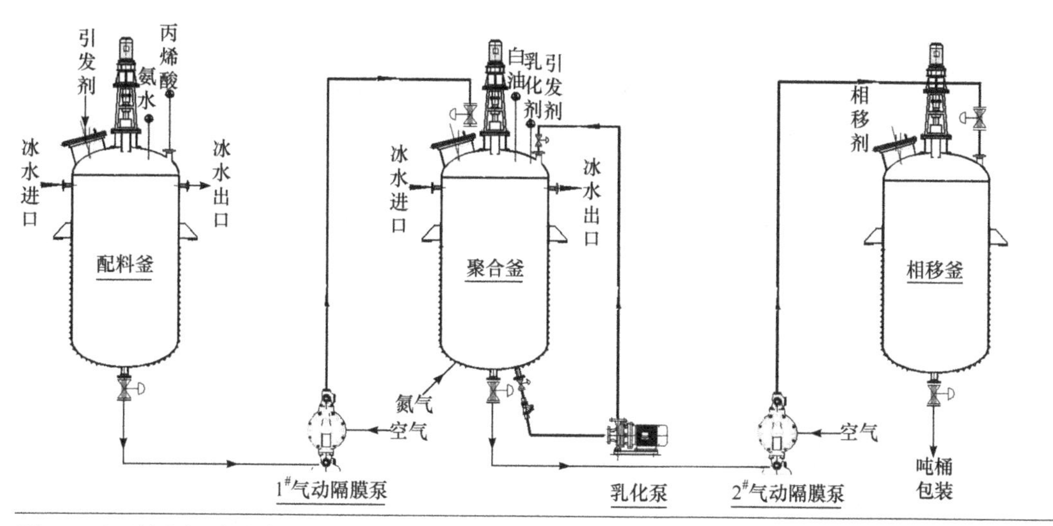

图 5-2　聚丙烯酰胺反相乳液生产设备工艺

由工艺流程图可以看出，反相乳液聚合工艺所需设备可分为以下三大类。

（1）反应釜

配料釜、聚合釜和相移釜统称反应釜。反应釜由釜体、釜盖、夹套、搅拌器、传动装置、轴封装置、支承等组成。搅拌装置在高径比较大时，可用多层搅拌桨叶，也可根据要求任意选配。釜壁外设置夹套，或在容器内设置换热面，通过外循环进行换热。支承座有支承式或耳式支座等。转速超过 160 转以上宜使用齿轮减速机。开孔数量、规格或其他要求可根据要求设计、制作。

（2）乳化设备：管线式高剪切乳化机

乳化原理：高剪切分散乳化就是高效、快速、均匀地将一个相或多个相（液体、固体、气体）进入到另一互不相溶的连续相（通常液体）的过程。由于转子高速旋转所产生的高切线速度和高频机械效应带来的强劲动能，使物料在定、转子狭窄的间隙中受到强烈的机械及液力剪切、离心、挤压、液层摩擦、撞击撕裂和湍流等综合作用，形成悬浮液（固/液）、乳液（液体/液体）和泡沫（气体/液体）。经过高频的循环往复，最终得到稳定的高品质产品。

管线式高剪切乳化机由 1～3 个工作腔组成（图 5-3），被加工物料本身的物理性质、工作腔的数量以及控制物料在工作腔中停留的时间，决定了粒径分布范围、均化、细化的效果以及产量的大小。

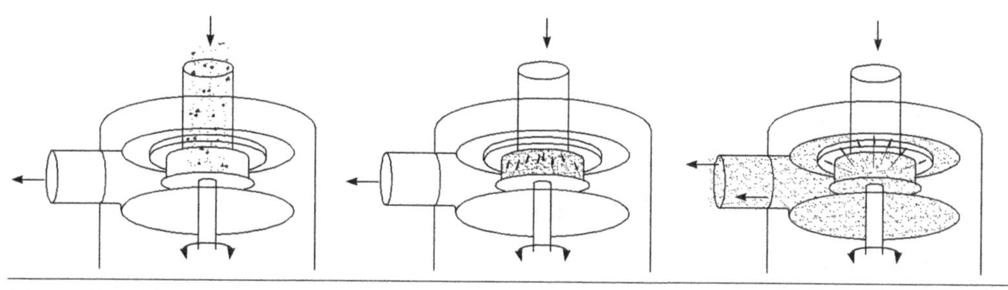

图 5-3　管线式高剪切乳化机工作过程

(3) 输送设备：气动隔膜泵

气动隔膜泵是以压缩空气或氮气为动力，用于输送流体的一种泵。它是一种气动双室隔膜、正向位移泵。对含有颗粒、腐蚀性、黏度高、容易挥发及有毒液体，具有很好的抽吸作用。

气动隔膜泵由泵壳、隔膜、球阀、配气阀等组成。结构如图 5-4 所示。

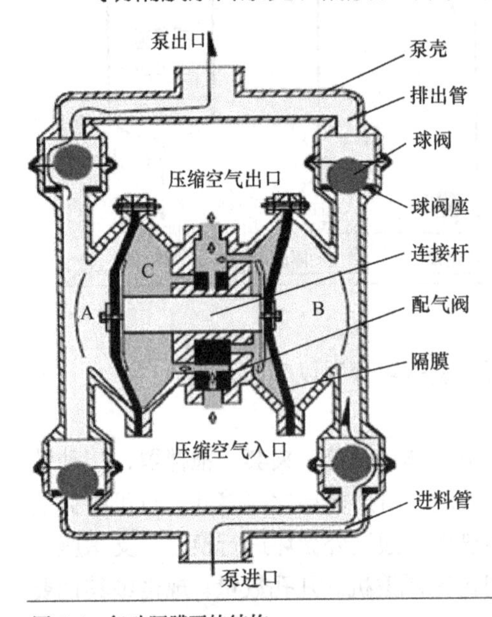

图 5-4　气动隔膜泵的结构

气动隔膜泵气源工作原理：气动隔膜泵有左右两个对称的工作腔，各装有一块隔膜，由连接杆将其连接成一体。气源从泵的进气口进入配气阀，通过配气机构将压缩空气引入其中一腔，推动腔内隔膜运动，而另一腔中气体排出，行程终点，配气机构自动将气体引入另一工作腔，推动隔膜朝相反方向运动，从而使两个隔膜连续同步往复运动。

气动隔膜泵液体侧工作原理：当气源经配气阀进入 A 工作腔，该腔进口球阀关闭，出口球阀打开，液体排出，与此同时，B 腔隔膜由连接杆驱动背面气体进入大气，出口球阀关闭，进口球阀打开，液体被吸入。当行程到达终点，配气阀将气体导入 B 工作腔，运行情况与上述相反，如此反复，泵不断吸入排出液体。

气动隔膜泵具有很多优点：

①具有很强的自吸功能，开泵前无需灌泵，最大干、湿吸程分别可达 7m 和 9m；

②没有动密封，也无需润滑，所以避免了介质泄漏或润滑油泄漏对环境的污染；

③可以空载运行，也可以潜水运行；

④气动隔膜泵不用电力作动力，不会产生火花，且静电接地后又防止了静电火花，可用于易燃易爆环境中；

⑤对介质的剪切力低，可用于输送不稳定介质；

⑥结构简单，易损件少，便于操作和维修；体积小、重量轻，易于移动；

⑦没有复杂的控制系统；

⑧能始终保持高效，不会因为磨损而降低效率；

⑨性能可靠，开停泵只需打开或关闭气源控制阀门；

⑩流量可调节，即可通过调节空气流量来调节泵流量或在液体出口管处加装节流阀来调节流量；

⑪泵不会过热。因排气过程是膨胀吸热过程，所以泵在工作时温度是降低的。

由于气动隔膜泵具有以上优点，气动隔膜泵可用于化工、医药、喷漆、陶瓷、环保、废水处理、精细化工、建筑、煤矿、食品等行业。

气动隔膜泵除了上述优点外，也有不足之处，由于液体的排出是一股一股的，由此脉动引起的振动相对较大，根据需要可在泵的出口安装恒压阀或缓冲罐。

□思考题

1. 影响反相乳液聚合的因素有哪些?
2. 为什么要进行预反相?
3. 反应釜的使用注意事项有哪些?
4. 简述乳化机理。
5. 简述气动隔膜泵的工作原理。

第6章 安全生产与环境保护

6.1 丙烯酰胺安全生产与环境保护

6.1.1 丙烯酰胺的安全生产

6.1.1.1 丙烯酰胺生产所用主要原辅材料

丙烯酰胺生产所用主要原辅材料见表 6-1。

表 6-1 主要原辅材料一览

序号	物料名称	CN 号	UN 号	储存场所	备注
1	丙烯腈	32162	1093	丙烯腈罐区（注）	原料
2	液碱	82001	1823	储罐	副料
3	盐酸	81013	1789	储罐	副料
4	压缩空气	22003	1002	储罐	副料
5	葡萄糖	—	—	仓库	培养基
6	尿素	—	—	仓库	培养基
7	磷酸氢二钾	—	—	仓库	培养基
8	菌种	—	—	菌种室	催化剂
9	732#树脂	—	—	仓库	—
10	717#树脂	—	—	仓库	—
11	氮气	22005	1066	—	氮封

6.1.1.2 物质的危险、有害因素辨识

丙烯酰胺生产涉及的物料有丙烯腈、液碱、盐酸、压缩空气、葡萄糖、尿素、磷酸氢二钾、菌种、732#树脂、717#树脂、氮气（保护气），其中丙烯酰胺、丙烯腈、液碱、盐酸、氮气、压缩空气列入《危险化学品名录》（2015 版）中，属危险化学品。

以上化学品的性质详见各自的理化及危险特性，磷酸氢二钾、菌种、732#树脂、717#树脂未列入《危险化学品名录》（2015 版），其毒性低，危害小。

上述物料中丙烯酰胺、丙烯腈均列入《高毒物品目录》中；盐酸列入《易制毒化学品管理条例》（国务院令第 445 号）中，其中盐酸属第三类易制毒化学品；丙烯腈已列入《剧毒化学品名录》中，同时也列入《重点监管的危险化学品名录》（2013 年完整版），属重点监管的危险化学品。丙烯酰胺生产不涉及监控化学品和易制爆危险化学品。

6.1.1.3 丙烯酰胺生产过程的危险有害因素辨识

丙烯酰胺生产过程的主要危险、有害因素表现如下。

主要危险、有害因素：火灾、爆炸、中毒窒息。具体表现为涉及主要原料及产品的固有危险是火灾、爆炸、中毒窒息；生产过程中存在着物料泄漏、反应工艺失控、冲料及人员中毒；设备设施及其附件的缺陷、腐蚀引起火灾、爆炸、中毒等危险、危害。

次要危险、有害因素：灼烫、触电、粉尘爆炸（丙烯酰胺干粉）、机械伤害、高处坠落、坍塌和其他伤害等危险有害因素。

生产过程中重点部位的危险有害因素分析详见表 6-2。

表 6-2 主要危险化学品使用、储存分布

物料名称	危规号	UN 编号	分布场所	使用、储存	主要危险、有害性
丙烯腈	32162	1093	丙烯酰胺车间	使用（管道输送）	火灾、爆炸、中毒
液碱	82001	1823	液碱储罐	储存	灼烫（化学灼伤）
			使用场所	使用	灼烫（化学灼伤）
盐酸	81013	1789	盐酸储罐	储存	灼烫（化学灼伤）
			使用场所	使用	灼烫（化学灼伤）
丙烯酰胺	61740	2074	水剂、干粉车间	产品	火灾、爆炸、中毒、粉尘爆炸（干粉车间）
			仓库、丙烯酰胺车间	储存	火灾、中毒
压缩空气	22003	1002	动力车间	使用	物理爆炸
氮气	22005	1066	动力车间	使用	物理爆炸、窒息

通过理化及危险特性可以看出，本项目的化学品其物质固有的主要危险、危害性表现在：

（1）火灾、爆炸危险性

各种物料的火灾危险性见表 6-3。

表 6-3 物料火灾危险性一览表

名称	危规号	闪点/℃	爆炸极限/%	火灾危险性类别（GB 50016—2018）
丙烯腈	32162	–5	2.8～28	甲类
液碱	82001	无意义	无意义	戊类
盐酸	81013	无意义	无意义	戊类
丙烯酰胺	61740	无意义	无资料	丙类
压缩空气	22003	无意义	无意义	戊类
氮气	22005	无意义	无意义	戊类

(2) 中毒和窒息

根据《职业接触毒物危害程度分级》GBZ 230—2010，物料主要毒害性见表 6-4。

表 6-4　物料主要毒害性一览表

序号	名称	OELs/（mg/m³）			毒理学数据	危害程度级别
		MAC	PC-TWA	PC-STEL		
1	丙烯腈	2	—	—	LD_{50}：78mg/kg（大鼠经口），250mg/kg（兔经皮）	Ⅱ级高度危害
2	液碱	2	—	—	—	Ⅳ级轻度危害
3	盐酸	7.5	—	—	—	Ⅲ级中度危害
4	丙烯酰胺	0.3	—	—	LD_{50}：150～180mg/kg（大鼠经口）	Ⅱ级高度危害

从表 6-4 可以看出各种物料的危害程度：丙烯腈、丙烯酰胺为高度危害，盐酸为中度危害，液碱为轻度危害。

（3）化学灼伤

该项目使用的原材料液碱为碱性腐蚀品，盐酸为酸性腐蚀品，人体接触这些物质都会造成化学灼伤，各种设备或地面遇到这些物质均会受到腐蚀。

（4）易产生静电性

丙烯腈为易燃、可燃液体在管道输送或流动状态下易产生静电，若静电不导除，则易发生火灾、爆炸事故。

（5）热膨胀性

易燃液体在受热后会产生膨胀，造成容积内压力上升，从而导致爆炸、火灾、中毒等事故。

（6）易泄漏、扩散性

易燃、可燃的气体、蒸气易泄漏，泄漏时容易扩散，遇火源造成燃烧、爆炸事故。

（7）粉尘危害

丙烯酰胺在干燥、包装、储存装卸等操作过程中会产生一定的粉尘，若车间通风不好，粉尘与空气可形成爆炸性混合物，遇火星会发生爆炸。

（8）聚合性

丙烯腈纯品易自聚，也能与乙酸乙烯、氯乙烯等单体共聚，特别是在缺氧或暴露在可见光情况下，更易聚合，在浓碱存在下能强烈聚合。丙烯酰胺在一定条件下聚合。

（9）易制毒化学品的危险特性

本项目涉及使用的易制毒化学品有盐酸（属于第三类易制毒化学品）。但由于其特殊的危险性，经常被用作制毒的化学配剂，若管理不严，被盗或流入社会，不法分子用于制作毒品，会对社会造成危害，因此，要加强易制毒化学品的管理，严格执行易制毒品的相关规定。

6.1.1.4　职业卫生的危险、有害因素

（1）毒物危害

项目生产涉及的物料丙烯腈、丙烯酰胺都具有一定的毒害性，属于Ⅱ级（高度危害）

物质，且丙烯腈易燃、易爆，因此在作业过程中如作业场所通风、防护设施欠缺，操作人员长期接触有毒物质或吸入有毒气体，将易造成中毒的危害。

丙烯腈为无色易挥发的液体，具有特殊杏仁气味，易溶于有机溶剂；丙烯腈属高毒类，毒作用似氢氰酸。其蒸气或液体可经呼吸道、皮肤及消化道进入机体，导致急性中毒。丙烯腈吸入机体内分解出氰基，释放的氰基可抑制细胞色素氧化酶，破坏了机体细胞输送氧气的功能，造成组织缺氧。主要表现为乏力、头晕、头痛、恶心、呕吐或有黏膜刺激等症状，甚至引起抽搐、昏迷、死亡。此外丙烯腈可致接触性皮炎，表现为红斑、疱疹及脱屑，愈后可有色素沉着。AN 在体内尽管能轻度共价结合，有较弱的蓄积作用，可引起一些遗传毒性及可疑的致癌性，通过类比分析，长期接触低浓度 AN（1.040mg/m³）作业工人健康状况，未发现 AN 慢性中毒患者。因此，工人在 AN 低于国家最高容许浓度下 AN 作业还是较为安全的。但 AN 作业对人体肝功能及遗传毒理效应有轻微影响，仍需对其作业工人进行健康监护。

急性毒性（LD_{50}）：78mg/kg（大鼠经口）；250mg/kg（兔经皮）；人吸入 300～500mg/m³×5～10min，上呼吸道灼痛、流泪；人吸入 35～200mg/m³×20～45min，黏膜刺激。

亚急性和慢性毒性：大鼠吸入 40mg/m³×4 小时/日×6 日/周×40 日，致死，肝坏死；大鼠经口 0.1%饮水×13 周，生长减慢，萎靡。

刺激性：家兔经眼 20mg×24h，重度刺激；家兔经皮 500mg，轻度刺激。

微生致突变性：鼠伤寒沙门氏菌 25μL/皿。

哺乳动物体细胞突变性：人淋巴细胞 25mg/L。

生殖毒性：大鼠经口最低中毒剂量（TDL_0）为 650mg/kg（孕 6～15 天），对雄性生育指数有影响，可引起胚胎毒性，肌肉骨骼发育异常。

致癌性：大鼠经口最小中毒剂量 1700mg/kg（37 周）胃癌。

丙烯酰胺具有潜在的神经毒性、遗传毒性和致癌性。车间空气中丙烯酰胺最高容许浓度为 0.3mg/m³（皮）。对眼睛和皮肤有一定的刺激作用，可经皮肤、呼吸道和消化道吸收，在体内有蓄积作用，主要影响神经系统，急性中毒十分罕见。密切大量接触可出现亚急性中毒，中毒者表现为嗜睡、小脑功能障碍以及感觉运动型多发性周围神经病。长期低浓度接触可引起慢性中毒，中毒者出现头痛、头晕、疲劳、嗜睡、手指刺痛、麻木感，还可伴有两手掌发红、脱屑，手掌、足心多汗，进一步发展可出现四肢无力、肌肉疼痛以及小脑功能障碍等。

丙烯酰胺慢性毒性作用最引人关注的是它的致癌性。丙烯酰胺具有致突变作用，可引起哺乳动物体细胞和生殖细胞的基因突变和染色体异常。国际癌症研究机构（IARC）对其致癌性进行了评价，将丙烯酰胺列为 2 类致癌物（2A），即人类可能致癌物。其主要依据为，丙烯酰胺在动物和人体均可代谢转化为致癌活性代谢产物环氧丙酰胺。

丙烯酰胺在空气中易潮解，可经呼吸道、皮肤及消化道吸收，并会在体内产生致癌物质，操作时应戴手套和面具。

（2）粉尘危害

本项目丙烯酰胺等固体物料，在搬运、装卸等操作过程中会产生一定的粉尘，如通风不好、个体防护不到位，可能给操作岗位带来一定的职业危害。

①对人体危害：本项目的产品聚丙烯酰胺为粉末状，当大量处理或散装处理时在空气中形成粉尘沉积和悬浮达到爆炸下限 40g/m³，遇热、火星、火焰和静电时有可能产生粉尘爆炸。在使用时容易造成粉尘飞扬，若操作防护不当，会对人员造成危害。有尘作业工人长时间吸入粉尘，能引起肺部组织纤维化为主的病变、硬化，丧失正常的呼吸功能，导致尘肺病。尘肺病是无法痊愈的职业病，治疗只能减少并发症、延缓病情发展，不能使肺组织的病变消失。此外，部分粉尘还可引发其他疾病。

②粉尘爆炸

粉尘爆炸的原因：由于粉尘的分散度较大，具有较大的表面积，从而具有较高的表面自由能，使粉尘的状态不稳定，活性增高，在理化性质上表现为粉尘较之原物质具有较小的点火能量和自燃点。（如块状时不能燃烧的铁块，在粉碎成粉尘时，最小点火能量小于 100mJ，自燃点小于 300℃；煤粉的点火能量小于 40mJ。）表面积的增大和吸附特性的存在，使得粉尘与空气中氧分子的接触面增大，增加了反应速率；表面积的增大，还使固体原有的导热能力下降，易使局部温度上升，也有利于反应进行。

同时，粉尘在扩散作用大于重力作用时具有悬浮状态的稳定性，易与空气形成粉尘云。当各种条件具备时，粉尘就会发生爆炸。

粉尘爆炸的条件：a. 粉尘本身是可燃粉尘；b. 粉尘必须悬浮在助燃气体（如空气中），并混合达到粉尘的浓度爆炸极限（爆炸粉尘的危险性也用浓度爆炸极限下限来表示，一般是 20～60g/m³）；c. 有足以引起粉尘爆炸的点火源三个条件。

粉尘具有较小的自燃点和最小点火能量，只要外界的能量超过最小点火能量（多数在 10～100mJ）或温度超过其自燃点（多数在 400～500℃），就会爆炸。

需指出的是，粉尘极有可能发生破坏性更大的二次爆炸。当粉尘悬浮于含有足以维持燃烧的氧气环境中，并有合适的点火源时，可能发生初次爆炸，并引起周围环境的扰动，使那些沉积在地面、设备上的粉尘弥散而形成粉尘云，遇火源形成灾难性的第二次爆炸；另外第一次爆炸后，在粉尘的爆炸点，由于空气受热膨胀，密度变小，迅速形成爆炸点逆流（俗称“返回风”），遇粉尘云和热能源，也会发生第二次爆炸。

粉尘爆炸的预防和火灾扑救措施：由于粉尘爆炸事故扑救极为困难，因此做好预防工作是尤为重要的。主要预防措施有以下几条：

a.消除粉尘源。采用良好的除尘设施来控制厂房内的粉尘是首要的，可用的措施有封闭设备，通风排尘、抽风排尘或润湿降尘等。除尘设备的风机应装在清洁空气一侧。应注意易燃粉尘不能用电除尘设备；粉尘车间各部位应平滑，尽量避免设置一些其他无关设施（如窗幕、门帘等）。管线等尽量不要穿越粉尘车间，宜在墙内敷设，防止粉尘积聚，另外，在条件允许下，在粉尘车间喷雾状水，在被粉碎的物质中增加水分也能促使粉尘沉降，防止形成粉尘云。在车间内做好清洁工作，及时人工清扫，也是消除粉尘源的好方法。

b. 严格控制点火源。消除点火源是预防粉尘爆炸的最实用、最有效的措施。在常见点火源中，电火花、静电、摩擦火花、明火、高温物体表面、焊接切割火花等是引起粉尘爆炸的主要原因。因此，应对此高度重视。此类场所的电气设备应严格按照《爆炸和火灾危险环境电力装置设计规范》进行设计、安装，达到整体防爆要求，尽量不安装或少安装不易产生静电，撞击不产生火花的材料制作，并采取静电接地保护措施。需要指出的是，近几年因集尘设施粉尘清理不及时，长期运转积热引起的火灾事故屡有发生，这也应引起人们的重视。

c. 采取可靠有效的防护措施。为减小爆炸的破坏性可设置泄压装置，如对车间采用轻质屋顶、墙体或增开门窗等。但应注意，泄压装置宜靠近易发生爆炸的部位，不要面向人员集中的场所和主要交通要道。也可以采用先进的粉尘爆炸抑制装置，避免事故的发生。另外加强工作人员的安全教育，加大管理力度，及时清扫、检修设备也是必不可少的防护措施。

扑救粉尘爆炸事故的有效灭火剂是水，尤以雾状水为佳。它既可以熄灭燃烧，又可湿润未燃粉尘，驱散和消除悬浮粉尘，降低空气浓度，但忌用直流喷射的水和泡沫，也不宜用有冲击力的干粉、二氧化碳、1211 灭火剂，防止沉积粉尘因受冲击而悬浮引起二次爆炸。

为有效防止粉尘爆炸事故的发生，生产可燃粉尘的工厂或车间的建设和管理及操作，要严格按照国家标准《粉尘防爆安全规程》GB 15577—2018 执行。

(3) 高低温危害

因本地区夏季气温较高（极端最高气温 41.2℃），再加上高温反应装置的散热，夏季现场作业易发生中暑现象；冬季气温较低（极端最低气温–6.6℃），冬季潮湿寒冷，给这些岗位上的作业人员带来一定的危害。

高温对人体的危害主要表现为对机体热平衡系统、心血管系统、消化系统、肝脏及水盐代谢功能等产生影响。低温对人体的危害则主要表现为使人体生理功能发生适应性改变，明显影响工作能力和造成肌体伤害如发生冻疮和冻伤。严重时会由于人的肌体冻僵而导致工伤事故的发生。

(4) 噪声危害

本项目生产过程中使用的噪声设备主要是冷冻机、泵、罗茨风机等，因此，在生产操作过程中存在着一定的噪声危害。

6.1.2 丙烯酰胺生产的环境保护

丙烯酰胺生产流程及污染物排放节点如图 6-1 所示。

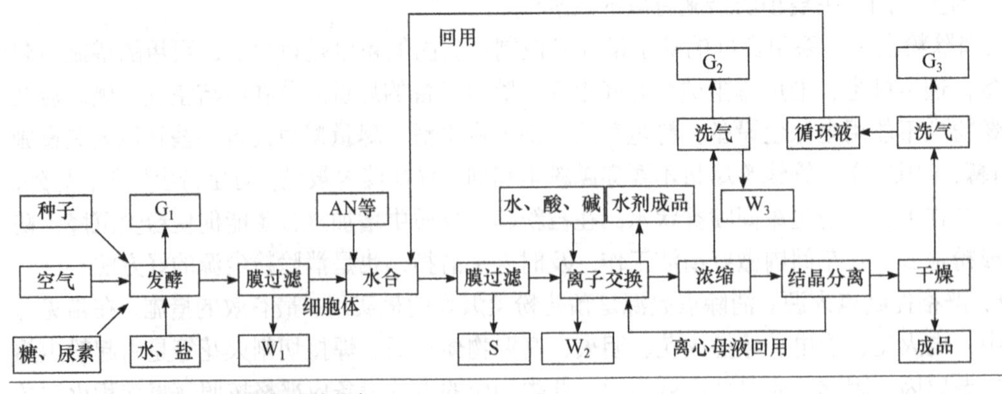

图 6-1 项目工艺流程及污染物排放节点

6.1.2.1　污染源

（1）废气

①有组织废气源分布及污染因子

a. 种子罐发酵罐排气（G_1）　菌种发酵在种子罐和发酵罐进行，共进行两次无菌发酵；发酵过程中需要通入空气，空气通过种子罐和发酵罐顶部的排气口排出；空气量约为 19.8m^3/h，这部分空气经供给发酵后排出，可能携带有少量菌种，要求加以收集经膜过滤并紫外线照射除菌后统一排放。

b. 浓缩塔尾气（G_2）　浓缩工序中浓缩塔产生的废气中含有氨气、HCl、VOCs、丙烯腈和丙烯酰胺。

c. 干燥塔尾气（G_3）　干燥工序中从干燥塔出来的废气中有 VOCs、丙烯酰胺颗粒物（粉尘）。

d. 丙烯腈等储罐产生的废气（G_4）　盐酸、氨水、丙烯腈等化学品储存罐产生的大小呼吸气。

②无组织废气源分布及污染因子

a. 化学品装卸过程中产生的无组织废气排放　化学品装卸过程中产生的无组织废气排放，废气中含有氨气、HCl、VOCs、丙烯腈和丙烯酰胺。

b. 生产区无组织排放量　厂区的设备、管路接口、阀门等处会有一定的无组织泄漏，较多发生在生产装置区，废气中含有氨气、HCl、VOCs、丙烯腈和丙烯酰胺。

（2）废水

① 生活污水：员工生活及办公产生一定量的生活污水，污染因子主要为 COD_{Cr}、氨氮等。

② 地面冲洗水：项目需定期对生产车间、运输道路地面等场所进行冲洗，产生的地面冲洗废水，主要污染物为 COD_{Cr}、SS 等。

厂内运输道路在降雨初期产生的雨水中会含有少量附着的污染物，若直接经雨水管道外排，则对附近水体水质产生不良影响，因此对初期雨水收集处理，主要污染物为 COD_{Cr}、SS 等。

③ 生产废水：原料工段膜过滤废水（W_1）；精制工段离交废水（W_2），即精制工段通过离子交换柱去掉母液中的阴阳离子，交换柱再生时有离交再生废水排放；在正常生产中管路不清洗，发酵车间的发酵罐每生产一批次就清洗一次，当生产不正常时，通常将发酵液进行高温杀菌后排放，废水主要含葡萄糖、蛋白质和细菌体等，废水中主要污染物为 SS 10000mg/L、COD_{Cr} 24500mg/L、BOD 523000mg/L、TP 33.3mg/L。每年生产安排一次检修，要将全部的管路和设备进行清洗；浓缩塔尾气采用碱液喷淋处理，处理后喷淋水可回用于生产，不对外排放；干燥塔废气处理喷淋废水干燥废气喷淋水可回用于生产，不对外排放。

（3）噪声

本项目营运期噪声源主要为风机、空压机、离心机、泵、冷冻机等各种生产和机械设备运行噪声，其噪声值在 80～90dB(A)。

（4）固体废物

①一般固体废物　包括普通废包装袋、生活垃圾等。

②危险固体废物　包括废液、过滤产生的生物体、更换下来的废过滤膜、污水处理站污泥、实验室废液、化学品废包装桶、废润滑油等。

6.1.2.2　环保治理措施

（1）废气治理措施

①有组织废气治理措施　项目有组织排放的废气主要包括发酵罐排气（G_1）、浓缩塔尾气（G_2）、干燥塔尾气（G_3）和丙烯腈等储罐产生的废气（G_4）。

菌种发酵在种子罐和发酵罐进行，共进行两次无菌发酵。发酵过程中需要通入空气，空气通过种子罐和发酵罐顶部的排气口排出（G_1）。这部分空气经供给发酵后排出，可能携带有少量菌种，要求加以收集膜过滤后经紫外线照射除菌后统一有组织（不低于20m的排气筒）排放。

浓缩工序中浓缩塔产生的废气（G_2）中含有丙烯腈和丙烯酰胺。G_1和G_2上述两股废气收集后，采用两级碱液喷淋吸收的方法，喷淋吸收后，尾气中污染物浓度约为：丙烯腈9.6mg/m³、丙烯酰胺3.332mg/m³；污染物排放速率为：丙烯腈0.24kg/h、丙烯酰胺0.043kg/h，通过不低于20m的排气筒排放。

具体处理工艺见图6-2。

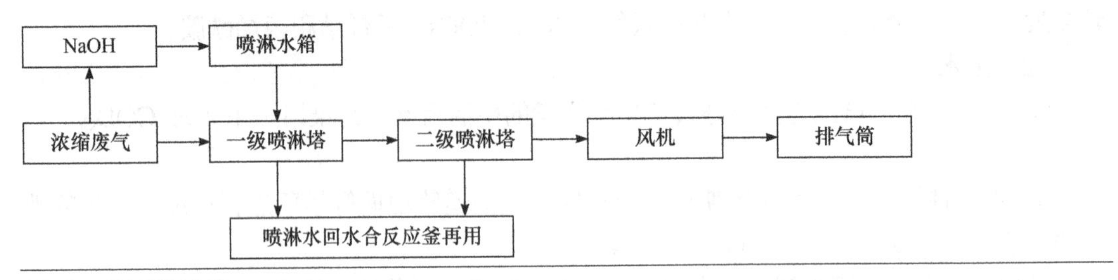

图6-2　废气处理工艺

干燥工序中从干燥塔出来的废气（G_3）中含有丙烯酰胺。工艺中拟对这部分废气采用旋风、水膜两级除尘。经采取上述除尘措施之后，丙烯酰胺最终排放浓度降低为2.04mg/m³，排放速率为0.082kg/h，通过不低于20m的排气筒排放，具体工艺见图6-3。

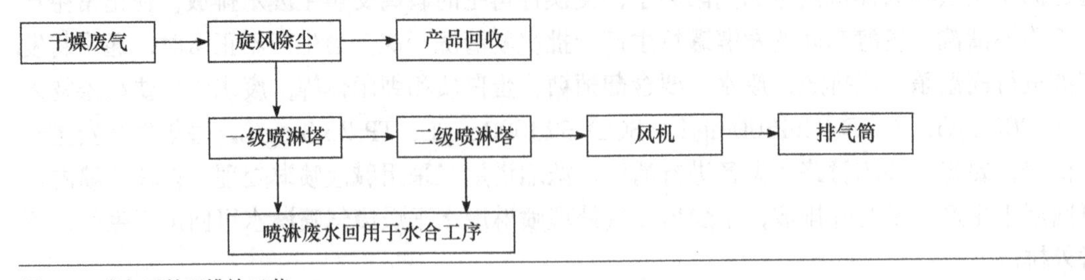

图6-3　废气后处理排放工艺

项目储罐主要包括丙烯腈罐和盐酸罐，采取如下措施消减其大小呼吸排气：丙烯腈储罐在呼吸孔上设置了废气收集装置，收集其大小呼吸气，送淋洗装置处理。经过20m高的排气筒做到达标排放。

盐酸罐区设废气收集装置，收集后送喷淋装置吸收处理。尾气经过 25m 高的排气筒达标排放。喷淋吸收装置其喷淋废水要回用于水合工序。

②无组织排放的废气

a. 包装车间无组织废气　在干粉成品工序，湿物料在干燥床内脱水干燥后，通过下料管送至包装机包装。在落料和包装的过程中，会有粉尘产生，其主要成分是丙烯酰胺晶体。丙烯酰胺具有较大的毒性，若是落入车间周围以及扩散入环境中，会产生一定的不利影响。

湿物料脱水干燥后，送料、落料采用全密闭管线，包装袋在一定的负压下接收物料，包装在密闭的包装器内完成，将可能落入生产线外的丙烯酰胺粉尘量降至最低。

b. 厂区无组织泄漏　厂区的设备、管路接口、阀门、废渣废液排泄口等处会有一定的无组织泄漏，较多发生在生产装置区。建议采取如下措施，减少厂区内可能发生的无组织泄漏。

i 在计量罐等顶部设置废气收集管道，将无组织泄漏产生的废气统一收集送碱液喷淋装置喷淋吸收。并在反应釜与储罐间、储罐与槽车间设置平衡管，加强管路畅通和密闭性，尽可能减少废气排放量。

ii 定期对装车管道密闭系统进行密闭认定，重点部位如装料密闭鹤管与罐车顶部进油口密封部位等，以确定收、发料时是否有气体在这些部位无组织排放。密闭认定每年至少进行一次。

iii 全面优化考虑机泵及阀门等选择。

iv 加强管理和设备维修，及时检修、更换破损的管道、机泵、阀门，减少和防止跑冒滴漏和事故性排放。

v 合理布置车间，将物料储槽、排气筒等主要污染源尽量布置在厂区中央，以减少废气对厂界的影响。

vi 加强对操作工的培训和管理，以减少人为造成对环境的污染。

(2) 废水治理措施

废水拟采取清污分流、分质处理的原则进行治理。丙烯酰胺生产过程中产生的生产废水集中收集后送入厂内污水处理厂处理，具体工艺见图 6-4。

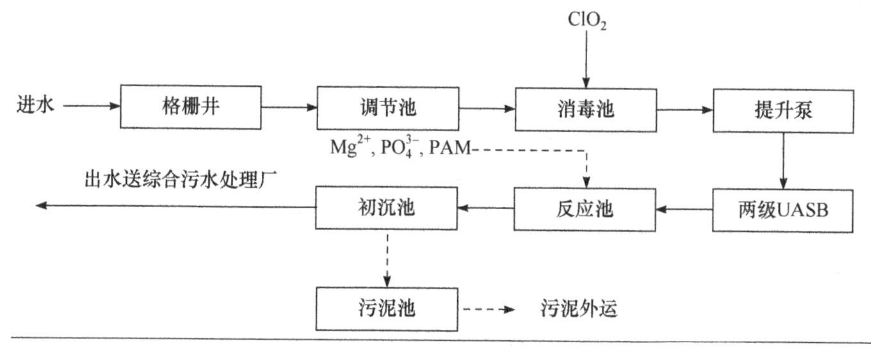

图 6-4　生产废水处理工艺流程

（3）噪声治理措施

丙烯酰胺生产中产生的噪声主要为机械噪声、空气动力性噪声。机械噪声源主要为离心机、泵、冷冻机等，噪声源强为70～80dB（A），一般均在室内布置，常用相应的减振等降噪措施进行控制；空气动力性噪声主要为风机、空压机组及泵类，噪声源强为 85～105dB（A），通常应结合车间建设情况及设备采取的如减振基础、消声器等降噪措施控制。具体措施包括：

①根据项目噪声源特征，在设计和设备采购阶段，选用先进的低噪设备，如选用低噪的风机、空压机等，从而从声源上降低设备本身噪声。

②采取声学控制措施，要求空压机、各类泵均建有良好隔声效果的站房，避免露天布置。

③风机属于空气动力性噪声源，噪声频谱较宽，要求风机进风口装消声器，进风管内设吸声材料，此外对风机设置隔声罩和减震处理。空压机属于低频噪声源，首先应选用低噪机型，此外采用抗性消声器效果较好，机座应设减震垫，空压机进出口与管道连接处建议采用隔振软接头，空压机表面可包覆隔声材料，减少噪声辐射。各类泵可采用内涂吸声材料，外覆隔声材料方式处理，并视条件进行减震和隔声处理。

④对厂房、设备进行合理布局，充分利用建筑隔声、距离衰减等原理，确保厂界噪声达标。

⑤在车间、厂区周围种植一定的乔木、灌木林，亦有利于减少噪声污染。

⑥加强设备的维护，确保设备处于良好的运转状态，杜绝因设备不正常运转时产生的高噪声现象。

（4）固体废物治理措施

①一般工业固体废物　一般工业固体废物如废包装袋、生活垃圾等分类收集、储存后，交由环卫部门统一处理。在堆放的地方加强卫生管理，防止蚊蝇滋生，以确保建设项目产生的生活垃圾不会对周围环境造成明显影响。

一般工业固体废物分类收集，分类临时储存，不会对周围环境造成明显影响。一般工业固体废物临时堆场应按《一般工业固体废物贮存和填埋污染控制标准》GB 18599—2020规范建设和维护使用。

②危险固体废物　危险固体废物包括废液、过滤产生的生物体、污水处理站污泥、实验室废液、化学品废包装桶、废润滑油等。

危险固体废物可由供货厂家进行回收（如原料包装桶）或定期委托有资质的危险废物处理单位安全处置。

根据管理要求，应设置特定区域作为危险废物储存间，用于临时储存危险废物，按照《危险废物贮存污染控制标准》GB 18597—2001 要求设计，危险废物暂存间应建堵截泄漏的裙脚，地面与裙脚用坚固的防渗材料建造，并建有隔离设施、报警装置和防风、防晒、防雨设施，基础防渗层用 2mm 的高密度聚乙烯材料组成，表面用耐腐蚀材料硬化，衬层上建有渗滤液收集清除系统、径流导出系统、雨水收集池。

其转移和运输应按照《危险废物转移联单管理办法》的规定报批危险废物转移计划，填写好转移联单，并必须交由有资质的单位承运。

（5）环保治理措施汇总

环保治理措施见表 6-5。

表 6-5　环保治理措施一览表

类别	治理对象	治理措施	治理要求
废气	发酵罐排气	膜过滤并紫外线消毒	达标排放
	浓缩塔废气	两级碱液喷淋吸收	
	干燥塔废气	旋风除尘+水膜除尘	
	盐酸罐区废气	废气喷淋塔吸收	
	AN 等罐区废气	三级喷淋塔吸收	
废水	生产废水	反硝化前处理装置，后送厂内污水处理站处理	达到《污水综合排放》二级标准
固体废物	膜过滤废渣、废水处理污泥、化学品废包装桶等	送有资质单位处理	无害化
	生活垃圾	委托环卫部门及时清运	
噪声	生产设备产生的噪声	隔声房、隔声屏、消声器等	减小影响，厂界达标
	厂区噪声	加强绿化	

6.2　聚丙烯酰胺安全生产与环境保护

6.2.1　聚丙烯酰胺的安全生产

6.2.1.1　聚丙烯酰胺生产所用主要原辅材料及特性

表 6-6 列出了聚丙烯酰胺生产所用主要原辅材料及特性。

表 6-6　聚丙烯酰胺生产所用主要原辅材料及特性

物料名称	相态	相对密度	沸点/℃	凝点/℃	闪点/℃	自燃点/℃	职业接触限值	毒性等级	爆炸极限/%（体积分数）	火灾危险性分类	危害特性
液碱	液态	2.12	1390	318.4	—	—	最高容许浓度 $2mg/m^3$	Ⅳ级（轻度危害）	—	丁类	有毒，腐蚀
丙烯酰胺	固态	1.12	125	84.5	—	—	最高容许浓度 $0.3mg/m^3$ 短时间接触容许浓度为 $0.9mg/m^3$	Ⅱ级（高度危害）	—	丙类	有毒可燃
压缩氮气	气相	0.3	−195.8	−210	—	—	—	—	—	戊类	窒息
丙烯酸	液态	1.05	141	14	50	438	时间加权平均容许深度 $6mg/m^3$	—	2.4～8.0	乙类	易燃腐蚀
氨水	液态	0.91	—	—	—	—	—	—	16～25	戊类	腐蚀

6.2.1.2 聚丙烯酰胺生产过程的危险有害因素辨识

（1）涉及物料的危害性质

①毒害性 生产涉及的物料丙烯酰胺具有一定的毒害性，属于Ⅱ级（高度危害）物质，因此在作业过程中如作业场所通风、防护设施欠缺，操作人员长期接触有毒物质或吸入有毒气体，将易造成中毒的危害。根据《职业接触毒物危害程度分级》GB 5044—2010，主要物料毒害性见表 6-7。

表 6-7 主要物料毒害性一览表

序号	物料名称	浓度	状态	有毒物质容许浓度/（mg/m^3）		
				MAC	PC-TWA	PC-STEL
1	丙烯酰胺	纯品	常温常压或 50～60℃	0.3	—	—
2	氢氧化钠	30%	常温常压或 50～60℃	0.5	0.2	—

丙烯酰胺具有潜在的神经毒性、遗传毒性和致癌性。车间空气中丙烯酰胺最高容许浓度为 $0.3mg/m^3$（皮）。对眼睛和皮肤有一定的刺激作用，可经皮肤、呼吸道和消化道吸收，在体内有蓄积作用，主要影响神经系统，急性中毒十分罕见。密切大量接触可出现亚急性中毒，中毒者表现为嗜睡、小脑功能障碍以及感觉运动型多发性周围神经病。长期低浓度接触可引起慢性中毒，中毒者出现头痛、头晕、疲劳、嗜睡、手指刺痛、麻木感，还可伴有两手掌发红、脱屑，手掌、足心多汗，进一步发展可出现四肢无力、肌肉疼痛以及小脑功能障碍等。

丙烯酰胺慢性毒性作用最引人关注的是它的致癌性。丙烯酰胺具有致突变作用，可引起哺乳动物体细胞和生殖细胞的基因突变和染色体异常。国际癌症研究机构（IARC）对其致癌性进行了评价，将丙烯酰胺列为 2 类致癌物（2A），即人类可能致癌物。其主要依据为，丙烯酰胺在动物和人体均可代谢转化为致癌活性代谢产物环氧丙酰胺。

丙烯酰胺在空气中易潮解，可经呼吸道、皮肤及消化道吸收，并会在体内产生致癌物质，操作时应戴手套和面具。

②火灾、爆炸危险性 丙烯酰胺为可燃物，物料的火灾、爆炸危险性见表 6-8。

表 6-8 物料的火灾、爆炸危险性

序号	物料名称	储存场所	相态	状态
1	丙烯酰胺	仓库	固态	常温、常压
2	丙烯酸	储罐	液体	阴凉通风存储、常压

a. 丙烯酰胺可燃，其火灾危险性为丙类，遇明火、高热及强氧化剂可引起燃烧，分解放出有毒的气体；若遇高热，可发生聚合反应，放出大量热量而引起容器破裂和爆炸事故。因此在生产过程中存在着火灾、爆炸危险。

b. 丙烯酸，无色透明液体，带有特殊的刺激性气味。可溶于水，相对密度 1.05，沸点

141℃，闪点 50℃，25℃黏度 1.419mPa·s，40℃时蒸气压 1.33kPa，25℃时爆炸极限为8%～2.4%。易燃，其蒸气与空气可形成爆炸性混合物，遇明火、高热能引起燃烧爆炸。与氧化剂能发生强烈反应。若遇高热，可发生聚合反应，放出大量热量而引起容器破裂和爆炸事故。丙烯酸易挥发，可通过呼吸道和皮肤引起中毒，长时间吸入该蒸气可引起恶心、呕吐、头痛、疲劳等不适症状，工作场所最高容许浓度为 30mg/m^3。

本品的储存容器和生产设备要密闭，通风良好，要防止日晒，远离酸碱。在操作时要戴防护面具，如果溅到衣服上要立即脱下，溅到皮肤时应立即用水冲洗，溅入眼内需用水洗 15min 以上，不慎吞入口中要用温水洗胃。如果中毒，应立即注射硫代硫酸钠，并送医院。

③腐蚀性　生产使用过程中使用的物料其腐蚀性见表 6-9。

表 6-9　物料腐蚀性一览表

序号	物料名称	浓度	包装容器	状态
1	液碱	30%	罐装	常温常压
2	氨水	20%	罐装	常温常压

氨水，无色透明液体，有强烈的刺激性臭味。相对密度 0.91，20℃饱和蒸汽压 1.59kPa，爆炸极限为 16.1%～25%。

工业氨水是含氨 20%～25%的水溶液，氨水中仅有一小部分氨分子与水反应形成铵离子和氢氧根离子，即氢氧化胺，是仅存在于氨水中的弱碱。氨水凝固点与氨水浓度有关，常用的质量百分比浓度为 20%的工业氨水凝固点约为−35℃。有毒，对眼、鼻、皮肤有刺激性和腐蚀性，能使人窒息，空气中最高容许浓度 30mg/m^3。

本品的储存容器和生产设备要密闭，通风良好，要防止日晒，溅到皮肤时应立即用水冲洗，溅入眼内需用生理盐水、3‰硼酸液洗 15min 以上，不慎吞入口中要及时漱口，口服稀释的醋或柠檬汁。如果中毒，应立即送医院。

（2）生产过程危险、有害因素分析

①火灾、爆炸　可能发生的火灾爆炸事故主要体现在物料自身的可爆性、工艺操作的危险性引起的火灾爆炸事故和设备设施的不安全性引起的火灾爆炸事故。

以丙烯酰胺在水溶液状态发生聚合反应后生成聚丙烯酰胺，该反应为放热反应，如冷却系统故障，反应热量不能及时移除，则有发生爆聚倾向。若遇高热，可发生聚合反应，放出大量热量而引起容器破裂和爆炸事故。受高热分解产生有毒的腐蚀性烟气。

丙烯酸易燃，其蒸气与空气可形成爆炸性混合物，遇明火、高热能引起燃烧爆炸。与氧化剂能发生强烈反应。若遇高热，可发生聚合反应，放出大量热量而引起容器破裂和爆炸事故。遇热、光、水分、过氧化物及铁质易自聚而引起爆炸。

聚丙烯酰胺工艺副产少量氨，直接通入水池吸水后变成氨水，供厂区内浇花草使用。氨与空气混合能形成爆炸性混合物，如果氨泄漏在有限空间内形成爆炸性氨-空混合物，遇点火源有发生爆炸的危险。

②压力容器、压力管道爆炸　生产装置中使用的压力容器、压力管道等，由于本身设计、安装存在缺陷，安全附件或安全防护装置存在缺陷或不齐全，未按规定由有资质的质检单位检验导致缺陷未能及时发现处理，人员误操作等原因，均有可能发生容器爆炸事故。

③电气系统　电气系统火灾事故的原因包括电气设备缺陷或导线过载、电气设备安装或使用不当等，如危险区域分级不准确，电气设备防爆性能不合格，电气设备发生短路、漏电或过负荷，从而造成温度升高至危险温度，引起设备本身或周围物体燃烧、爆炸。

④腐蚀和灼伤

a. 涉及腐蚀性的化学品主要有烧碱、氨等，如果泄漏会腐蚀周围设备、设施，污染环境，人员灼伤。其危害主要体现在：使生产装置内建（构）筑物、工艺设备、管道、电气设备及仪表长期遭受腐蚀，轻者造成跑、冒、滴、漏，易燃易爆及有毒物质的缓慢泄漏，设备使用寿命缩短、更换频率加大，影响正常生产；重者使设备、管道、操作平台等的强度降低，进而发生设备、管道、阀门、管件破裂和损坏，或造成电气设备短路，或造成仪表系统故障、短路、误报，最终导致易燃易爆及有毒物质的大量泄漏、火灾爆炸或急性中毒事故发生。

作业人员接触腐蚀性物品会造成人员灼伤，严重时可造成大面积灼伤，导致器官性损坏，现场作业人员需正确佩戴劳动防护品、严格按操作规程进行操作。

b. 生产过程中需使用高温蒸汽，聚合釜、水解釜等设备内工作温度控制在 80～95℃，如果发生泄漏，或蒸汽设备、管道无有效隔热措施，或保温脱落，或隔热措施不当，均会造成人体的烫伤。

c. 生产装置中使用冷媒溶液，温度为−9℃，人体不慎接触后可能造成冻伤事故。

6.2.1.3　采取的安全措施

（1）工艺安全设施及措施

①压力容器和压力管道的设计、制造、安装、检验、管理和使用严格执行《压力容器安全技术监察规程》和《压力管道安全管理与监察规定》。

②压力容器、储罐等均安装压力表和安全阀，室内压力容器安全阀后的放散管均引至室外的安全地点，以免引发火灾、爆炸及人员窒息等事故。

③聚合车间（副产物氨气）水解机及氨气吸收罐附近设置有毒气体报警器，散发可燃和有毒气体的场所根据《石油化工可燃气体和有毒气体检测报警设计标准》GB/T 50493—2019 的要求配置有毒气体泄漏报警仪。

④生产过程中严格监测和控制反应容器内的温度、压力、物料组成、投料顺序和投料速度等，防止反应失控。一般情况下要做到：

a. 正确操作，严格控制工艺指标，按照规定的开停车步骤进行检查和开停车；

b. 一旦在操作过程中出现温度、压力剧升时，应立即停止投料，开大冷却水和放气阀。

⑤聚合反应釜设置可靠的超温报警装置，将聚合反应釜内温度、压力与聚合反应釜夹套冷却水、冷媒进水阀形成连锁关系，在聚合釜处设立紧急冷却系统。当反应超温或冷却失效时，能及时调节或紧急放料。

聚合釜底部设置自动油压快开阀，可及时进行卸料。

⑥采用自动称重加料装置及自动化包装技术，减少了作业人员直接接触危险物料。

⑦设备投入使用前，对液位计、压力表、温度计、安全阀等进行检测、校验，确保完好有效，并将检验结果存档，生产中定期进行检测。

⑧加强设备检测、检查、定期维修保养等设备安全管理工作。对发生的事故或未遂事件、故障、异常工艺条件和操作失误等做详细记录并分析原因，积极采取安全技术、管理等方面的有效措施，防止事故的发生。

⑨管线方面的安全对策措施:

a. 工艺管线布置安全可靠且便于操作。管线的制造、安装及试压等技术条件要求符合国家现行标准和规范。

b. 工艺管线的设计考虑了抗震和管线的震动、脆性破裂、温度应力、失稳、高度蠕变、腐蚀及密封泄漏等因素。

c. 工艺管线上在适当位置安装了安全阀、泄压设施、自动控制检测仪表、报警系统、安全联锁装置。

d. 工艺管线的防雷、防静电等安全措施按规范的要求设置，并定期进行检测。

e. 工艺管线的绝热保温、保冷设计，安装时必须符合设计的要求。

f. 管线穿越道路时，其交角不小于60°，并敷设在套管内。管线的穿越、跨越路段上，不能装设阀门、波纹管或套筒补偿器、法兰、螺纹接头等附件。

g. 穿过隔墙、楼板、屋面的管道用套管保护，套管尺寸应比被保护管大一级，穿屋面管道设防水肩、防水帽。

h. 有火灾爆炸危险的设备和管道均设有可靠的防雷、防静电接地措施，装置内可燃气体、可燃液体管道在进出装置外，设有静电接地设施。

i. 选用密封性能好的阀门，输送管道采用焊接方式，法兰连接处采用可靠的密封垫片如聚四氟乙烯垫片等。

j. 管道严格按照《工业金属管道工程施工规范》GB 50235—2010的相关要求进行强度试验、泄漏性试验及吹扫。

⑩操作人员进行培训，经考核合格后持证上岗。管理作业人员除了具有一般消防知识之外，还要熟悉本厂化学危险品种类、特性、储存地点事故的处理顺序及方法。

⑪所有电气设备不带电的金属外壳均直接接地，所有的工艺生产装置及其管线按工艺及管道要求条件进行防静电接地，并满足《石油化工静电接地设计规范》SH 3097—2017。

⑫重点安全部位设置醒目的警示标志。

⑬压力管道及其安全设施选用符合国家标准规格的产品。

⑭设备根据工艺的要求选型，确保其有足够的机械强度、刚度、密封可靠性、耐腐蚀性及使用期限。设备、备件、材料进厂要进行严格的检查。

⑮选用设备的材料以及与之相匹配的焊料严格按照各种相应标准、法规和技术文件的要求执行。

⑯压力容器和压力管道系统设置了安全阀泄压保护措施，防止因设备破裂引起物料泄漏发生火灾、人员中毒事故。

⑰泵等选用低噪声的设备。对产生噪声设备的噪声源加以控制，如加设隔音罩、消音器等，使噪声控制在 85dB 以下。

⑱生产有关设备严禁超压运行，设备、系统泄漏严禁带压紧螺栓。生产现场无其他与生产无关的物品堆放。对压力表、安全阀、测温仪和安全联锁保护装置定期检查和校验。

⑲丙烯酰胺管道检维修时采用氮气吹扫，能保证企业安全生产。

⑳冷冻站的安全措施

a. 为避免冷冻机组冷凝压力过高，在进冷冻机的冷却循环水管上装设有温度计、压力表。

b. 制冷站房内所有的门和窗均设计成朝外开启。

c. 为了保证冷却水系统中的存水能够全部放出，以防止冻裂设备，特在设备及管道最低处设有放水阀门。

d. 冷冻站冷媒箱低温冷媒储量能满足 30min 生产用冷量要求。

(2) 设备及管道

生产涉及的中间槽、空气缓冲罐、氮气缓冲罐聚合釜在生产过程中的压力大于 0.1MPa，聚合釜到夹套使用蒸汽加热的蒸汽压小于 0.1MPa，因此，聚合釜属于压力容器。

涉及危险化学品输送管道，涉及可燃、有毒物料输送的管道以及厂区蒸汽总管 (0.8MPa) 其管道等级为 GC2，要求其管道、法兰公称压力不小于 1.6MPa，法兰采用凹凸面法兰，根据物料的性质选择相应的管道材质。

在管道实际设计阶段及施工阶段应符合《压力管道安全技术监察规程——工业管道》TSG D0001—2009、《压力管道安装许可规则》TSG D3001—2009、《压力管道规范 工业管道》GB/T 2080.1—2020、《工业金属管道工程施工质量验收规范》等规范要求。

①生产过程中严格监测和控制反应容器内的温度、压力、物料组成、投料顺序和投料速度等，防止反应失控。一般情况下要做到：

a. 正确操作，严格控制工艺指标，按照规定的开停车步骤进行检查和开停车；

b. 一旦在操作过程中出现温度、压力剧升时，应立即停止投料，开大冷却水和放气阀。

②聚合反应釜设置可靠的超温报警装置，将聚合反应釜内温度、压力与聚合反应釜夹套冷却水、冷媒进入阀形成连锁关系，在聚合釜处设立紧急冷却系统。当反应超温或冷却失效时，能及时调节或紧急放料。

聚合釜底部设置自动油压快开阀，可及时进行卸料。

③设备投入使用前，对液位计、压力表、温度计、安全阀等进行检测、校验，确保完好有效，并将检验结果存档，生产中定期进行检测。

④加强设备检测、检查、定期维修保养等设备安全管理工作。对发生的事故或未遂事件、故障、异常工艺条件和操作失误等做详细记录并分析原因，积极采取安全技术、管理等方面的有效措施，防止事故的发生。

⑤管线方面的安全对策措施：

a. 工艺管线布置安全可靠且便于操作。管线的制造、安装及试压等技术条件要求符合国家现行标准和规范。

b. 工艺管线的设计考虑了抗震和管线的震动、脆性破裂、温度应力、失稳、高度蠕变、腐蚀及密封泄漏等因素。

c. 工艺管线上在适当位置安装了安全阀、泄压设施、自动控制检测仪表、报警系统、安全联锁装置。

d. 工艺管线的防雷、防静电等安全措施按规范的要求设置，并定期进行检测。

e. 工艺管线的绝热保温、保冷设计，安装时必须符合设计的要求。

f. 管线穿越道路时，其交角不小于 60°，并敷设在套管内。管线的穿越、跨越路段上，不能装设阀门、波纹管或套筒补偿器、法兰、螺纹接头等附件。

g. 穿过隔墙、楼板、屋面的管道用套管保护，套管尺寸应比被保护管大一级，穿屋面管道设防水肩、防水帽。

h. 有火灾爆炸危险的设备和管道均设有可靠的防雷、防静电接地措施，装置内可燃气体、可燃液体管道在进出装置外，设有静电接地设施。

i. 选用密封性能好的阀门，输送管道采用焊接方式，法兰连接处采用可靠的密封垫片如聚四氟乙烯垫片等。

j. 管道严格按照《工业金属管道工程施工规范》GB 50235—2010 的相关要求进行强度试验、泄漏性试验及吹扫。

（3）防雷、防静电接地设施

①对建筑物可采用避雷带（网）作为防雷接闪器防直击雷，在屋顶沿女儿墙、屋檐、檐角等易受雷击的部位设置避雷带。储罐就地采用直接接地方式，接地电阻不大于 4Ω。

②低压系统接地形式采用 TN、TT 系统。整个装置内的工作接地、保护接地、防雷接地、静电接地、电子仪器仪表接地等共用接地装置。装置区内接地选用镀锌扁钢作接地线，选用镀锌角钢作接地极。所有正常不带电的用电设备的金属外壳应可靠接地。所有可能产生静电的管道、容器和管架均应可靠接地。仪表系统接地包括安全保护接地、工作接地、防静电接地，接地联结采用分类汇总，最终与电气专业总接地板联结。仪表的工作接地和保护接地相互独立，接地电阻都小于 1Ω；仪表的保护接地接到电气的保护接地上，工作接地采用独立的接地体并与电气专业接地体相距 5m 以上。仪表屏蔽电缆的屏蔽层只在机柜端与接地端子相连，在现场不能与一次仪表外壳相连。

③厂区内采用建（构）筑物基础与专用的人工接地体联合，构成共用接地装置并与全厂接地网相连，所有设备接地装置的接地极采用 50mm×50mm×5mm 镀锌角钢，接地干线采用 4mm×40mm 镀锌扁钢，整套接地装置的接地电阻不大于 4Ω。

④静电接地系统的各个固定连接处，采用焊接或螺栓紧固连接，埋地部分采用焊接；移动设备的静电接地，采用静电接地夹子。混料槽等移动式容器在加料前要进行静电连接，使用结束后，要过几分钟待静电缓和后才能拆除。

⑤禁止在爆炸危险场所的工作人员穿戴化纤、丝绸衣物，应穿戴防静电工作服、鞋、手套。

⑥各种设备在加工、储存、运输过程中能够产生静电的管道、设备等金属体均应连成一个连续的导电整体并加以接地，不允许设备内部有与接地网绝缘的金属体。

为了防止感应带电，凡有静电产生的场所内，平行管道间距小于 100mm 时，每隔 20～30m 应跨接一次。若相交间距小于 100mm 时，相交或相近处应当跨接。

对于工艺设备、管道静电接地的跨接端及引出端应选在不受外力伤害、便于与接地干线相连的地方。靠近设备本体的一端焊接于设备外壳上，连接板伸出保温层外，以便于与外来接地线连接。

防雷、电气保护的接地系统可同静电接地公用。静电接地系统也可利用电气工作接地，但不允许用三相四线制的零线系统。

⑦二类防雷建筑物采取低压电缆埋地入户、入户端电缆金属外皮（套管）接地，电缆与架空线连接处应装设避雷器，且避雷器与电缆金属外皮（套管）和绝缘子铁脚连在一起接地（冲击电阻值不大于 30Ω）；金属管道入户处应单独接地或接到防雷、电气设备接地装置上（其冲击电阻二类不应大于 20Ω，三类不应大于 30Ω）。

⑧主要生产设备和所有在正常情况下不带电的用电设备外壳和管道均按照规范要求做好静电接地设计。静电接地按《化工企业静电接地设计规程》HG/T 20675—1990 的规定进行，按《化工企业静电接地安装通用图》CD90B4—88 的要求施工。

(4) 其他安全措施

①防噪声安全措施如下:

a. 将噪声水平作为设备选型的重要依据，在选型、订货时应予优先考虑选用优质低噪声动力设备以及电气设备。

b. 合理布置厂区平面图，合理布置车间生产设备。在厂区总图布置和建筑、绿化设计中，注意建筑物隔离和减噪效果的合理利用。机、泵等高噪声设备布置远离厂界位置。

c. 定期检查设备，注意设备的维护，使设备处于良好的运行状态，减轻非正常运行产生的噪声污染。

d. 搞好整个厂区的绿化规划，努力营造绿色屏障，以起到一定的隔声降噪的作用。

②防烫伤安全对策措施：生产过程中需使用高温蒸汽，聚合釜、水解釜等设备内工作温度控制在 80～95℃；蒸汽设备、管道设置有效隔热措施。

③防高处坠落安全措施：生产厂房若设有 2～3 层钢平台，且有多处操作平台高于地面 2m 以上，在高处作业时若防护栏杆设置不规范、防护栏杆腐蚀损坏和其他防护措施不到位等原因，均有可能造成高处坠落事故。

凡高度超过 2m 的平台、人行通道等有跌落危险的场所，在其敞开的边缘处均装有高度不低于 1.05m 的防护栏杆。

④防滑的安全措施：室外安全疏散楼梯、钢梯采用防滑钢梯；操作平台设置防滑垫。

⑤安全标识：根据《图形符号安全色和安全标志》GB/T 2893—2020 的有关规定，设置危险场所的安全标志，如禁止烟火、车辆限速、当心触电等。

各种消防安全标志牌严格按《消防安全标志》《消防安全标志设置要求》设置。

厂区内的道路应设置交通安全标志，并限速行驶。

⑥风向标：在厂区最高建筑物处设置风向标，用来指引人员疏散时的逃生方向。

⑦防毒安全措施：在满足工艺要求的前提下，不用或少用有毒物料。采用密闭、负压或湿式作业。设置通风、排毒、净化、除尘系统，使装置内及其周围环境有毒物料浓度达到卫生标准。在容易泄漏极度危害和重度危害的职业性接触毒物的场所设毒物监测报警器。

装置内设有必要的卫生及防护设施，如沐浴器、洗眼器等。生产装置按规定设置集中通风和分散排风、防尘、防噪声措施。

⑧防火措施：应建设较为齐备的消防措施，在室外铺设消防低压管网，并设有地上消火栓，在不宜采用水消防的区域和岗位（如变配电室控制室等），采用相应的化学消防措施，分别配备干粉、CO_2、泡沫灭火器。厂内道路考虑环形通道，确保消防车畅通。根据装置各危险场所的生产类别、火灾类别、保护面积等因素，设置了相应的灭火器。在电气火灾场所设置二氧化碳灭火器，其他场所设置干粉灭火器。灭火器的设置可满足扑救初期火灾的要求，避免火灾危险。

⑨防爆措施：物料倒流、串通会产生危险的设备、管道，根据具体情况设置自动切断阀、止回或中间容器等；对超过正常范围会产生严重危害的工艺变量，设相应的报警、连锁等设施。

6.2.2 聚丙烯酰胺生产的环境保护

6.2.2.1 聚丙烯酰胺生产排放情况

乳液聚丙烯酰胺生产工艺流程如图 6-5 所示，从图中可看出固、气、液的排放情况和噪声等情况。

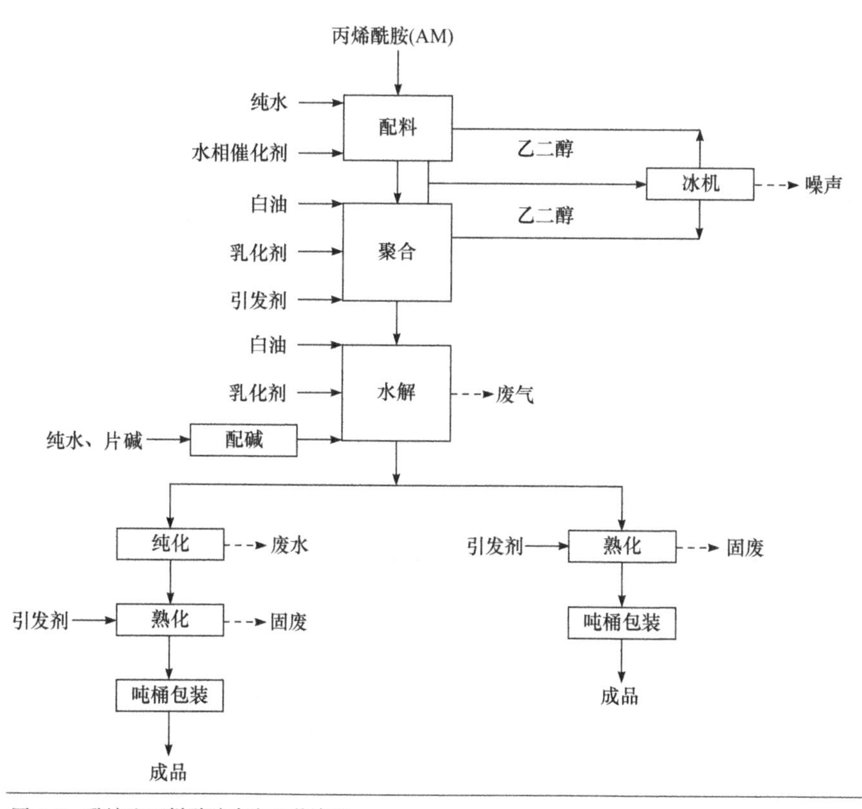

图 6-5　乳液聚丙烯酰胺生产工艺流程

6.2.2.2 污染源

乳液聚丙烯酰胺生产工艺产生的污染物主要包括废气、废水、固废和噪声，产污环节见表 6-10。

表 6-10　产污环节一览表

类别	产污环节		主要污染因子	排放方式
废气	聚丙烯酰胺生产水解釜尾气		NH_3	有组织排放
	氨水储罐及生产过程		NH_3	无组织排放
	丙烯酸储罐及生产过程		丙烯酸	无组织排放
废水	含油废水	吨桶清洗	COD、SS、石油类	间歇排放
		设备清洗	COD、SS、石油类	间歇排放
		车间地面清洗	COD、SS、石油类	间歇排放
	清净下水	纯水制备	盐分	间歇排放
		循环冷却排水	COD、SS	间歇排放
		办公、生活设施	COD、SS、NH_3-N	连续排放
		原料包装	废原料包装桶	供货厂家回收处理
固废	生产车间		熟化釜不合格产品、废原料包装桶等	专用容器收集，定期委托有资质的危废处置单位进行处置
	污水处理站		废油、污泥	专用容器收集，定期委托有资质的危废处置单位进行处置
	办公生活设施		生活垃圾	环卫部门统一清运
噪声	干燥机、冰机、制氮机等		等效连续 A 声级	消声、减震、室内布置
	空压机、泵类等			
非正常工况	开停车清洗废水		COD、SS、石油类	事故排放
	聚合反应爆聚废水		COD、石油类	
	聚丙烯酰胺水解釜尾气处理设施故障		NH_3	

（1）废气

废气主要包括聚丙烯酰胺生产水解釜尾气等有组织排放废气，无组织排放的 NH_3、丙烯酸挥发气体。

①有组织排放废气　聚丙烯酰胺生产水解釜尾气。

聚丙烯酰胺在水解过程产生 NH_3。可设置逆流喷淋吸收塔，以水为吸收剂对氨气进行处理。为保证氨气吸收效率，可采用三级逆流水喷淋吸收塔对水解釜尾气进行治理，确保满足《恶臭污染物排放标准》GB 14554—1993 要求。处理后的废气经不低于 15m 高排气筒排放。

②无组织排放废气　在生产过程中涉及氨水和丙烯酸的储存与使用，氨水和丙烯酸均为挥发性物质，在储存及使用过程中会产生无组织排放废气。

a. 氨水储罐及生产过程中排放的 NH_3：生产过程中涉及氨水的使用，在生产过程中会产生氨的无组织排放，主要表现在以下几个方面：一是氨水储罐的大小呼吸排放的氨，二是氨水输送管道之间由于阀门、接口等处泄漏而排放的氨，三是聚丙烯酰胺水解釜尾气吸收系统在运行过程中排放的氨。

b. 丙烯酸储罐及生产过程中排放的丙烯酸气体：生产过程中涉及丙烯酸的使用，在生产过程中会产生挥发出丙烯酸气体，呈无组织排放，主要表现为丙烯酸储罐和输送管道之间由于阀门、接口等处泄漏而挥发的丙烯酸。

对于无组织排放废气，可采取一是车间内安装强制通风装置，加强车间通风，有效减轻无组织排放废气对车间空气质量的影响；二是设置大气环境防护距离；三是加强厂区厂界绿化。

（2）废水

废水包括生产废水和生活污水。其中，生产废水主要包括含油废水、清净下水、聚丙烯酰胺生产纯化工序蒸馏水和聚丙烯酰胺生产水解釜尾气喷淋水。其中，含油废水主要包括吨桶、设备及车间地面清洗废水；清净下水主要包括循环冷却水和纯水制备废水。

①含油废水

a. 设备清洗废水：各配料釜、聚合釜、熟化釜等需定期进行清洗，清洗周期根据生产情况确定。废水中主要污染因子为 COD、SS、石油类，产生浓度约为 COD 2000mg/L、SS 300mg/L、石油类 400mg/L。

b. 车间地面清洗废水：车间定期进行地面冲洗产生含油废水，废水中主要污染因子为 COD、SS、石油类，产生浓度约为 COD 400mg/L、SS 200mg/L、石油类 100mg/L。

可采用车间内设置集排水渠道，设备清洗废水和车间地面清洗废水经收集渠道收集后排入厂区污水处理装置进行处理。要求集排水渠道宽度不得少于 15cm，深度不低于 30cm，同时排水渠道上方应加盖。

c. 吨桶清洗废水：目产品包装使用的吨桶 70%为旧桶，使用前需要进行清洗，清洗方式为高压水枪冲洗。废水中主要污染因子为 COD、SS、石油类，产生浓度约为 COD 500mg/L、SS 400mg/L、石油类 200mg/L。

可设置清洗槽、集排水渠道和清洗废水收集池。吨桶清洗废水经收集池收集后排入厂区污水处理站进行处理。要求集排水渠道宽度不得少于 10cm，深度不低于 30cm，同时排水渠道上方应加盖。根据排水间歇性的特点，同时考虑一天的最大排水量，收集池容积根据实际进行计算。

②清净下水　循环冷却系统排水：冰机需要采用冷却水进行降温，冷却方式为间接冷却。工程冷却水循环使用，定期排放。

③聚丙烯酰胺生产水解釜尾气喷淋水　水解产生的氨气采用三级逆流水喷淋吸收塔处理，氨气被水吸收后成为氨水，吸收液氨水浓度可达到 10%。可将其收集后回用于聚丙烯酸胺生产线配料，不外排。

④生活污水　生活污水主要污染因子为 SS、COD、NH_3-N，产生浓度约为 250mg/L、300mg/L、30mg/L。生活污水经化粪池处理后，由厂区总排口经园区污水管网排放至园区污水处理厂进行深度处理。

（3）固体废物

固体废物主要包括废原料包装桶、纯水制备产生的废石英砂、废活性炭、废膜、熟化釜筛网产生的不合格产品、污水处理站废油和污泥及生活垃圾等。其中废原料包装桶、熟化釜筛网产生的不合格产品、污水处理站废油和污泥属于危险固废，其余均为一般固废。

①一般固废

a. 纯水制备产生的废石英砂、废活性炭、废膜：所需纯水采用反渗透方法制备，该过程中会定期产生废石英砂、废活性炭和废膜可由供货厂家进行回收。

所需纯水采用反渗透方法制备，该过程中会定期产生废石英砂可由供货厂家进行回收。

b. 生活垃圾：劳动定员一定数量，生活垃圾产出量可按0.5kg/d人计，由环卫部门清运统一处理。

c. 制氮机产生的废碳分子筛：制氮机碳分子筛使用过程中如系统操作维护不当会使杂质直接进入吸附塔被碳分子筛吸附而造成解析能力受损，制氮量和制氮纯度大大下降。另外碳分子筛达到一定使用年限后其氮气纯度会明显下降，无法保证使用要求。因此需定期更换碳分子筛。

②危险废物

a. 废原料包装桶：所用的白油、辅料等原料均采用包装桶包装，原料使用后产生废包装桶，可由供货厂家进行回收。

b. 熟化釜筛网产生的不合格产品：熟化釜内成品需经熟化釜底的筛网筛滤以去除不满足要求的不合格产品，不合格产品属废弃的油/水乳化液，属《国家危险废物名录》规定的危险废物，要求采用专用密闭容器收集，专用危废暂存仓库暂存，定期委托有资质的危废处置单位进行处置。

c. 污水处理站废油及污泥：含油废水处理系统在运行中产生废油渣及污泥，属《国家危险废物名录》规定的危险废物，要求由密闭容器收集，设置专用暂存室暂存，定期委托有资质的危废处理单位安全处置。

（4）噪声

噪声主要为机械噪声、空气动力性噪声。

机械噪声源主要为干燥机、冰机、制氮机等，噪声源强为75～80dB（A），均在室内布置，并采取了相应的减振等降噪措施。空气动力性噪声主要为风机、空压机组及泵类，噪声源强为85～105dB（A）。结合车间建设情况及设备采取的其他降噪措施，工程噪声设备源强及防治措施可达标。

6.2.2.3 环保治理措施

（1）废气治理措施

①有组织排放治理措施　聚丙烯酰胺生产水解釜尾气：氨气吸收塔材质为玻璃钢，废气从塔体下方沿切线方向进入一级吸收塔内，在通风机的作用下上升到填料层，在填料表面，氨气与塔顶喷出的水进行接触，生成物质流入下部储液槽，未完全吸收的氨气从塔顶进入二级吸收塔，进行与一级吸收塔相同的吸收过程。二级吸收塔未完全吸收的氨气从塔顶进入三级吸收塔进行喷淋吸收，经过三级喷淋吸收后的气体上升至三级吸收塔塔体最顶部的除雾段，去除气体中所带的雾滴后通过塔顶排气筒外排。在一级至三级喷淋吸收过程中，三级喷淋吸收塔产生的喷淋液进入二级喷淋吸收塔作为喷淋吸收液，二级喷淋吸收塔产生的喷淋液再进入一级喷淋吸收塔作为喷淋吸收液。

氨气吸收塔采用新型的阶梯环填料（或球形多面填料），比表面积大，气液接触交换性能好，大大地提高了净化效率。吸收塔是以玻璃钢为主要材料，具有净化效率高，结构紧凑，占地面积小，耐腐蚀，耐老化性能好，重量轻，便于安装、运输、管理、维修等特点。

三级逆流喷淋吸收塔对氨气处理效率可达 99%，经处理后的氨气浓度能够满足排放标准要求，评价认为该治理措施可行。

②无组织排放废气治理措施　无组织排放废气主要为氨气储罐及生产过程中无组织排放的 NH_3，丙烯酸储罐及生产过程中无组织排放的丙烯酸。设计在屋顶安装通风扇，对车间内空气强制通风换气，能够有效减轻对环境的影响。

同时，为减轻对周围环境的不良影响，要求一是加强环境管理，对设备、管道、集气系统等做好维护保养，及时更换破损部件；二是设置 100m 卫生防护距离；三是在车间周围加强绿化，可有效减少无组织排放废气对周围环境的影响。

（2）废水污染防治措施分析

①含油废水处理　含油废水主要包括吨桶、设备清洗水和车间地面清洗水，主要污染因子为 COD、SS、石油类。设计一座污水处理站，采用“隔油池+两级气浮”处理工艺对含油废水进行单独处理，污水处理站具体处理工艺见图 6-6。

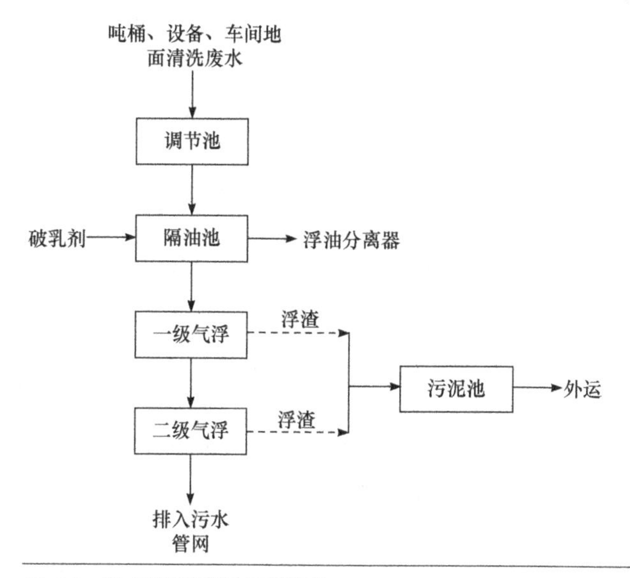

图 6-6　污水处理站设计工艺流程

调节池：调节池具有调节水质水量的功能，在调节池中，调节污水 pH 值、水温，使得废水水量及水质均衡。

隔油池：隔油池是利用油与水的密度差异，分离去除污水中颗粒较大的悬浮油的一种处理构筑物。隔油池的构造多采用平流式，含油废水通过配水槽进入平面为矩形的隔油池，沿水平方向缓慢流动，在流动中油品上浮水面，由集油管或设置在池面的刮油机推送到浮油分离器。经过隔油处理的废水则溢流入排水渠排出池外，进行后续处理。

两级气浮池：浮选法主要用来处理废水中靠自然沉降或上浮难以去除的乳化油或相对密度近于 1 的微小悬浮颗粒。向废水中通入空气，并以微小气泡形式从水中析出成为载体，使废水中的乳化油、微小悬浮颗粒等污染物质黏附在气泡上，随气泡一起上浮到水面，形成泡沫-气、水、颗粒（油）三相混合体，通过收集泡沫或浮渣达到分离杂质、净化废水的目的。

②清净下水 循环冷却系统排水：冰机需要采用冷却水进行降温，冷却方式为间接冷却。工程冷却水循环使用，定期排放。

③聚丙烯酰胺生产水解釜尾气喷淋水 水解产生的氨气采用三级逆流水喷淋吸收塔处理，氨气被水吸收后成为氨水，吸收液氨水浓度可达到10%。可将其收集后回用于聚丙烯酸铵生产线配料，不外排。

④生活污水 生活污水主要污染因子为SS、COD、NH_3-N，产生浓度约为250mg/L、300mg/L、30mg/L。生活污水经化粪池处理后，由厂区总排口经园区污水管网排放至园区污水处理厂进行深度处理。

（3）固废治理措施

①一般固废处置及厂区内暂存污染防治措施 产生的一般固废主要为纯水制备产生的废石英砂、活性炭、废膜、制氮机产生的废碳分子筛和生活垃圾等。其中，废原料包装桶、纯水制备产生的废石英砂、活性炭、废膜、制氮机产生的废碳分子筛均由供货厂家回收；生活垃圾由环卫部门清运统一处理。

为避免产生的一般固废在厂区堆存对环境造成的影响，应设置1座一般固废暂存库，废乙二醇、纯水制备产生的废石英砂、活性炭、废膜等暂存在一般固废暂存间内，定期外运。一般固废暂存间应严格按照《一般工业固体废物贮存和填埋污染控制标准》GB 18599—2020的要求进行防渗处理，满足“三防”要求。

②危险废物暂存污染防治措施 熟化釜筛网产生的不合格产品、废水处理系统产生的废油及污泥、废原料包装桶等均属于危险废物。其中，废原料包装桶由供货厂家回收；其余危废评价要求分别采用专用容器收集后，定期委托有资质的危废处置单位进行处置。评价要求建设全封闭危废储存仓库，仓库内分隔成若干个小存储间，对产生的危险废物分类别单独储存。

危废暂存间应严格按照《危险废物贮存污染控制标准》中相关要求进行设置：①必须按照危险固废的性质进行储存，不得混合储存。并根据固废种类做好警示标志；②各种危险废物应用专门的容器储存，并按类别做好标志，保证其完好无损，禁止不相容的废物混储；③存放场地应做好防渗处理，基础防渗采用2mm厚高密度聚乙烯或其他人工材料，渗透系数$\leqslant 10^{-10}$cm/s；④存放场地应有防雨设施，避免暴雨天气雨水流入。

根据《危险废物收集、贮存、运输技术规范》HJ 2025—2012、《河南省环境保护厅关于印发河南省危险废物规范化管理工作指南（试行）的通知》（豫环文〔2012〕18号），危险废物的收集、储存和运输等管理措施如下：

a. 危废的收集应制定详细的操作规程，内容至少应包括适用范围、操作程序和方法、专用设备和工具、转移和交接、安全保障和应急防护等。

b. 储存危险废物时应按照危险废物的种类和性质进行分区储存，每个储存区域之间应设置挡墙间隔。危险废物储存设施必须符合《危险废物贮存污染控制标准》GB 18597—2001的要求。具体内容为：设置一座全封闭的危险废物暂存仓库，库房内设置导流沟，并根据废物的种类划分区域，库房地面、墙体及导流沟等应采取防渗、防腐措施。对于含油废水处理污泥应经压滤后分别进行袋装，分区堆存，其堆存区域必须防渗并设置围堰；将废油、不合格产品等装入符合标准的容器内，容器材质要满足强度要求，且必须完好无损。各类危险废物应分类存放在各自的堆放区内，分层整齐堆放，每种废物堆存区域设置名称标牌，并设置搬运通道，库房内应采取全面通风的措施。危废储存场所及设施必须按照规定设置警示标志，并设有应急防护设施。

c. 企业应当向主管部门申报危险废物的种类、产生量、产生环节、流向、储存、处置情况等事项，于每年将本年度危险废物申报登记材料报送环境保护局。

d. 企业必须按照国家有关规定制订危险废物管理计划，并向环境保护主管部门备案。危险废物管理计划的期限一般为一年，鼓励制定中长期的危险废物管理计划，但一般不超过 5 年。

e. 各类危险废物，应由具有《危险废物经营许可证》并可以处置该类废物的单位进行处理处置，并严格执行危险废物转移联单制度，在危险废物转移前三日内报告移出地环境保护行政主管部门，并同时将预期到达时间报告接收地环境保护行政主管部门。

在危险废物的转移处置过程中，应严格按照《中华人民共和国固体废物污染环境防治法》和《危险废物转移联单管理办法》有关规定执行。企业必须按照国家有关规定向当地环保主管部门申报登记。企业、危险废物运输单位及危险废物处置单位必须如实填写危险废物联单，做好危险废物转移的记录，记录上必须注明危险废物的名称、来源、数量、特性和包装容器的类型等内容。运输人员必须掌握危险废物运输的安全知识，了解其性质、危险特征、包装容器的使用特性和发生意外的应急措施。运输车辆必须具有车辆危险货物运输许可证。驾驶人员必须由取得驾驶执照的熟练人员担任。危险废物运输时必须配备押运人员，并按照行车路线行驶，不得进入危险化学品运输车辆禁止通过的区域。

（4）噪声治理措施

噪声主要为机械噪声、空气动力性噪声。

机械噪声源主要为干燥机、冰机、制氮机等，噪声源强为 75～80dB（A），均在室内布置，并采取了相应的减振等降噪措施。空气动力性噪声主要为风机、空压机组及泵类，噪声源强为 85～105dB（A）。通过采取选用低噪声设备，针对不同的设备和噪声性质，分别采取加设减震基础、消声等措施，同时在风机的进、排气管上安装消声器，对机体与风管之间采用软连接，对空压机采用室内布置，机体与风管之间用软接头连接等，平均降低 10～15dB（A）以上。

以上设备噪声的治理措施已经过国内部分厂家实际运行，降噪效果明显，而且运行可靠。完成后四厂界昼间、夜间噪声值均符合《工业企业厂界环境噪声排放标准》GB 12348—2008 三类标准要求。

□ 思考题

1. 丙烯酰胺和聚丙烯酰胺生产过程中的危险有害因素有哪些？
2. 简述丙烯酰胺和聚丙烯酰胺生产过程中应注意采取哪些安全措施。
3. 丙烯酰胺和聚丙烯酰胺生产过程中产生废气的环节有哪些？产生的废气怎么进行环保治理？
4. 丙烯酰胺和聚丙烯酰胺生产过程中产生哪些危险废物？应该怎么处置？
5. 丙烯腈的闪点是多少？闪点越低越安全吗？

第7章

聚丙烯酰胺及其衍生物的应用领域及应用技术

7.1　聚丙烯酰胺的应用领域

聚丙烯酰胺号称百业助剂，聚丙烯酰胺类产品的品种已达到 1000 种，作为线型水溶性高分子聚合物，聚丙烯酰胺及其衍生物具有絮凝、增稠、减阻和纸张增强等作用。在石油开采中可作为钻井泥浆的包被剂、降滤湿剂、聚合物驱油剂、压裂滑溜水减阻剂和含油污水的絮凝剂等；在湿法冶金工业如氧化铝工业、铜铅锌工业、钼工业、钛工业等生产过程中可作为絮凝剂；可广泛用于工业污水处理、城市污水处理等水处理行业，造纸助留和助滤，纺织浆纱，工业洗煤，各类金属矿的选矿，地质灾害处理，林业农业的种子包衣，沙化土壤改良，养殖业的饮料黏结和地板砖等建筑材料等行业的生产中。

改革开放四十余年，我国已经成为全球最大的生物法丙烯酰胺和聚丙烯酰胺类产品的主要生产国。

7.1.1　石油开采

根据国民经济发展的需要，国家在石油开采上提出了“稳定东部发展西部的战略目标”，稳定东部就是东部多数老油田均进入了高含水阶段，开采的综合含水率已经高达 85%以上，老油井注水开采稳产的难度越来越大，因此“大幅度提高石油采收率的基础研究”被列入国家“八五”“九五”科技攻关以及 973 项目。高分子量和超高分子量的聚丙烯酰胺产品从 1996 年在大庆油田首先开始使用，用聚合物驱油技术（EOR 技术）来提高原油的采收率。1992 年胜利油田开始在孤岛油田进行先导试验，揭开了聚合物驱油的序幕。随后，大港油田、河南油田也相继采用聚合物驱油技术实现稳产。聚合物驱油技术（EOR）为我国过去二十多年老油田提高原油采收率，稳定原油产量发挥了巨大的作用。预计每注入一吨聚丙烯酰胺可多采原油 100～150 吨，大庆油田预计每年注入量约 20 万吨，仅此就为大庆油田稳产品原油 2000 多万吨/年。

2021 年中国的原油生产量约 1.99 亿吨。每年聚合物总用量约在 40 万吨，占国内总用量的 40%。聚合物系列产品除在三次采油中大量使用外，在石油开采中压裂、钻井、堵水调剖、纳米球驱油、含油污水处理、固井、完井、修井、酸化、注水等过程中使用聚丙烯酰胺，重点从以下几个方面简述。

压裂减阻和携砂：在高致密油气藏和页岩油气藏生产中，用聚合物配制滑溜水作为前置液压裂造缝，用聚合物配制高浓度携砂液把支撑剂带入裂缝。

堵水调剖：油井堵水和注水井调剖。将聚合物水溶液注入地层，并在地层中发生交联反应，生成凝胶。以此降低高含水地层的渗透率，达到减少油井出水或改善注水井吸水剖面以实现提高采收率的目的。

纳米球驱油：在高致密油藏使用纳米球交联颗粒驱油是目前长庆油田提高采收率的重要技术措施。

含油污水处理：聚合物可以帮助并加速气浮或离心法分离油水混合物，可以有效地沉降含油污水中的机械杂质，使采出水达到回注标准。

7.1.2 水处理

聚丙烯酰胺产品已经广泛用于所有用水的行业：自来水生产、废水处理、污泥脱水、油气开采与冶炼、采矿、钢铁、有色冶金、建筑材料、农业林业、造纸、纺织、食品、医药兽药农药、养殖、制香、卫生以及化妆品生产等。

(1) 自来水净化

随着我国城乡人民生活水平的提高，对于饮用水水质的要求也越来越高。国家在2007年颁布了最新的《生活饮用水卫生标准》，也对净水厂的饮用水处理工艺提出了更高的要求。目前大多水厂的生产工艺分四个环节，即原水通过格栅、沉砂、加入絮凝剂混凝、V型滤池过滤后，经清水池加氯消毒后输送至城市管网。我国现行 PAM 产品国标为《水处理剂阴离子和非离子型聚丙烯酰胺》GB 17514—2017，对絮凝剂产品的技术指标如固含量、溶解时间及残余单体含量等都有明确的规定，但与其他行业不同的是必须满足卫生指标的要求。因为虽然 PAM 本身是无毒的，但其单体是有毒的，PAM 中残留单体丙烯酰胺(AM) 的毒性问题受到世界各国的广泛关注，因此各国对 PAM 单体残留都制定了相当严格的控制指标。

用于饮用水的絮凝剂有非离子型、阳离子型和阴离子型干粉状聚丙烯酰胺，非离子聚丙烯酰胺产品的分子量为500万～1500万；阴离子产品的电荷密度范围为1%～50%，分子量为500万～2200万；阳离子产品电荷密度为5%～50%，分子量为300万～1500万。

(2) 城市污水处理

改革开放四十余年，中国已经跃居全球第二大经济体，我国的县城以上的城市污水处理厂建设全部完成，乡村的旱厕革命正在全国进行，据统计，截至 2020 年全国建成并投入运行的城市（含各类开发区等）污水处理厂有 7000 多个，按每个污水处理厂日处理污水5万方计，则每日处理污水35000万方，预计每年使用阴、阳离子聚合物约30万吨，占国内总用量的30%。

(3) 工业污水处理

许多工业生产中都会产生废水，如各类矿（煤、磷酸盐、铝、铁、钾碱、铜、金、硼砂等）、石油开采、钢铁、造纸、食品加工（奶制品、肉类、淀粉、制糖、酿酒、土豆加工等）、炼油、机械制造与修理、化工、电镀、制药、陶瓷、印染、电力、制革等。

以原料煤洗煤水处理为例，所有的以原煤为原料进行煤化工生产的企业，选煤和洗煤过程中所产生的煤泥水经浓缩机沉降分层，将煤泥水中的固体物及水尽可能地予以分离达到回收利用的目的。在生产过程中，无论是作为重介质选煤的洗水，还是作为脱介的喷水或者浮选作业的稀释水，一小部分随产品带走，一部分生产过程中自然蒸发，绝大部分煤泥水都要经过浓缩机处理而成为溢流水并被循环使用，可见溢流水的浊度对生产有着不可忽视的影响。主要体现在尾矿浓度、加压过滤机上饼厚度、产品脱介等多处环节上。为使溢流水澄清，保证洗煤生产用水，加入聚合氯化铝，与聚丙烯酰胺进行搭配，可以缩短浓缩机沉降过程，降低溢流水浊度，改善水质。

洗煤专用絮凝剂在处理煤泥水过程中，通过架桥作用、电性中和、吸附作用等作用使煤泥颗粒迅速絮凝成团、沉降，大大提高选（洗）煤厂生产效率。洗煤专用絮凝剂一般采用高分子量阴离子聚丙烯酰胺，有时也会用非离子聚丙烯酰胺。

7.1.3　冶金工业

在冶金工业中，各类金属矿的选矿和冶炼过程中都使用聚丙烯酰胺类的产品，如钢铁工业、铝工业、钼工业、铜铅锌工业、稀土工业和核工业的铀矿冶炼等。

最值得提及的是我国铀矿提取是聚丙烯酰胺最早应用的领域之一。在铀矿提取中，用酸或磺酸盐溶液沥取铀矿时，在沥取物的浓缩与过滤过程中，添加阳离子聚丙烯酰胺絮凝剂非常有效。

中国铝行业的氧化铝生产中必须使用絮凝剂。在氧化铝生产中，不论是用国产矿一水硬铝石还是用进口矿一水软铝石和三水铝石，所产生的赤泥均须在絮凝剂的帮助下进行快速沉降再经多次反相水洗后输送到赤泥堆场。赤泥沉降分离和洗涤分离用的絮凝剂均是强阴离子型聚丙烯酰胺，不同的铝土矿所用的絮凝剂的类型不同。改革开放以来，我国已经成为全球最大的氧化铝生产国。据统计，截至 2021 年底全球氧化铝总生产能力为 1.38 亿吨，而我国的总产能已达到 9070 万吨，按每 100 万吨氧化铝产能使用絮凝剂 500 吨计，每年我国氧化铝生产中使用絮凝剂量约在 4.53 万吨，占国内总用量的 4.5%。

7.1.4　造纸工业等其他行业

对造纸行业而言，聚丙烯酰胺主要用作抄纸的分散剂，用作助留剂、助滤剂和纸张的干强和湿强剂。

在制糖工业中，聚丙烯酰胺可加速蔗汁中细粒子的下沉，促进过滤和提高滤液的清澈度。

在养殖工业中，聚丙烯酰胺可改善水质，增加水的透光性能，从而改善水的光合作用。也可以作为鱼饲料的黏结剂。

在生物医药、生物农药和生物兽药工业中，聚丙烯酰胺可用作分离抗生素的絮凝剂、用作药片的赋型粘接剂以及工艺水澄清剂等。

在建材工业中，聚丙烯酰胺可用作涂料增稠分散剂、锯石板材冷却剂以及陶瓷粘接剂等，还可作为各类地板砖湿法抛光时的絮凝剂，以及作为在玻璃工业生产中各类砂洗水的水处理剂。

在农业上，聚丙烯酰胺作为高吸水性材料可用作土壤保湿剂（提高农作物的产量）以及各类种子包衣剂等，可以作为沙化土壤的改良剂。

在林业上，聚丙烯酰胺可用作种子包衣剂以提高种子的发芽率。

7.2　聚丙烯酰胺在石油工业中的应用

PAM 及其衍生物可以作为增稠剂、降阻剂、黏土稳定剂、絮凝剂等，广泛应用于石油生产的钻井、堵水、完井、洗井、酸化、压裂、驱油和油田污水处理全过程，油田领域聚丙烯酰胺消费量占总量的40%以上。

7.2.1 油田的三次采油应用技术

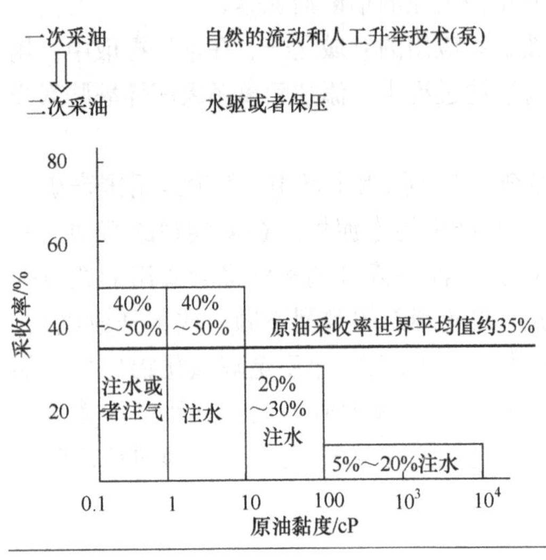

图 7-1 一二次采油可以达到的平均采收率

原油在油层就像地下水一样，一旦钻开孔，原油受到油层自身巨大能量（溶解气驱、气顶驱）的压迫就会沿着钻孔向上喷出。据此原理开采原油在油田开发中称为一次采油，此时的油井称为自喷井。随着原油的不断采出，油层的能量逐步衰竭，原油无法喷出。一次采油的采收率一般只能达到15%。采用人工向油层注水或非混相注气补充油层能量，以推动原油向油井运移，从而进一步采出原油的方法，在油田开采中称为二次采油。图7-1所示为一二次采油可以达到的平均采收率。由于构成油层岩石的颗粒大小不均匀、形状不规则，造成底层的孔隙大小不一，渗透率非均质。渗透率越大的油层油水流动的阻力就越小，油水界面的推进速率就越快。另外，水的黏度比原油小，也就是说油层对原油的阻力比对水的大，水在油层中的运移速率比原油大，造成油层中的油水界面就像伸开的手指一样参差不齐，在油田开发中称为指进现象。经过一定时间后，指进现象造成某些较大的流动通道形成了水通向油井的连续通道，油井含水迅速上升。当油井含水达到95%～98%时，继续注水就失去了经济开采的价值。同时，相当多渗透率较低油层的油水界面几乎没有被推进。二次采油的采收率通常为30%～40%，所以二次采油后尚有一半以上的原油留在油层中，采取物理、化学、生物新技术继续将这些原油采出，在油田开采中称为三次采油。图7-2为采油的三个阶段，图7-3为指进现象。

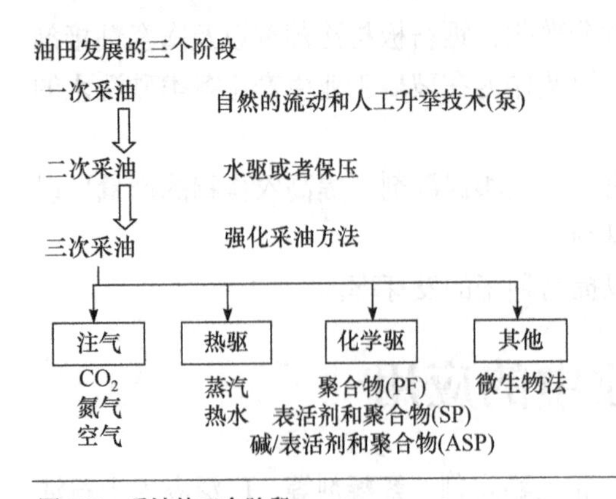

图 7-2 采油的三个阶段

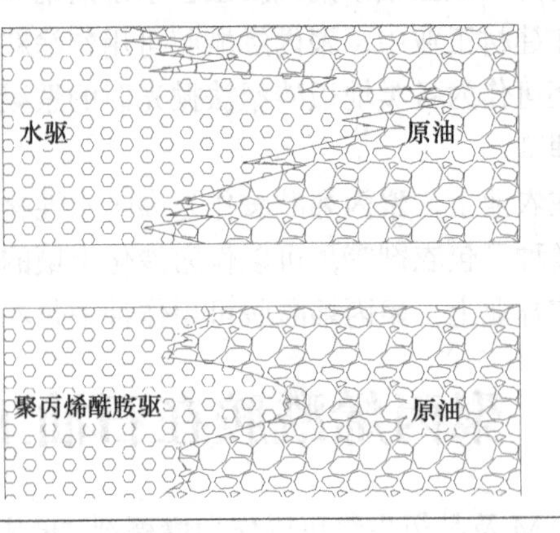

图 7-3 指进现象

三次采油的主要目的是要提高原油采收率。原油采收率等于波及系数乘以洗油效率。波及系数是指驱油剂波及的油层容积与整个含油容积的比值，洗油效率是指驱油剂波及的油层所采出的油量与这部分油层储量的比值。

我国对油田开采提高采收率技术极为重视，投入了大量的人力、物力进行理论技术攻关研究和现场试验，取得了丰硕的研究成果，特别是通过“八五”、“九五”、科技攻关以及国家 973 项目“大幅度提高石油采收率的基础研究”的研究，在国产化学剂研制、驱油机理研究、油藏精细描述、渗流规律和模拟研究及矿场先导性试验等方面取得了较大进展，大大促进了中国油田开采提高采收率技术的发展。目前热采和聚合物驱已经得到工业化应用，三元复合驱技术经历了从机理研究→表面活性剂主剂国产化→先导性试验→扩大先导性试验→工业性试验等 5 个关键步骤的全过程研究，初步具备了工业化应用条件。

驱油剂是一种在三次采油时，用于提高原油采收率的助剂。较高分子量（$>10\times10^6$）的聚丙烯酰胺是最常见的聚合物型驱油剂。其主要机理有：通过本体黏度使聚合物在油层中存在阻力系数和残余阻力系数，减少水油的流度比，减少水的指进，调节水的流变性，以提高驱油剂的波及指数，是驱替水驱未波及剩余油和簇状残余油的主要原因；界面黏度使聚合物溶液在多孔介质中的黏滞力增加，利于携带运移滞留在空隙中的孤岛状残余油和湿介质表面的油膜；柔性聚合物分子具有黏弹性，使其在流经孔道尺寸变化处时，聚合物分子表现出弹性，进入盲端空隙，对于盲端内的流动速度场、应力场及压力场有较大的影响。流体的黏弹性越大，盲端内的流速和应力越大，流体在盲端内的波及深度越大，有利于提高残余油的驱油效率。

聚合物驱油是原油和聚合物溶液两相流动，可用 Buckley-Leverett 推导的分流方程描述。Dyes 等人定义了流度比：

$$M=\frac{\lambda_{\mathrm{w}}}{\lambda_{\mathrm{o}}}=\frac{\dfrac{k_{\mathrm{w}}}{\mu_{\mathrm{w}}}}{\dfrac{k_{\mathrm{o}}}{\lambda_{\mathrm{o}}}}=\frac{k_{\mathrm{w}}}{k_{\mathrm{o}}}\times\frac{\mu_{\mathrm{o}}}{\mu_{\mathrm{w}}} \tag{7-1}$$

式中，λ_{w}为水的流度，$\lambda_{\mathrm{w}}=k_{\mathrm{w}}/\mu_{\mathrm{w}}$；$\lambda_{\mathrm{o}}$为油的流度，$\lambda_{\mathrm{o}}=k_{\mathrm{o}}/\mu_{\mathrm{o}}$。

$M\leqslant 1$ 时，表明油的流动能力比水强，水驱油的效果好，接近于活塞式驱替；如果 $M>1$，则水的流动能力比油强，更容易流动的水将呈手指状通过油层（指进现象），而将大部分原油留在油层内。因此，即使在均质油层条件下，如果流度比不适当，波及系数也可能是很低的。聚合物的加入可以提高水相的黏度μ_{w}，同时降低 k_{w}，使流度比 M 降低，因而可以提高驱替液的波及效率。

由于油藏的非均质性，聚合物溶液优先流到油藏高渗透部位。聚合物溶液在流动过程中，一方面表现出驱替液黏度升高，另一方面造成流过部分渗透率降低，这种综合作用首先增加了驱替液在油藏高渗透部位的流动阻力，提高了波及效率。阻力系数 R_{f} 定义为：

$$R_f = \frac{\lambda_w}{\lambda_p} = \frac{\dfrac{K_w}{\mu_w}}{\dfrac{K_p}{\mu_p}} \tag{7-2}$$

式中，R_f为阻力系数；λ_w为水的流度；λ_p为聚合物的流度；K_w为水的渗透率；K_p为聚合物的渗透率；μ_w为水的黏度；μ_p为聚合物的视黏度。

上式表明，阻力系数为水的流度与聚合物溶液的流度之比。

残余阻力系数的定义则为聚合物溶液注入前后水流度之比，也可以表示为注入聚合物前后盐水的渗透率之比，即：

$$R_{rf}=K_{wi}/K_{wa} \tag{7-3}$$

式中，R_{rf}为残余阻力系数；K_{wi}为注入聚合物前盐水的渗透率；K_{wa}为注入聚合物后盐水的渗透率。

显然，残余阻力系数通常表现为水渗透率减小，文献中常将其称为"渗透率下降"。聚丙烯酰胺的残余阻力系数常常比其黏度大，这表明聚丙烯酰胺增加了溶液黏度并减小了水的有效渗透率，因而减小了水的流度。产生的渗透率下降在盐水驱替聚合物段塞后仍部分地保留着。

受岩层孔隙、地层温度、地下水矿化度的影响，在油田上应用的增稠剂一般需要具备剪切稳定性、热稳定性、耐盐性和抗生物降解能力，聚丙烯酰胺的水溶液经过剪切其黏度部分下降，但是不妨碍它作为增稠剂。使用温度上，在70℃以下聚丙烯酰胺水溶液有较好的热稳定性和抗生物降解能力。但是它的耐盐性较差，特别是地层水中有高价阳离子存在时，可能出现沉淀而降低其增稠能力。因此，聚丙烯酰胺适用于油层水中含盐度较低、埋藏深度不太大（油藏温度不高）的油藏。

具有抗盐耐温单体（磺酸基等）、支链结构或体型结构的聚丙烯酰胺衍生物，其耐温耐盐性能得到提升，拓宽了聚丙烯酰胺作为驱油剂的应用范围。

为了提高驱油剂的注入性，减少运移过程对地层渗透率的破坏，要求聚丙烯酰胺具有良好的水溶性和较小的过滤因子。研究表明，以复合引发体系（氧化-还原+偶氮化物）引发聚合的PAM的过滤因子最低；聚合温度小于60℃时，聚合温度对过滤因子基本无影响，大于60℃时，过滤因子随聚合温度升高而增大；均匀水解较嵌段式水解拥有更低的过滤因子；避免聚合、水解与干燥工艺过程中的爆聚、酰亚胺化交联和支链化，是获得较低过滤因子的重要影响因素。

为了满足生产、储运和应用的安全环保要求，还应尽量消除未参与聚合反应的丙烯酰胺残余单体含量或控制在标准范围以内。

聚合物溶液配制过程为：聚合物干粉→配比→分散→熟化→传输→过滤→储存（图7-4）。

①配比　就是在水和聚合物分散混合之前，对水和聚合物分别进行计量，按一定比例进入"分散"工序。

②分散　就是将聚合物在水中溶解转变为溶液的过程。聚合物属高分子物质，其溶解

与低分子物质的溶解不同。首先聚合物分子与水分子的尺寸相差悬殊，两者的运动速度也相差很大，水分子能比较快地渗入聚合物分子，而聚合物向水中扩散却非常缓慢。这样，聚合物溶解过程需要经历两个阶段。首先是水分子渗入聚合物内部，使聚合物体积膨胀，这称为“溶胀”；然后才是聚合物分子均匀分散在水分子中，形成完全溶解的分子分散体系，即溶解。

③熟化　经分散装置配成的聚合物母液进入熟化罐，该工序可以使聚合物溶液进一步均质化，可作为配液缓冲罐，也可用于非离子聚丙烯酰胺的现场水解。

④传输　即利用螺杆泵为聚合物溶液的过滤和输送提供动力，由熟化罐或由储罐进入注入站。采用螺杆泵主要是为了减少聚合物溶液的机械降解。

⑤过滤　是为了除去聚合物溶液中的机械杂质和没有充分溶解的结块和“鱼眼”。

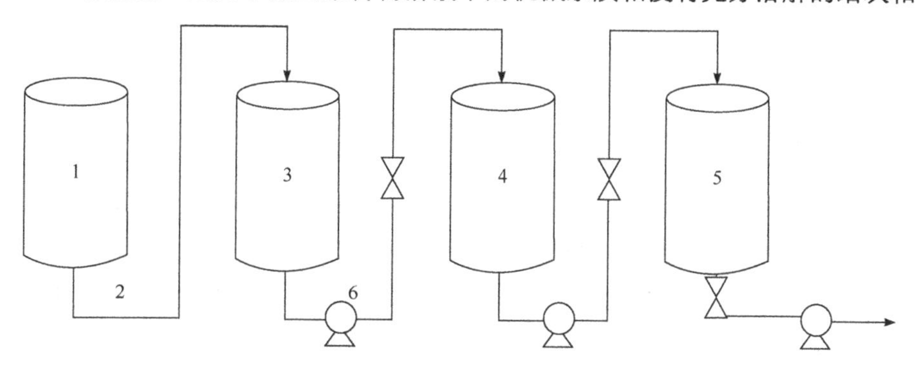

1—聚合物储罐;2—螺旋输送器;3—溶解罐;4—熟化罐;5—储罐;6—输送泵

图 7-4　典型的聚合物溶解配制工艺流程

为了延长油气田稳产期，大庆、胜利、渤海、长庆、克拉玛依等油田大力实施技术改造，采用聚合物驱或三元复合驱等技术。

7.2.2　作堵水调剖剂

在油田生产过程中，由于地层的非均质性，常产生水浸问题，需要进行堵水。其实质是改变水在地层中的渗流状态，以达到减少油田产水、保持地层能量、提高油田最终采收率的目的。

聚丙烯酰胺类化学堵水剂具有对油和水的渗透能力的选择性，对油的渗透性降低最高可超过 10%，而对水的渗透性减少可超过 90%。选择性堵水这一特点是其他堵水剂所不具备的。

吸附的聚合物分子在孔壁上形成一个几乎不穿透的层，这样就有效地限制了水流（湿相），而孔隙通道的中心对油气流动（非湿相）保持畅通。该方法的效果直接与吸附层的厚度有关（与孔隙大小相比）。通常按地层类型选择合适的聚丙烯酰胺分子量。均质性好、平均渗透率高的储层，可选用中分子量（500 万～700 万）的聚丙烯酰胺；基岩渗透率低的裂缝性储层或渗透率变化大的储层，可选用高分子量（1000 万）的聚丙烯酰胺。对于高渗透率油藏或裂缝性油藏，水流通道比高分子的大小大一个数量级，因此使得该方法几乎无效。为处理这类情况，通常采用与铝盐、铬盐、锆盐等交联的办法，在孔隙通道建立聚合物网络。尽管这样处理能够堵水，但也有失去选择性的风险。采用聚丙烯酰胺还可调整地层内吸水剖面及封堵大孔道，实践中已取得良好效果。

由于油层的非均质性，高渗透部位已被强水洗，不仅注入水无效循环，甚至注入的聚合物溶液也沿大孔道窜流，使许多采油井过早采出大量聚合物溶液，不但降低了聚合物的波及体积，造成昂贵的聚合物浪费，影响总体经济效益，而且造成一系列非常严重的问题，如原油脱水困难、举升设备损坏等。大量室内研究和现场试验证明，聚合物驱油的主要机理是扩大宏观波及体积，而恰恰在这一点上，设计合理的深度调剖有异曲同工之妙。大庆油田、胜利油田等大量现场试验证明，聚合物驱对渗透率太高、非均质严重的油藏扩大波及体积和提高采收率的作用有限，甚至会像水驱一样发生窜流，难以达到预期的效果。在充分总结经验的基础上，大庆油田、胜利油田等聚合物驱的主力油田在注聚合物前和注聚合物过程中对低压井采取深度调剖以减少窜流，改善聚合物驱效果。

7.2.3 作钻井液调整剂

在钻井和钻井液的使用维护过程中，经常使用到部分水解聚丙烯酰胺、阳离子聚丙烯酰胺和两性离子聚丙烯酰胺作为钻井液调整剂，用于改善和稳定钻井液性能。

①作降黏剂：以降低体系的黏度和切力，使其具有适宜的流变性。两性离子降黏剂还具有一定的抑制页岩水化的作用，这是因为分子链中的有机阳离子基团吸附于黏土表面之后，可中和黏土表面的一部分负电荷，削弱了黏土的水化作用。

②作降失水剂：通过在井壁上形成低渗透率、柔韧、薄而致密的滤饼，尽可能降低钻井液的滤失量。因为钻井液的滤液侵入地层会引起泥页岩水化膨胀，严重时导致井壁不稳定和各种井下复杂情况，钻遇产层时还会造成油气层损害。

③作增黏剂：保证井眼清洁和安全钻进，钻井液的黏度和切力必须保持在一个合适的范围。高分子聚合物其分子链很长，在分子链之间容易形成网状结构，因此能显著地提高钻井液的黏度。增黏剂除了起增黏作用外，还往往兼作页岩抑制剂（包被剂）、降滤失剂及流型改进剂。因此，使用增黏剂既有利于改善钻井液的流变性，还有利于井壁稳定。同时，PAM 水溶液还具有良好的润滑减阻性能。PAM 分子吸附在黏粒、钻杆、井壁的表面形成一层具有一定润滑性的薄膜，有利于降低摩阻，防止发生黏附卡钻，提高钻井效率。

④作页岩抑制剂：阳离子聚合物抑制剂可用于钻井液、完井液以稳定泥页岩，具有独特的抑制性和防塌效果。这是因为有机阳离子聚合物吸附能力特别强，通过静电作用牢固吸附在黏粒表面，可以永久性的稳定黏土和微粒。阳离子聚合物的长链可以渗入微裂缝中，形成高分子吸附膜，起到保护作用和包被作用。同时，阳离子聚合物的性能基本不受酸碱性（pH 值）的影响，其抑制性不受盐、钙等侵污的影响。

⑤作包被剂和选择性絮凝剂：高聚物分子链上的吸附基团（$—CONH_2$）的氢与黏粒表面上的氧产生氢键吸附，由于其分子链很长，可以同时吸附几个黏粒在其间架桥（多点吸附），而呈团块状絮凝物，使钻井液中的钻屑或劣质土处于不分散的絮凝状态，以便使用机械设备将其清除，较好地解决了分散型钻井液体系所存在的钻屑分散和积累的问题。水

解度是影响絮凝性能的重要参数。水解度增大，分子链伸展，在钻井液中的桥联作用增强，因而对劣质土的絮凝作用增强。但水解度过大时，由于在黏土颗粒上的吸附作用减弱，对劣质土的絮凝作用反而降低。

7.2.4　作压裂液添加剂

地层渗透性是影响油气资源采出产量的主要因素，在低渗透层中，由于渗透性差，不足以使油气井按经济产率进行自然生产，故必须进行增产处理。在低渗透地层中，很容易产生一条导流能力数倍于地层的裂缝。对于低渗油气藏，压裂的设计要素是裂缝长度。高渗透地层的压裂则完全不同，产量通常受井眼的影响（限制），表现为表皮损害和流体接近井筒阻力的增加。高渗地层中压裂设计要求缝长短，但要具备高导流能力，这通常意味着要使裂缝宽度最大化。

水力压裂是将特殊的液体挤入地层内。当流量增加时，在井底和原始地层之间的压差也随之增加。本质上讲，压力和应力是相同的，因此当压裂液流动产生压差时，还会在地层中产生应力。而且，流量（或流速）增大时，应力会相应增加。如果我们能够使流量持续增加，则应力将不断增大直至超过地层所能承受的最大应力，使岩石被劈开产生破裂。谨记：正是压力而非流量形成了裂缝（尽管我们经常利用流量产生破裂压力）。

此时如果关停压裂泵或将压力放空，裂缝会重新闭合。最终，根据岩石硬度以及使裂缝闭合的作用力的大小，好像岩石未被压开一样。压开后闭合的裂缝本身不会对增加产量有任何贡献(尽管在特定的条件下，产能可以暂时提高，但通常这种短暂的提高并不可靠)。因此，在压裂的同时需要向裂缝中加入一些支撑物或支撑剂，利用支撑剂的强度抵抗裂缝的闭合压力，使裂缝保持张开。如果支撑剂具备较好的孔隙度和渗透性，在适当的条件下，则可构建一条自储层到井筒的导流性较好的流动通道。

对于水力压裂作业液体的选择，是基于各种性能标准的。这些标准影响了压裂设计、施工和作业成本，甚至于影响井的最终产量。压裂液的流变性能是其中决定性部分，这是因为这一特性直接影响了所考虑到的几乎所有性能指标（如裂缝中常见的压降、裂缝中支撑剂沉降速度以及在泵注沿途的压力降等）。流变性能可以直接用来计算在井筒、孔眼和裂缝中的摩阻压降。由于工程上认为摩阻压降可以用稳态近似值描述，因此，一般的压裂液流变特征是用稳定剪切速率黏度计测得的，普遍使用的有六速旋转黏度计，精密测试采用旋转流变仪。

实验室系列试验的最终目标就是提供稳态流动特征，这一特征是由剪切应力对剪切速率的曲线构成的，甚至是由一个可以提供相同信息的简单流变模型的参数来表征。

一般而言，稳态流变模型见式（7-4）。

$$\tau=f(\gamma) \tag{7-4}$$

式中，剪切速率γ是测量值，s^{-1}；τ是测量的剪切应力，Pa（或 lbf/ft^2）。剪切速率描述的是流动强度，也就是说，描述不同区域内的流速的变化。剪切应力则是在流动期间显示出与内摩擦力相关，正是内摩擦力最终导致了摩阻压降。我们如果在相同的几何尺寸中和剪切速率下比较两种液体，剪切速率分布基本是一致的，但是更黏稠的液体外围的剪切应力要大一些。式（7-4）的两边分别除以γ，得到式（7-5）。

$$\frac{\tau}{\gamma}=\frac{f(\gamma)}{\gamma}=\mu_a \tag{7-5}$$

式中，μ_a是表观黏度。许多液体的γ与τ表现出简单的线性关系，这种液体被称为牛顿流体，并且可以用含有恒定黏度的最简单的本构方程进行描述：

$$\tau=\mu\gamma$$

聚合物溶液生成内部结构的各种机理增加了流动阻力，但是，在较大剪切速率下，越来越多的这种附加结构被破坏。这就是为什么压裂液是典型的剪切变稀的液体。最简单的用于描述这种流动行为的模型之一就是幂指数模型：

$$\tau=K(\gamma)^n \tag{7-6}$$

式中，n是流动行为指数，无量纲；K是稠度指数。式（7-4）是广义的幂指数模型，与使用n和K优化值的其他方程有区别。优化的常数是在特定几何形状下获得的，在管路里和裂缝中是不同的。

对于剪切变稀液体，流动行为指数介于0～1之间，当n=1时，模型称为牛顿流体。另一个模型是屈服应力模型，或者是一个H-B模型：

$$\tau=\tau_y+K(\gamma)^n \tag{7-7}$$

这一方程描述了为了使液体流动需要一个额外的最小应力，因此包含一个额外的参数τ_y。屈服应力模型相当常见。它可以简化为幂指数模型（当τ_y=0时），或者简化为宾汉塑性模型，n=1且τ_y>0时，此时一般使用塑性黏度μ_p代替K，或者简化为牛顿流体（n=1且τ_y=0时）。可惜的是，宾汉模型致使流动方程的解极为困难。再者，实际的压裂液流动更符合另一个三参数模型——Ellis模型：

$$\tau=\mu_0\gamma-\frac{(\mu_0\gamma)^2}{k(\gamma)^n+\mu_0\gamma} \tag{7-8}$$

式中，μ_0是零剪切黏度。但是，实际的流动行为甚至更为复杂，对于大多数工程计算，幂指数区间是最重要的，可以通过增加参数进行更精细的描述。通常提供一对参数（n'和K'）作为温度和时间的函数（从剪切开始的时间）。

压裂液作为压裂技术的重要组成部分，分为水基、油基、乳状、泡沫、醇基和酸基压裂液六种基本类型，液体性能要求如下：

①足够的黏度以压开裂缝并且输送（携带）支撑剂。

②与地层配伍，以减少地层伤害（低残渣）。

③在完成支撑剂铺置并获得最大裂缝导流能力后，液体黏度必须降低（破胶返排）。

④快速溶解，使用便利，材料来源广、成本低。

聚合物压裂液中常用到植物胶，主要包括胍胶、田菁胶、香豆胶和魔芋胶。胍胶最早是由美国在20世纪60年代开发应用，50多年来国内外学者对胍胶开展了广泛深入的研究，开发了多种适合胍胶液的金属粒子交联剂。胍胶压裂液一直在提高油气井采收率方面发挥着重要作用。

胍胶是一种半乳甘露聚糖，大分子呈线型结构，具有良好的水溶性和 pH 稳定性。采用醚化的方法向胍胶大分子引入水溶性基团，可获得多种改性衍生物品种，如羟丙基胍胶、羟甲基胍胶、羟丁基胍胶、羧甲基羟丙基胍胶、阳离子胍胶等。但是，植物胶（胍胶）及其改性产品压裂液稠化剂，存在很多问题没有解决，主要表现在：

①防腐稳定性差。细菌很容易繁殖导致压裂液基液变质（特别是在高温地区、远距离运送压裂液），影响压裂液施工的组织，导致重大经济损失。必须添加杀菌剂以保持短时间内的相对稳定，增加了施工的复杂性和液体成本。

②摩阻难以控制。植物胶压裂液采用交联技术来提高压裂液的携砂能力，而交联速度受多种因素的影响，压裂液冻胶的摩阻难以控制或控制程度有限。目前深部油气藏、火成岩油气藏井况条件和施工设备的局限性已严重阻碍了压裂施工，摩阻问题成为相当严重的问题之一。

③剪切稳定性差。半乳甘露聚糖空间网络结构为动力学不稳定体系和热力学不稳定体系。无论其组成或黏度如何，所有压裂凝胶在剪切和加热下都将变稀，只能在短时间内保持相对稳定。

④地层伤害严重。首先，聚合物残渣给地层渗透率带来严重的伤害，只有 30%～40% 可排出，大部分滞留在地层中，特别是支撑裂缝，导流能力大幅下降，甚至成为无效裂缝，严重影响施工效果。然后是交联剂引起的伤害（过渡金属离子结垢）。最后是生物损害（110℃以下地层由于细菌繁殖传播，造成腐蚀、储层流体酸化、结垢、黏性多聚糖生物软泥等，降低渗透率）。这些问题已严重阻碍植物胶水力压裂工艺技术的推广和发展。而聚丙烯酰胺及其衍生物由于具有快速水化、低残渣、低摩阻、耐温抗盐、无腐蚀变质、易破胶返排、低成本等优势，逐渐成为聚合物水力压裂添加剂的优选。

聚丙烯酰胺作为压裂液体系添加剂，发挥以下作用。

①作稠化剂：聚丙烯酰胺干粉或乳液能够提高压裂液体系的黏度，改善其流变性，减少压裂液滤失，将支撑剂携带到压裂产生的裂缝里，并保证由于压裂液的注入造成的储层渗透率伤害最低。对于确定的压裂液体系，携带支撑剂的能力是其流变性能的函数。质量控制的目标是这些压裂液流变性能的应用和压裂施工后减小流变性的能力。

聚丙烯酰胺与交联剂作用可以大幅提高体系黏度，增强其耐温耐剪切能力，降低聚合物使用量。常见的交联剂有硼交联剂、金属离子交联剂、表面活性交联剂等，通过调节特定的 pH 值和温度，还可达到延迟交联的效果，降低井口注入压力。

为保证体系 pH 值稳定，防止聚合物的生物降解，在压裂液中往往需要使用缓冲剂和杀菌剂。完成造缝和支撑剂铺置后，压裂液经破胶剂作用，黏度降低，随返排液排出。

低渗高温地层要求聚丙烯酰胺需要具有良好的耐温耐剪切能力。为满足“连续混配”大排量压裂施工的要求，聚合物必须具有快速溶解的特点，可采用降低聚丙烯酰胺干粉粒径的方法来增强其水化能力。对于高盐油气藏，出于成本和环保考虑，常采用现场污水（采出水、返排水）复配工艺，还要求聚合物具有良好的抗盐性。为便于现场配制，减省配液工序，一体化自交联聚丙烯酰胺乳液受到市场的极大欢迎。

耐温耐剪切能力（流变性能）通过模拟压裂施工条件，设定工作液泵入目标地层所需的时间、地层温度、剪切应力等参数，可使用流变仪测定。图 7-5 为聚丙烯酰胺稠化剂耐

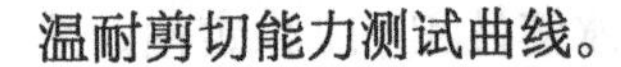

温耐剪切能力测试曲线。

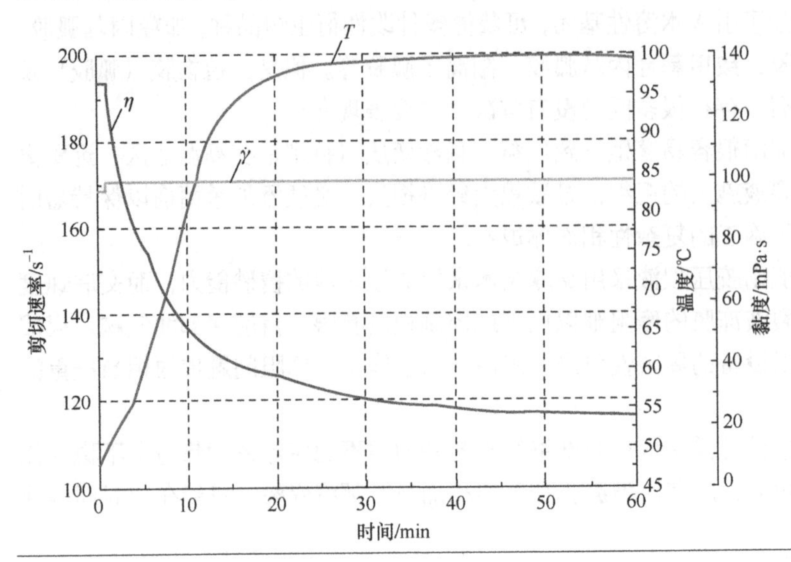

图 7-5 聚丙烯酰胺稠化剂耐温耐剪切能力测试曲线

②作减阻剂（降阻剂）：部分水解聚丙烯酰胺是最常用的水溶性减阻剂。除干粉外，聚丙烯酰胺乳液具有配液简单、水化速度快、利于连续施工等优势，使用得到推广。无论对加有润湿反转剂还是额外的润湿反转剂的情况，将乳化和水解的聚合物反转，形成黏滞性的液体，起到降阻作用。机理为：依靠本身特有的黏弹性，分子长链顺流向自然拉伸呈流状，其微元直接影响流体的运动。通过改变流动状态，降低流体分子内摩擦，从宏观上降低压裂液管路输送的阻力和压力传递损失，增大同功率下的压裂液的注入排量，提高压裂效果。

添加减阻剂的水溶液（活性水）压裂也最早见之于 20 世纪 50 年代末，最近又有流行趋势，特别是在页岩地层的压裂中。无伤害的黏弹性表面活性剂也可用于减阻，在高湍流区域，还可在体系中加入低分子量聚环氧乙烷以降低湍流摩阻。不过，具有较低成本的聚丙烯酰胺仍占有优势。大多数聚丙烯酰胺可通过调整配液浓度来实现稠化剂和减阻剂功能的转换。

降阻率通过模拟压裂施工条件，设定工作液流经的管路直径、流量、起效时间、测试温度等参数，可使用管路摩阻仪测定。图 7-6 为聚丙烯酰胺减阻剂减阻率测试曲线。

③作转向剂：通过溶胀聚集（聚合物微球）、凝胶或暂堵球等形式，暂时封堵高渗透层，减少压裂液的滤失，控制压力传播方向，提高分段压裂和多簇压裂效果。

暂堵压裂技术包括缝口暂堵和缝内暂堵。缝口暂堵是较大暂堵剂颗粒在流体介质的携带下，按照流体向阻力最小方向流动的原则，暂堵剂流向并封堵已得到改造的储层的射孔孔眼，或在缝口处形成桥堵，迫使压裂液转向其他未得到改造或改造不充分的储层，提高改造体积。缝内暂堵是在压裂施工过程中加入较小粒径的暂堵剂，随液体进入储层内的主裂缝或高渗带，产生滤饼桥堵，憋高缝内净压力，形成高于储层破裂压力的压差值，从而实现新裂缝产生和裂缝转向，形成更多分支缝、沟通更多微裂缝，有效形成更加复杂的裂缝网络。

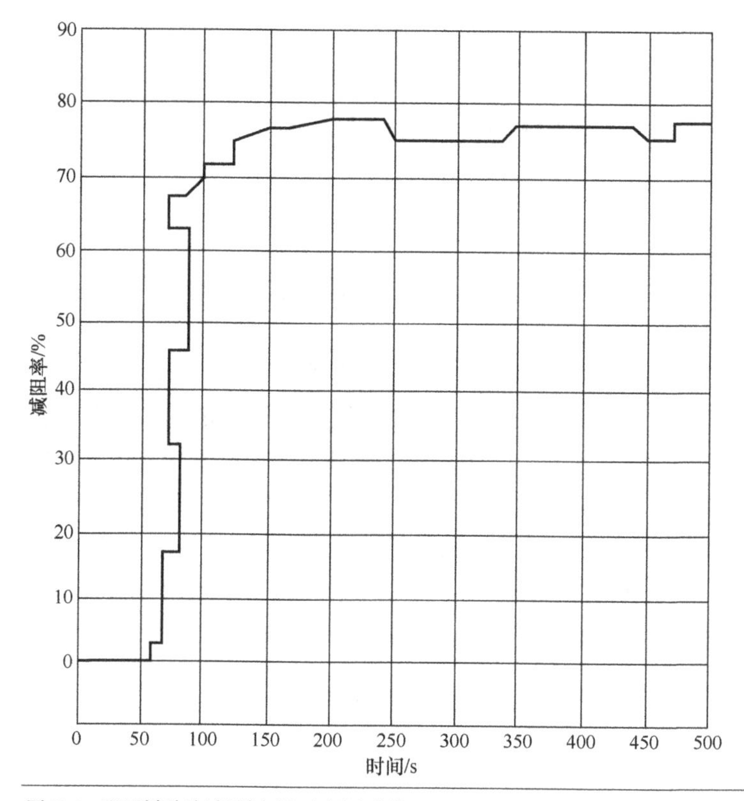

图 7-6 聚丙烯酰胺减阻剂减阻率测试曲线

7.2.5 作油田水处理剂

结垢是油田水处理最严重的问题之一，结垢可发生在采油过程用到水的各个部位，严重时会导致油井报废。影响油田水结垢的一个重要因素是油田水的成分和浓度。水垢的类型主要有碳酸钙、硫酸钙、硫酸钡、硫酸锶、氢氧化亚铁等。水解聚丙烯酰胺是目前大量使用的防垢剂，利用聚合物分子中的羧酸根阴离子基团，与钙、镁、铁、钡等金属离子形成螯合剂，阻止了这些金属离子的沉降，可将换热器上的硬垢或极硬垢转变成软垢或极软垢，从而使垢层容易在水的洗刷下脱落。

油田开发过程中，产生大量污水，需要经过处理后，重新注入地下，循环使用。油田化工企业的废水、污水量大，固体悬浮物表面带有负电荷的悬浮颗粒，颗粒之间相互排斥，自然沉降困难，并且废水、污水中含有的有毒物质很难通过简单的方式过滤出来。采用聚合硫酸铝、硫酸铝钾、三氯化铁、氢氧化钙、碱式氯化铝等无机絮凝剂进行处理，加药量大，处理效果不明显。

采用聚丙烯酰胺去除油污水，可以实现较好的清除石油效果，而且用药量较少，与无机絮凝剂结合应用的去油效果良好。通常采用 PAC+PAM 无机絮凝剂和有机高分子絮凝剂进行复合使用，能够实现颗粒絮凝体的最大化和油滴的吸附聚集。阳离子聚丙烯酰胺絮凝剂分子链上的季铵基和含有废污水中的阴离子胶体颗粒发生电荷中和反应，实现快速絮体成块。AMPS 的均聚物以及与丙烯酸、丙烯腈、丙烯酰胺等形成的共聚物，可用作油田污水处理的絮凝剂、污泥脱水剂和防垢阻垢剂。

7.3 聚丙烯酰胺在氧化铝生产中的应用

7.3.1 氧化铝生产概述

国内外采用铝土矿或其他含铝原料生产氧化铝的主要方法是碱法，在碱法中最主要的是拜耳法。

拜耳法生产工艺是将悬浮在氢氧化钠水溶液中的铝土矿粉通过管道高温高压溶出其中的氧化铝成为铝酸钠进入水溶液中；溶出矿浆经沉降和叶滤制成铝酸钠的精制溶液；在分解工段，过饱和的铝酸钠精制溶液在加入氢氧化铝晶种的条件下，经程序降温铝酸钠分子分解成为氢氧化铝附着在氢氧化铝颗粒表面而使氢氧化铝晶种长大；长大的氢氧化铝颗粒经旋流分离，大颗粒经平盘过滤和水洗后，经焙烧制得成品氧化铝。细颗粒经旋流分离，经立盘过滤回到晶种槽进行下一个分解循环；经平盘和立盘过滤的分解母液经蒸发返回溶出工段溶出新一批的铝土矿。拜耳法的实质就是下列反应在不同的条件下的交替进行。

$$Al_2O_3 \cdot nH_2O+2NaOH(aq) \underset{种分}{\overset{溶出}{\rightleftharpoons}} 2NaAl(OH)_4(aq)\ (n=1\sim3)$$

拜耳法生产氧化铝生产流程简述如下。

（1）原矿浆制备

先将铝土矿破碎到符合要求的粒度，再与含有游离 NaOH 的循环母液按一定比例混合送入湿磨内进行细磨，制成合格的原矿浆，并在矿浆槽内预热和储存。

（2）高压溶出

原矿浆经预热后进压煮器组（或管道溶出器设备），在高温、高压、高碱下溶出。铝土矿内所含氧化铝溶解成铝酸钠进入溶液，氧化铁和氧化钛以及绝大部分的二氧化硅等杂质进入固相残渣即赤泥中。溶出所得矿浆称压煮矿浆，经自蒸发器减压降温后送入稀释槽（溶出后槽）。

（3）压煮矿浆的稀释及赤泥洗涤和分离

压煮矿浆含氧化铝浓度高，为了便于赤泥沉降分离和下一步晶种分解，首先加入赤泥洗液将压煮矿浆进行稀释（称稀释矿浆），然后利用沉降槽在絮凝剂的作用下进行赤泥与铝酸钠溶液的分离。分离后的赤泥在絮凝剂的作用下经过几次洗涤回收所含的附液，最后排到赤泥堆场。赤泥洗液用来稀释下一批压煮矿浆。

（4）晶种分解

分离后铝酸钠溶液（生产上称粗液）经过叶滤机过滤制得精制溶液，再经过板式热交换器冷却到一定温度，然后在添加晶种的条件下程序降温析出氢氧化铝。

（5）氢氧化铝的取得

分解后所得的氢氧化铝浆液经旋流器进行分级，细颗粒的 $Al(OH)_3$ 经滤盘过滤返回晶种槽作为晶种，粗颗粒 $Al(OH)_3$ 经过平盘过滤分离和洗涤，取得 $Al(OH)_3$ 送往焙烧工序进行焙烧制得氧化铝产品。

（6）氢氧化铝焙烧

$Al(OH)_3$ 粗颗粒含有部分附着水和结晶水，高温焙烧先脱附着水后脱结晶水，并进行一系列的晶相转变，制得含有一定 α-Al_2O_3 和γ-Al_2O_3 的商品氧化铝。

（7）母液蒸发和苏打苛化

预热后的分解母液经蒸发器浓缩后，得到符合要求浓度的循环母液，补加一部分苛性碱返回磨机进行配料，准备溶出下一批铝土矿。

氧化铝生产工艺流程见图 7-7，拜耳法氧化铝生产工艺流程简图见图 7-8。

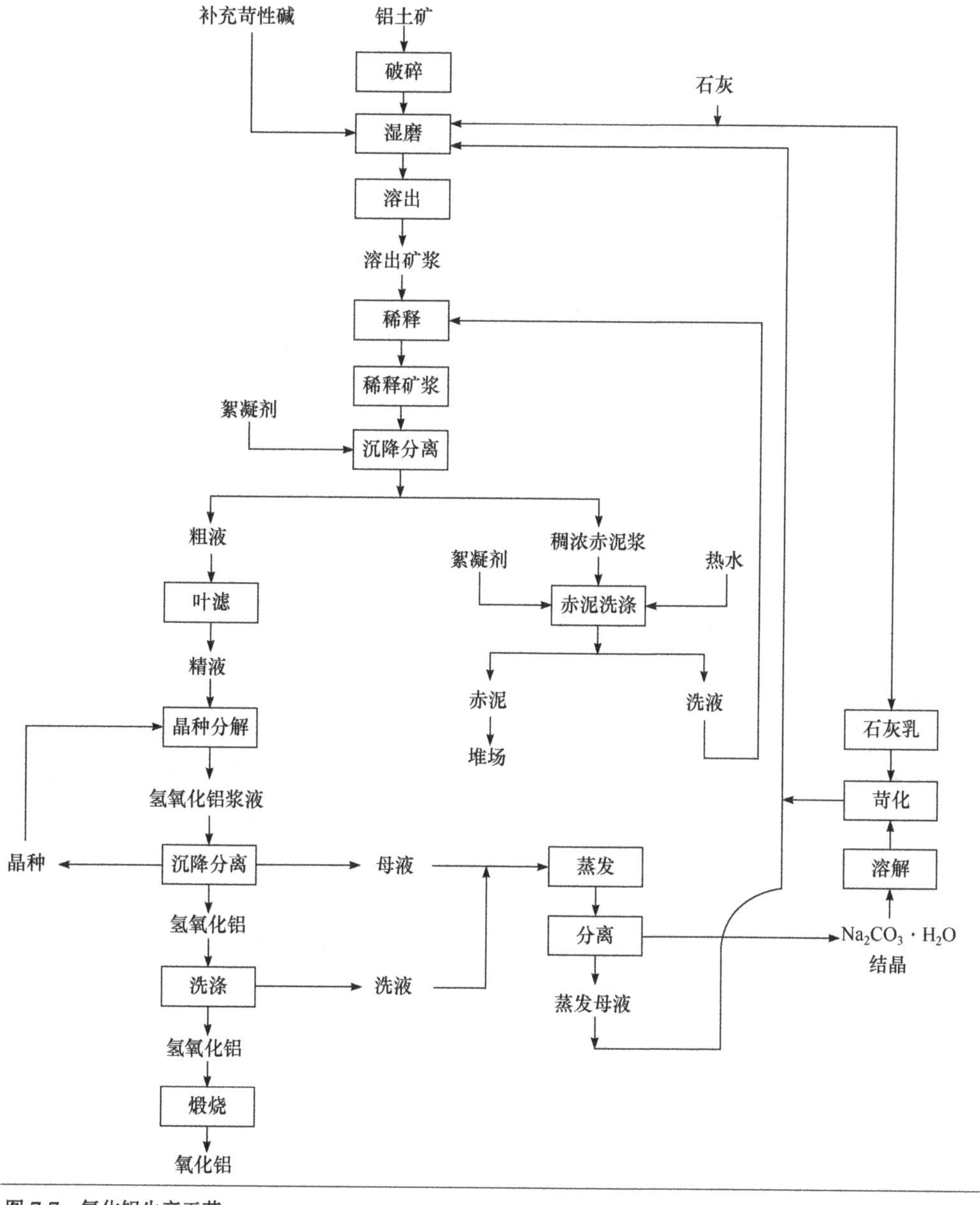

图 7-7　氧化铝生产工艺

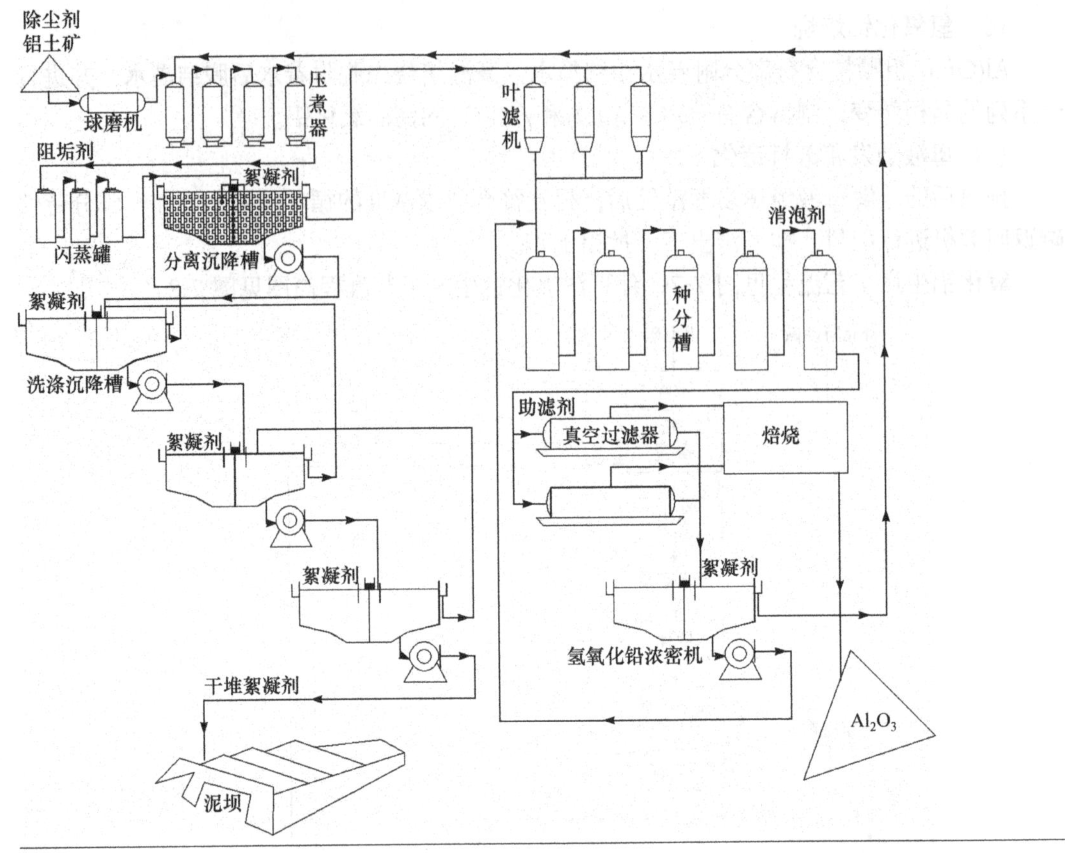

图 7-8 拜耳法氧化铝生产工艺流程

7.3.2 拜耳法赤泥浆液的物理化学性质

7.3.2.1 铝土矿的高压溶出

目前，用于生产冶金级氧化铝的铝土矿有三种，赤道以南的矿石主要有三水铝石 $Al_2O_3 \cdot 3H_2O$ 和一水软铝石 $Al_2O_3 \cdot H_2O$，我国除了在海南省有这两种矿外，分布在云南、贵州、广西、重庆、山西和河南等的矿石主要为一水硬铝石 $Al_2O_3 \cdot H_2O$。

铝土矿是一种复杂、化学成分变化很大的含铝矿物，主要化学成分为 Al_2O_3、SiO_2、Fe_2O_3、TiO_2，以及少量的 CaO、MgO、S、G、V、C、P 等。

不同的铝土矿，由于矿物的组成不同，化学成分不同，高压溶出的条件也不同，见表 7-1。

表 7-1 各矿石对比

矿物名称	化学式	晶系	相对密度	溶出温度/℃
三水铝石	$Al(OH)_3$	单斜	2.3～2.4	150
一水软铝石	AlOOH	斜方	3.01～3.06	230
一水硬铝石	AlOOH	斜方	3.3～3.5	285

7.3.2.2　拜耳法赤泥浆液的性质

赤泥浆液是赤泥与铝酸钠溶液组成的悬浮液，在不添加絮凝剂时，赤泥与高浓度铝酸钠溶液作用而强烈溶剂化，不能沉降。将溶液稀释后，溶液黏度与赤泥溶剂化程度降低，促进了粒子的聚结并加速了沉降。赤泥的沉降速度随溶液浓度的升高而降低，生产经验表明，当铝酸钠溶液中的 N_k（氢氧化钠）浓度大于 180g/L 时，赤泥的沉降性能将显著下降。

细磨后的铝土矿经高压溶出、稀释和分离洗涤后，赤泥粒度逐渐变细。粒度测定及结果表明，拜耳法赤泥具有很大的分散度，半数以上是小于 20μm 的细粒子，而且有一部分是接近于胶体的微粒。因此拜耳法赤泥浆液属于细粒子悬浮液，它与胶体分散体系具有许多相似的性质。某氧化铝厂赤泥粒度分布见表 7-2。

表 7-2　某氧化铝厂赤泥粒度分布表　　单位：μm

物料名称	粒度分布								
	D_{50}	≤5	≤10	≤20	≤30	≤45	≤74	≤100	≤149
赤泥	10.154	22.89	49.93	77.23	85.25	88.63	91.18	92.94	95.14

在这种悬浮液体系中，赤泥粒子为分散相，铝酸钠溶液为分散介质。赤泥粒子具有极易扩散的表面，它的表面显示出较大的剩余价力、分子力（范德华引力）以及氢键等作用力，可以或多或少地吸附分散介质中的水分子和 $Al(OH)_4^-$、OH^-及 Na^+，这种现象叫作溶剂化，它使赤泥粒子表面生成一层液膜。赤泥粒子选择吸附某种粒子之后，在它与溶液的相界面上便出现双电层结构。这样就使赤泥粒子带有电荷，具有一定的电动电位（ξ点位）。赤泥带正电还是带负电决定于它吸附的离子。赤泥粒子都带同名电荷，使它们之间发生互相排斥的作用。这些作用都阻碍赤泥粒子聚结成大的颗粒，使赤泥难以沉降和压缩。

赤泥浆液既然由赤泥和铝酸钠溶液所组成，它的性质自然受这两个组成部分的影响。实践证明，铝土矿的矿物组成和化学成分是影响赤泥浆液沉降、压缩性能的主要因素。

铝土矿中常见的一些矿物，如黄铁矿、胶黄铁矿、针铁矿、高岭石、蛋白石、金红石等矿物使赤泥沉降速度降低，而赤铁矿、菱铁矿、磁铁矿、水绿钒等则有利于沉降。因为在前一类矿物所生成的赤泥中往往吸附着较多的 $Al(OH)_4^-$、Na^+和结合水，而后一类矿物吸附的 $Al(OH)_4^-$、Na^+和结合水较少。矿石所含矿物经过溶出转化为赤泥后，其沉降、压缩性能与其吸附的 $Al(OH)_4^-$、Na^+和结合水数量之间存在着一定的关系。吸附越多，沉降越慢，压缩性能也越差。这就说明了赤泥的沉降、压缩性能与矿石的矿物组成有很大关系，因此不同地区由于矿石组成的不同，赤泥沉降、压缩性能表现出不同的水平，反映到絮凝剂上则表现出不同的赤泥单耗量，即一吨干赤泥所消耗的絮凝剂用量。

我国铝土矿的普遍特点是高铝、高硅、低铁（少部分例外），铝硅比多数在 4～7 之间，铝硅比在 10 以上的优质铝土矿较少。从矿石类型来说，绝大多数为一水硬铝石型，仅广西、海南和福建有一定数量的三水铝石型矿，但品位都比较低。广西、贵州和重庆还有相当数量的高硫铝土矿。国外进口矿主要是三水铝石型矿和一水软铝石型矿，针铁矿含量较多。在低温拜耳法生产工艺中，针铁矿（包括水针铁矿）在高压溶出时完全脱水，生成高度分散的氧化铁，而在赤泥浆液稀释及沉降过程中又重新水化，变成几乎是胶态的亲水性很强的氢氧化铁，使赤泥沉降、压缩性能恶化，因此进口矿的赤泥沉降较国产矿难以处理，絮凝剂耗量也较多。广西平果铝土矿含有较多的针铁矿，但由于铝矿石主要是一水硬铝石型铝土矿，溶出温度和碱浓度较高，在石灰添加量较多的条件下，其中的针铁矿在溶出时能够比较完全地转变为憎水的赤铁矿，因此其高压溶出赤泥仍具有良好的沉降性能。

7.3.3 絮凝剂在氧化铝生产中的应用

7.3.3.1 絮凝剂在氧化铝生产赤泥沉降工段的作用

(1) 赤泥沉降工艺流程与装备

赤泥沉降分离和洗涤流程如图 7-9 所示。

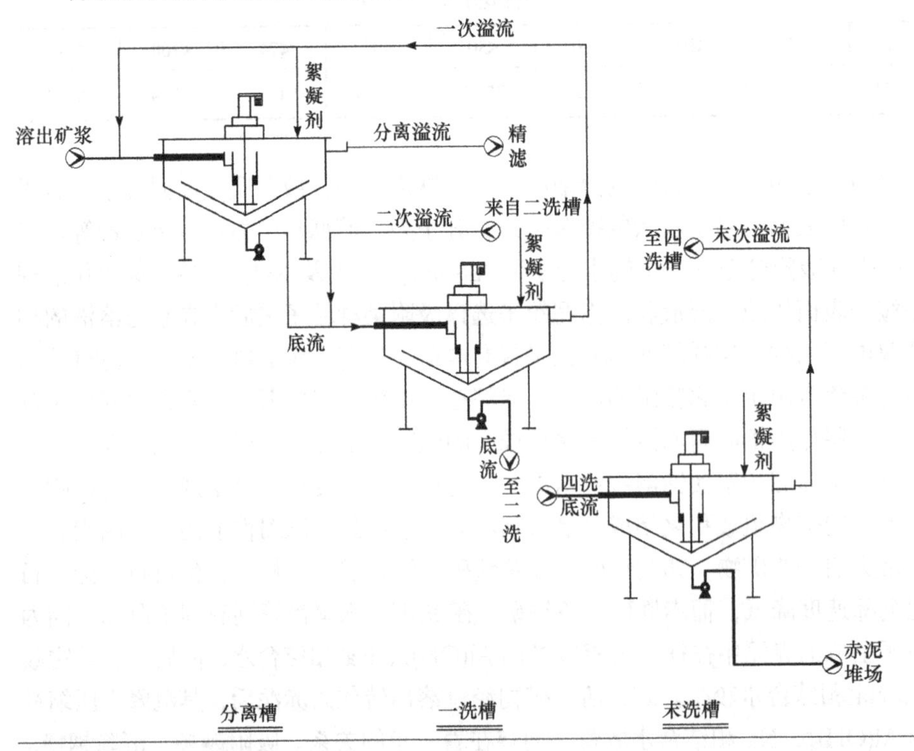

图 7-9 赤泥沉降分离和洗涤流程

此流程主要包括以下三个步骤，第二步和第三步均在添加选定的絮凝剂的条件下完成：

①压煮矿浆的稀释。高压溶出后的压煮矿浆，用一次赤泥洗液稀释，以便于赤泥沉降分离，并且可满足种子分解对铝酸钠精制溶液浓度和纯度（SiO_2杂质含量）的要求。

②赤泥的沉降分离。稀释后的压煮矿浆送入分离沉降槽进行液固分离。沉降槽溢流（粗液）中的浮游物含量应控制在 0.2～0.5g/L，以减轻下一步叶滤机的负担。

③赤泥反向（逆流）洗涤。分离底流含有一定附液（铝酸钠溶液）的赤泥再经过 3～6 个沉降槽进行了 3～6 次反向洗涤。回收附液中的氧化铝和氧化钠。

（2）分离沉降槽及技术操作

沉降槽技术操作：沉降槽技术操作的任务，除了维护设备正常运转外，主要是使沉降槽处于正常状态下工作，以获得浮游物含量低（溢流浮游物含量不大于 0.2g/L），高产量溢流和液固比合格的底流（底流液固比不大于 2.0），而且必须保证沉降处于平衡状态下工作，因为沉降槽的平衡状态一旦遭到破坏，溢流必然跑浑（细粒赤泥沉降不下来，随溢流带走），影响正常生产。

技术条件：a. 稀释 N_k 浓度 155～160g/L；b. 絮凝剂添加量 0.001～0.005g/L；c. 底流液固比（L/S）为 1.0～2.0；d. 分离进料温度为 100～105℃；e. 沉降槽清液层的高度不低于 3m；f. 粗液浮游物小于 0.2g/L。

分离沉降槽工作原理如图 7-10 所示。

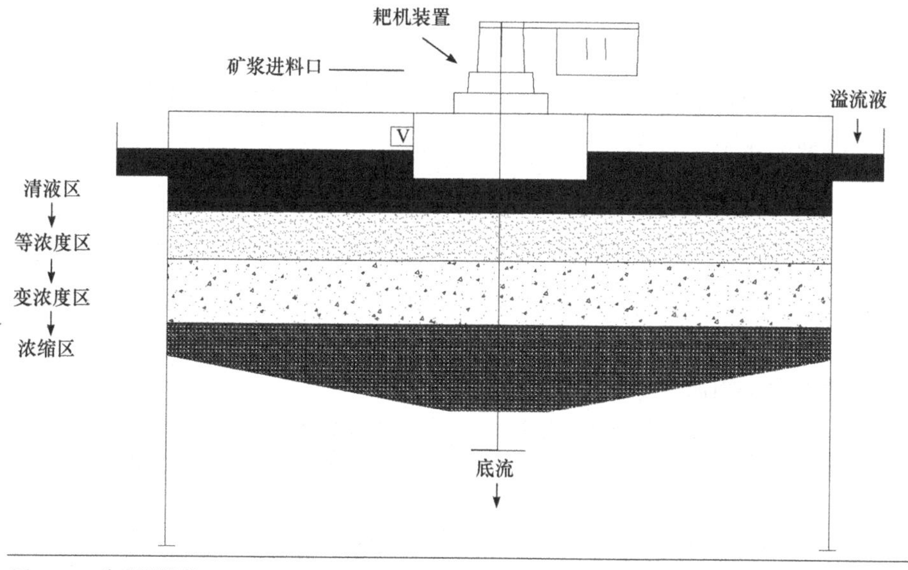

图 7-10　分离沉降槽

连续工作的沉降槽，沿槽高度可以大致上分三个区：清液区、沉降区、浓缩区，这三区的分界线实际上是不明显的。这三个区的大小，既决定于矿浆的性质，也决定于絮凝剂效果的优劣。

7.3.3.2　赤泥沉降与分离用絮凝剂的种类与应用技术

（1）赤泥沉降的机理

在赤泥沉降分离和洗涤中必须添加絮凝剂才能实现赤泥的有效沉降分离。絮凝剂的主要作用：①首先是絮凝剂所带负电荷如—COO^-与赤泥颗粒所带正电荷 Ca^{2+}、Fe^{3+}等进行电荷中和，使赤泥颗粒表面水化膜的双电层压缩或破坏，使得赤泥颗粒失稳，见图 7-11。②失稳后细微胶体颗粒，由于—COO^-吸附和结构上的空间效应的影响，再通过彼此架桥吸附在一起，使得小絮团结成大絮团而迅速沉降。

（2）用于赤泥沉降与洗涤的絮凝剂的种类

目前广泛应用在氧化铝生产赤泥沉降的絮凝剂有干粉与乳液两种形态。

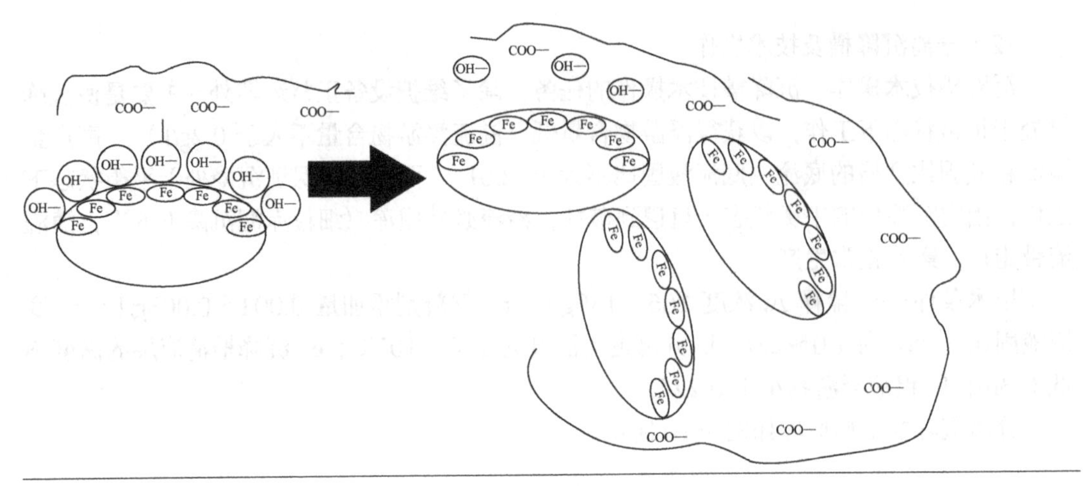

图 7-11　电中和失稳

①干粉絮凝剂产品的为强阴离子型　在强阴离子型中，作为带负电的羧基官能团有铵盐、钠盐，阴离子度根据赤泥在60%～95%以内可调节。

$$\left[CH_2-\underset{\displaystyle CONH_2}{\underset{|}{CH}}\right]_m\left[CH_2-\underset{\displaystyle COONa}{\underset{|}{CH}}\right]_n$$

干粉絮凝剂在赤泥沉降中主要用于对赤泥的反相水洗工艺中，在生产实践中选择铵盐还是钠盐需要针对不同的矿浆性质现场小试试验确定。

②乳液絮凝剂产品为强阴离子型

a. 用于进口矿三水铝石生产氧化铝的赤泥分离　含异羟肟酸基团的聚丙烯酰胺类产品，其分子结构如下：

$$\left[CH_2-\underset{\displaystyle CONHONa}{\underset{|}{CH}}\right]_x\left[CH_2-\underset{\displaystyle COONa}{\underset{|}{CH}}\right]_y\left[CH_2-\underset{\displaystyle CONH_2}{\underset{|}{CH}}\right]_z$$

(HPAM)

在一个絮凝剂的分子链上同时引入氧肟酸基团、羧基团和酰胺基团的絮凝剂产品主要用于采用从印度尼西亚、斐济、澳大利亚、几内亚等国家进口的三水铝石生产氧化铝的赤泥分离工艺过程中。

原因是三水铝石中含有20%以上的针铁矿，在高压溶出时，针铁矿溶出的二价和三价铁离子在强碱环境下形成的氢氧化物附着在赤泥颗粒表面上阻止了赤泥的沉降。在絮凝剂分子链上引入异羟肟酸基团后，可以有效地隐蔽铁离子，实现赤泥的有效沉降。

b. 用于国产矿一水硬铝石生产氧化铝的赤泥分离

含羧酸基团的聚丙烯酸铵类或引入少许酰氨基的聚丙烯酸铵类产品，其分子结构如下：

$$\left[CH_2-\underset{\displaystyle \underset{\displaystyle ONH_4}{\underset{|}{C=O}}}{\underset{|}{CH}}\right]_m \qquad \left[CH_2-\underset{\displaystyle \underset{\displaystyle NH_2}{\underset{|}{C=O}}}{\underset{|}{CH}}\right]_n\left[CH_2-\underset{\displaystyle \underset{\displaystyle ONH_4}{\underset{|}{C=O}}}{\underset{|}{CH}}\right]_m$$

在我国的铝土矿分布中，以河南省和山西南部的矿石生产氧化铝时用纯聚丙烯酸铵絮凝剂分离赤泥。以山西中北部和云南、贵州、四川和广西等地铝土矿生产氧化铝时，在聚丙烯酸铵聚合物分子上引入少量的酰胺基团，可以有效地捕捉上清液中的细粒子，可有效地分离赤泥并降低铝酸钠粗液中的浮游物含量。酰胺基团含量大小由小试试验确定。

(3) 絮凝剂对赤泥沉降分离与洗涤沉降分离的影响因素

①絮凝剂分子量对赤泥沉降效果的影响　在赤泥的沉降分离和洗涤分离过程中，赤泥的沉降速度、赤泥的压缩性能和铝酸钠溶液澄清度三项指标都十分重要。研究和生产实践表明，絮凝剂的分子量越大，生成的絮团也就越大，沉降速度越快，赤泥的压缩性好，但造成的问题是铝酸钠粗液的澄清度不好，浮游物高，且可能会造成分离槽耙机扭矩增大，也会给后段的叶滤机增加过滤难度。因此，在赤泥沉降分离中，不能一味追求絮凝剂高分子量，在现场对各种分子量的絮凝剂进行沉降试验，选择出适合现场矿浆性质的絮凝剂是氧化铝生产的最佳选择。

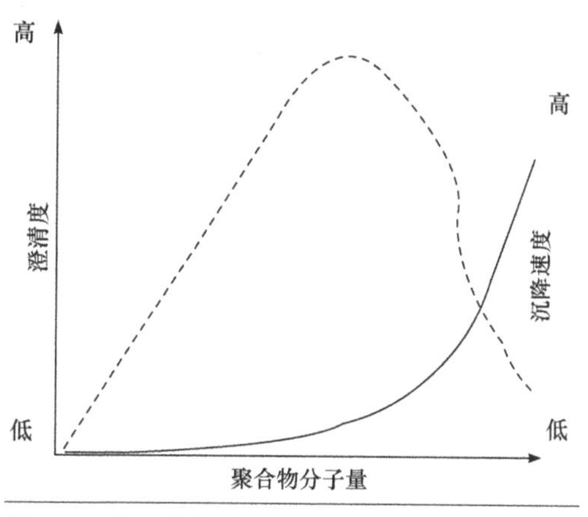

图 7-12　分子量关系

沉降速度、澄清度与分子量关系见图 7-12。

②赤泥浆液的性质对絮凝剂絮凝效果的影响　絮凝剂的效果还决定于赤泥浆液的性质，即赤泥的矿物组成、粒度分布，特别是溶液的成分。

综上所述，絮凝剂的化学分子结构、分子量的大小必须与其处理的赤泥浆液性质相适应，才能起到良好的絮凝效果。

(4) 絮凝剂的配制技术

选择合适的絮凝剂并不等于就可获得最佳的絮凝效果，对于大多数赤泥沉降絮凝剂，其使用的浓度、投放的方式以及搅拌强度都影响着其沉降效果。

高分子絮凝剂水溶液的浓度越高，黏度也越大，在水中越不容易分散开。为保证其迅速和均匀地与悬浮液混合，从而获得好的絮凝效果，减少絮凝剂用量，必须将其溶解成稀溶液再行加入。溶解应保证尽可能完全。

①干粉絮凝剂的配制技术　工业上干粉絮凝剂的配制浓度一般为 1‰，配制设备是成熟的自动配制设备，主要由配制水槽、干粉仓或原浆槽、配制系统，混合槽、成品槽及添加泵组等组成。其中配制水要求 Na_2O_K碱度为 10～20g/L，尽量为含其他杂质离子较少的纯净水。干粉絮凝剂配制工艺流程见图 7-13。

②乳液絮凝剂配制技术　乳液聚合物固含量一般在 25%～35%，乳液絮凝剂的配制浓度一般为 3‰。

配制设备是成熟的自动配制设备，主要由碱水槽、配制系统、成品槽及添加泵组等组成。其中配制水要求 Na_2O_K碱度为 10～20g/L。乳液絮凝剂配制工艺流程见图 7-14。

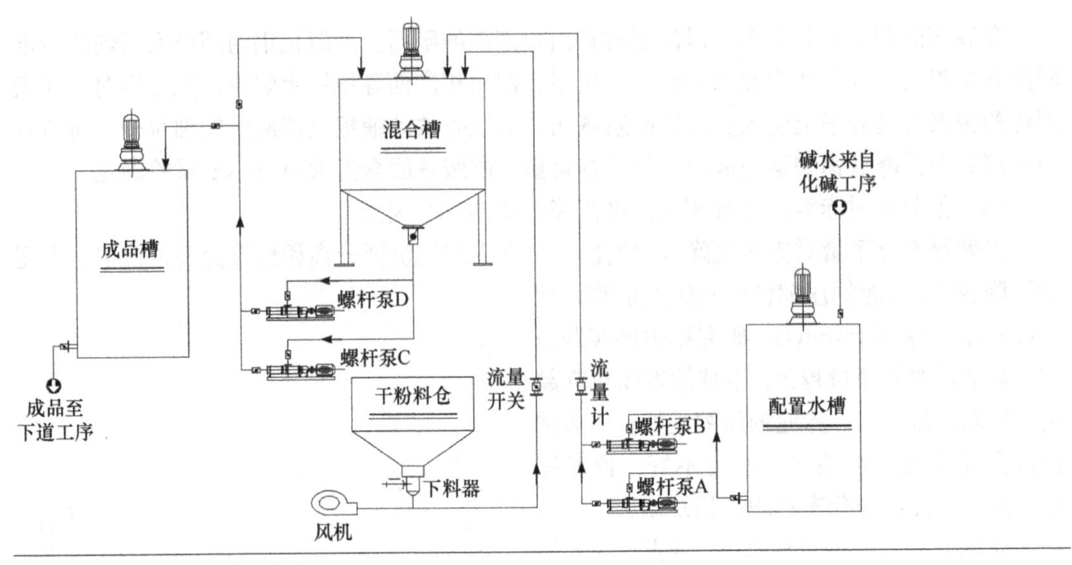

图 7-13　干粉絮凝剂配制工艺流程

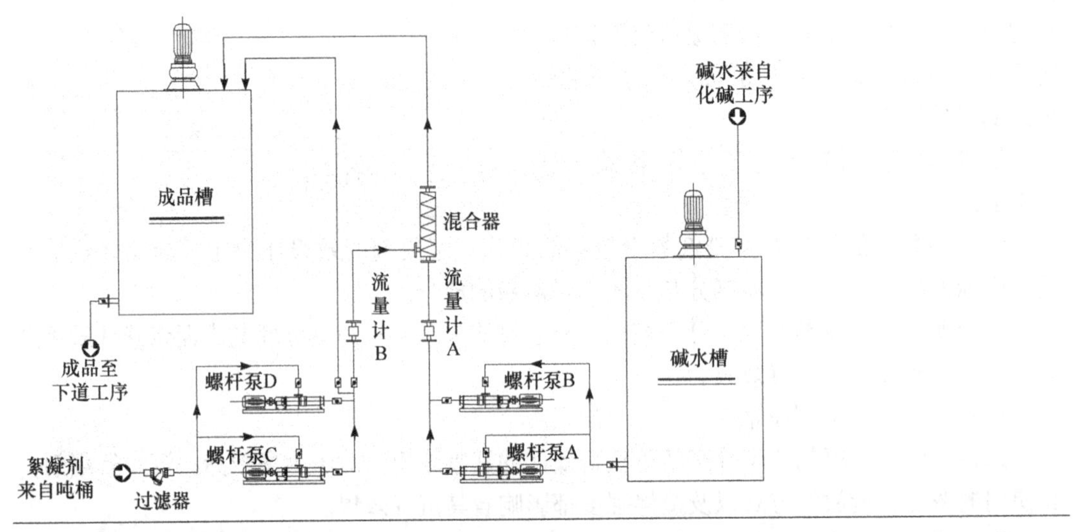

图 7-14　乳液絮凝剂配制工艺流程

③配制过程中的注意事项

a. 充分混合是保证絮凝效果、降低絮凝剂用量的一个重要条件。当颗粒间“架桥”是絮凝的重要机理时，搅拌太强烈，剪切力过大，将使絮团破坏。

聚丙烯酰胺类絮凝剂所形成的赤泥絮团比较脆弱，这种絮凝剂的长链状分子也易受剪力作用而破坏，变成更短的分子。所以过于强烈的混合将使赤泥沉降速度明显降低，絮凝剂用量增加。

b. 絮凝剂的熟化技术　高分子絮凝剂不管是干粉还是乳液产品分子的碳链都是卷曲在一起的。在溶解过程中碳链受到其电荷相互排斥的作用而逐渐展开。分子量越高、配制的水溶液黏度越大，溶解所需时间越长。

絮凝剂的使用效果取决于碳链的展开程度，因此经过一段熟化期之后再使用。

在设计絮凝剂配制线时，成品罐一开一备是最佳的选择。

7.3.4　絮凝剂在氧化铝生产中的应用实例

以国内某大型氧化铝厂为例。该厂生产原料铝土矿为本地一水硬铝石（其主要含量：$TiO_2$2.50%、$Fe_2O_3$8.0%、$SiO_2$9.065%、$Al_2O_3$64.0%）为原料，分离槽为直径 18m 的高效深锥沉降槽，洗涤槽为直径 22m 的洗涤高效深锥锥槽。矿石溶出（高温 260℃，高碱 195g/L）后矿浆送至沉降液固分离，沉降为传统四次反向洗涤。

矿物成分主要是铝硅酸盐类矿物及赤铁矿，根据矿物的特性及溶出后矿浆含碱浓度高，矿浆中赤泥颗粒表面带正电荷，故选择阴离子型絮凝剂进行现场应用。

取稀释后矿浆于 1000mL 的量筒中加入絮凝剂（絮凝剂配置水为：碱浓度 15g/L 循环水）模拟试验，记录 900～700mL 沉降速度及 3min 后泥层压缩高度。

根据反向洗涤的工艺，洗涤实验选取分离底流和一洗溢流（溢流∶底流=7∶3）混合后加入絮凝剂模拟一次洗涤。

根据表 7-3 模拟试验筛选的 E 型含羧酸基团的乳液聚丙烯酸铵絮凝剂应用在分离工序，絮凝剂通过乳液自动配置系统（絮凝剂配置浓度 3‰，配置水为含碱量为 15g/L 左右的生产循环水），通过螺杆泵输送至分离槽。在加入该絮凝剂后清液层稳定在 3～7m，浮游物稳定在 0.2g/L 以内，分离底流液固比≤1.8，能够很好地满足生产需求。

根据表 7-4 模拟试验筛选的 A 型干粉聚丙烯酰胺絮凝剂在洗涤工序，絮凝剂通过干粉自动配置系统（絮凝剂配置浓度 1‰，配置水为含碱量为 15g/L 左右的生产循环水），通过螺杆泵输送到每个洗涤槽；在加入该絮凝剂后清液层稳定在 3～7m，浮游物稳定在 0.2g/L 以内，末次洗涤底流液固比≤1.5，能够很好地满足生产需求。在保证生产的同时，絮凝剂单耗仅为 270g/吨干赤泥。

表 7-3　分离絮凝剂样品选型筛查记录

絮凝剂型号	配置浓度/‰	加入量/mL	300mL 沉速/s	3min 压缩/mL	澄清度
乳液絮凝剂 A	3	6	30	510	清澈
乳液絮凝剂 B	3	6	48	520	清澈
乳液絮凝剂 C	3	6	90	600	浑浊
乳液絮凝剂 D	3	6	20	500	清澈
乳液絮凝剂 E	3	6	15	480	清澈

表 7-4　洗涤絮凝剂样品选型筛查记录

絮凝剂型号	配置浓度/‰	加入量/mL	300mL 沉速/s	3min 压缩/mL	澄清度
干粉絮凝剂 A	1.5	5	28	410	清澈
干粉絮凝剂 B	1.5	5	30	420	清澈
干粉絮凝剂 C	1.5	5	46	450	浑浊

7.4 聚丙烯酰胺在水处理中的应用

7.4.1 概述

环境保护自新中国成立以来就一直是我国的基本国策，习近平主席更是向全国人民提出“绿水青山就是金山银山”，因此，对工农业生产和人民日常生活中的所有水进行及时处理，实现水资源的综合循环使用，对所有污水处理实施有效的在线监控保证水源不受污染，处理污染的废水保证达标外排等方法一步一步在通向绿色之路。

改革开放几十年来，聚丙烯酰胺在水处理工业中的应用已经涵盖国民经济发展的各个行业，但归纳主要包括原水处理、工业水处理和市政污水处理三个大的方面。

在原水处理中，可用于饮用水的处理。在银川、甘肃、呼和浩特等部分城市主要依靠黄河水作为饮用水来源。黄河水经过预沉把水中的泥沙沉降，降低黄河水的浊度，然后再运往水库和自来水厂进行进一步的处理，预沉时遇到浊度较大的黄河水时处理压力就会变大，导致预沉出水浊度变高，在进水前端添加 PAM（饮用水级别）就可以快速地沉降泥沙，降低进水浊度，从而使出水浊度降低，直接降低了水库和自来水厂的压力。

在工业水处理中，可用于生产过程中的工艺沉降，以实现产品与杂质或残渣等提取分离，如有色金属冶炼、抗生素生产、味精生产等。副产物的回收和循环利用也是工业生产中常见的应用领域，如氧化铝生产中铁矿石的回收和金属镓的提取等，已成为必不可少的工艺手段。

在市政污水处理中，可配合混凝剂用于污水沉降，也可以用于污泥脱水。在污水处理中，市政污水占比很重，切实关乎到正常的生产和生活。下面详细叙述了市政污水的工艺流程。

7.4.2 市政污水处理工艺模块化简述

（1）格栅

格栅一般安装在污水处理厂中污水泵之前，用来过滤和拦截大块的悬浮物或漂浮物，以确保后续工艺正常稳定的运行。按格栅条间距的大小，格栅可以分为细格栅（50～100mm）、中格栅（10～40mm）、粗格栅（1.5～10mm）三类。平面格栅和曲面格栅也都可以做成细、中、粗三道格栅。格栅一般由一组平行的栅条组成，斜置于泵站集水池的进口处。

（2）沉砂池

沉砂池一般设计在初沉池、倒虹管之前，用来去除密度较大的无机颗粒和有机颗粒，如核皮、骨条、种子。用来保护管道、阀门等设施免受磨损和阻塞。沉砂池可以分为平流式沉砂池、竖流式沉砂池、涡流式沉砂池、曝气沉砂池、多尔沉砂池。由于曝气沉砂池占地小，能耗低，土建成本低，在曝气的作用下颗粒之间产生摩擦，将包裹在颗粒表面的有机物很好地去除下去，继而实际工程中一般多采用曝气沉砂池。

（3）初沉池

初沉池主要是去除污水中的可沉物和漂浮物。初沉池对可沉悬浮物的去除率在 90%以上，能够将 10%的胶体物质因黏附作用而去除，总的 SS 去除率为 50%～60%，同时能去除 20%～30%的有机物，使小颗粒的固体变成较大颗粒，加速了固液分离效果。也可以在初沉池前端投加混凝剂加速沉降并且达到有效的除磷效果。污水中的固体物粒大、形状规则、相对密度大时沉降较快。初沉池产生的污泥无机物含量较多，污泥含水率比二沉池的要低一些。

（4）二沉池

经过生物处理阶段后的沉淀池一般称为二沉池，主要将活性污泥与处理水分离并且将沉淀下来的污泥进行浓缩，上层清液溢流，去往高效沉淀池进一步的处理，下层污泥一部分循环回流为生化池提供活性污泥，一部分排出进行污泥脱水。二沉池污泥质量轻，浓度高（2000～4000mg/L）、有絮凝性、沉速较慢。一般情况下二沉池有机质较高，污泥含水率相对也较高。

（5）高效沉淀池

高效沉淀池是一种高效物化处理工艺，其主要功能是通过投加混凝剂 PAC、絮凝剂 PAM 等，使水处理药剂与水中的污染物充分混合、反应后，沉淀去除水体中的污染物（如 COD、BOD、SS、TP），使水体质量提高。高效沉淀池分为混凝区、絮凝区、预沉降区和斜板沉降池四个部分。

原水由二沉池过来之后，先在混凝区投加混凝剂（硫酸铝、聚合氯化铝、三氯化铁、硫酸亚铁等），通过搅拌器的搅拌作用，保证一定的速度梯度，快速地让原水和混凝剂进行充分混合，使水中难以沉降的颗粒互相聚合增大，直至能自然沉降。混凝主要是指胶体脱稳并生成微小聚集体的过程。影响混凝效果的主要因素：①水温，水温对混凝效果有明显的影响；②pH，pH 对混凝的影响程度，视混凝剂的品种而异；③水中杂质的成分、性质和浓度；④水力条件。

其次进入絮凝区，进入絮凝区的原水和絮凝剂进行桥架缔连，絮凝主要指将脱稳的胶体或微小悬浮物聚结成大的絮凝体的过程。经过反应之后就形成了粗大密实的矾花絮团。一般市政污水此处会使用阴离子聚丙烯酰胺，但筛选絮凝剂时应该以实验室小试实验来确定絮凝剂的类型和相匹配的型号，再根据现场设计及工艺来上机实验确保使用效果。经过沉降之后下部的污泥排入污泥储存池，进行污泥脱水。

（6）生物处理阶段

城镇生活污水以及城镇生活污水严重的城镇区域河水中的主要污染物是有机物，此外还含有无机盐、病原体菌等，它们的特点是浊度、COD、总氮、总磷较高。在处理这些原水时，PAM 作为助凝剂与聚合氯化铝、聚合铁盐、聚合铁铝复合盐等配合使用来降低 COD、总磷和浊度以及脱色。生物处理阶段根据不同的设计方案处理不同的水质有很多的选择。

目前国内使用最多且比较成熟的市政和工业污水处理工艺主要包括：A^2/O（厌氧-缺氧-好氧法）、A/O（厌氧-好氧法）、MBR（膜生物反应器）、SBR（间歇式活性污泥法）、CAST（循环式活性污泥法）、BIOLAK（多级活性污泥处理工艺）等污水处理工艺。下面列举了 4 种污水处理工艺。

①A^2/O 工艺　A^2/O 工艺适用于大中型除磷脱氮的市政城市污水厂，该工艺的处理效率能达到：BOD_5 和 SS 为 90%～95%，总氮 70%以上，磷 90%左右。生化处理阶段为：厌

氧、缺氧、好氧 3 个阶段。阴离子絮凝剂一般加在好氧段的出水也就是高效沉淀池的进水，配合混凝剂进行使用，达到沉降作用，降低 SS。生化阶段产生的污泥和高效沉淀池的底部污泥有的在前端处增加初沉池来降低由阳离子絮凝剂进行泥水分离进入脱泥设备进行处理，有的在前端处增加初沉池来降低水中的悬浮物，多为分离较细的污泥，该污泥无机物含量较高，处理时要比二沉池污泥含水率要低一些。图 7-15 所示为生物处理 A^2/O 工艺。

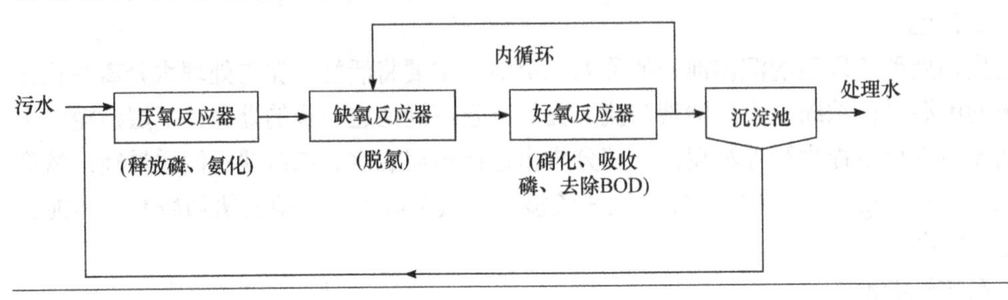

图 7-15　生物处理 A^2/O 工艺

②A/O 工艺　A/O 处理工艺是改进的活性污泥法，将前段的缺氧阶段和后段的好氧阶段串联在一起，在缺氧段污水中的有机质被反硝化所利用，为后段减轻负荷，而且反硝化中产生的碱度正好去弥补好氧段对碱度的需求。在好氧段经过曝气和消化将有机物进一步去除。剩余污泥将经过脱泥设备进行处理。图 7-16 所示为生物处理 A/O 工艺。

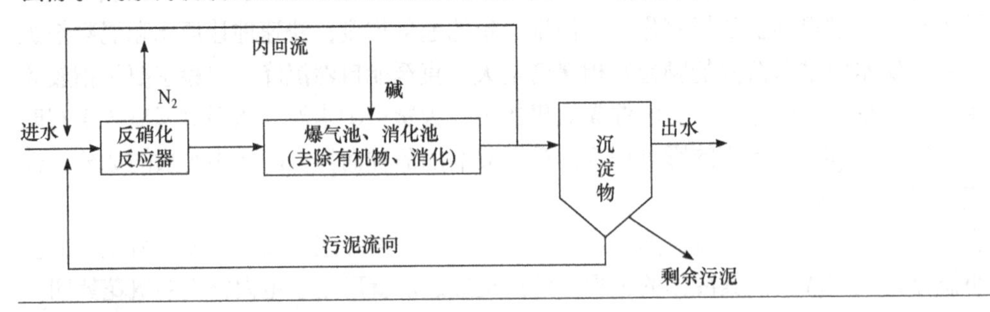

图 7-16　生物处理 A/O 工艺

③SBR 工艺　SBR 工艺是一种经济高效，适用于中、小水量的污水处理工艺，利用微生物去除有机质，把有机质转化成二氧化碳和水以及其他的微生物菌体，经过反应后将微生物保存下来，通过排除剩余污泥来控制微生物量。另一部分污泥进行回流，一部分污泥进行脱泥处理。图 7-17 所示为生物处理间歇式活性污泥法工艺流程。

④MBR 工艺　膜生物反应器（MBR）是将废水生物处理技术和膜分离技术相结合形成的一种新型、高效的污水处理技术。膜生物反应器主要由膜组件和膜生物反应器两部分组成。在新冠疫情时期武汉建设的火神山、雷神山医院污水处理都采用此工艺，近年来MBR 体系已经在解决我们生活中的污水、医院中的废水、垃圾渗出的液体、工业废水和所有浓度比较高、不容易降解的工业废水中发挥了重要作用。图 7-18 为生物处理 MBR 工艺流程。

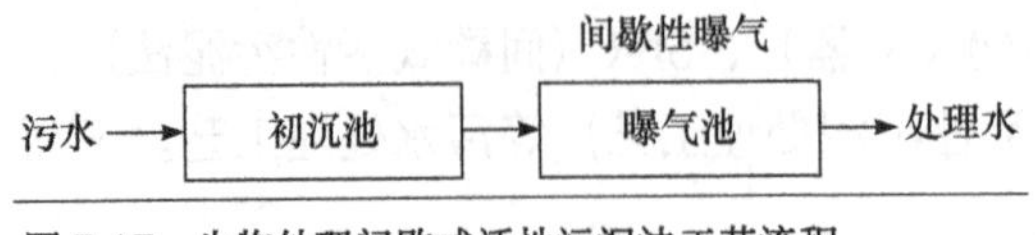

图 7-17　生物处理间歇式活性污泥法工艺流程

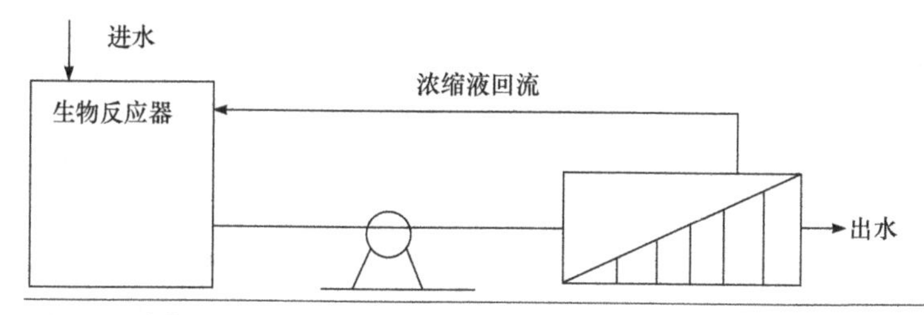

图 7-18 生物处理 MBR 工艺流程

（7）储泥池

储泥池主要是收集产泥阶段（初沉池、二沉池、高效沉淀池等）输送过来的污泥。也可以作为污泥浓缩池使用。

（8）脱泥设备

①带式压滤机脱水　带式压滤机经过压榨出水过程一般分为预处理、重力脱水、楔形区预压脱水及压榨脱水四个重要阶段。

a. 预处理阶段：主要是对污泥进行调理，一般污泥和絮凝剂在絮凝器中混合完成，少部分地方会在进泥管道和絮凝剂管道通过强大的污泥水流在管道混合，絮凝过后的污泥流到传送带到下一道工序，通过筛选絮凝剂的离子度和分子量来确保泥水分离，保证最大程度的泥水分离，为下一步重力脱水提供有利条件。

b. 重力脱水：主要是让预处理段已经絮凝的絮团和自由水在重力的作用下分离，使去往楔形区预压脱水的絮团含水量降低。影响重力脱水的因素有：污泥的性质、滤带的性质、絮凝的程度。

c. 楔形区预压脱水：重力脱水后的污泥将受到两条滤带上下的挤压，所受压力增大，紧实程度提高，进一步预压脱水。

d. 压榨脱水：污泥将在此区域受到挤压，压力持续增大可以使污泥中的游离水分离并流出，污泥干固增加由此形成泥饼。

优点：使用普遍，价格较低，具有连续性操作；缺点：易于堵塞滤布，定期需要更换滤布，需要较多的冲洗水。

影响带式压滤机的因素有：带压、水压、絮泥情况、滤布的滤水性能等。

对于一般城市污泥，较低分子量和中分子量絮凝剂比较适用，尾矿处理和洗煤要根据现场实际情况进行阴离子和阳离子以及非离子或者两性离子的选型。

②离心式脱水　离心式污泥脱水主要是通过离心力的作用来分离固体和液体。当污泥进入离心机转鼓腔后，高速旋转的转鼓产生强大的离心力，污泥颗粒由于密度大，离心力也大，因此污泥被甩贴在转鼓内壁上，形成固环层；而水的密度较小，离心力也小，只能在固环层内侧形成液环层。之后污泥颗粒被输送到主轴的圆锥端（脱水区），分离之后的液体被输送到主轴的另一端，称为离心液。

优点：处理量大，可连续性生产，占地面积小。絮凝剂在进泥口直接混合进入离心机，在机器中通过离心力作用混合并泥水分离；缺点：耗电量大，噪声大，维修费用高，固液密度接近时难处理。

影响离心机的脱水因素有：主机频率、副机频率、差速度、扭矩、进泥量、进絮凝剂量等。

③板框压滤脱水　板框压滤的工作原理是压滤，通过板和板之间的互相挤压让固液进行分离，板框是由一系列垂直中空的板框组成，这些板框两面都附有滤布，板框依次悬挂并互相压紧，框和框之间形成滤仓。板框机的每一个压滤循环都包括四个阶段：进料阶段、压榨阶段、反吹阶段、卸泥阶段。进料开始时污泥和絮凝剂通过调理池或者管道进行混合由泵（螺杆泵、隔膜泵较多）打入板框机开始进料，滤水开始沥出。当进料把滤仓都填满时，继续注入污泥然后增加到设定压力，当压力逐渐上升时，污泥的流量逐渐降低，停止进料然后开始压榨。在低压进料和高压进料时，对泥的挤压作用非常大，在选择絮凝剂的时候一定要考虑到泥水在滤布中的透滤性，透滤性越好的情况下，单位时间内进料就会增多，在压榨阶段水分会压榨得更干，泥饼含水率就会降低。

优点：泥饼含固率高，固体捕捉能力强。

缺点：间歇性操作，占地面积大，需要人力较大。

④叠螺式污泥脱水机　叠螺机污泥脱水机是由多重固定环和游动环构成，螺旋轴贯穿其中形成的过滤装置，前端为浓缩部，后端为脱水部，将污泥的浓缩和压榨脱水工作在一个筒腔内完成。

污泥在浓缩部经过重力的浓缩后，被运送到脱水部，在前进的过程中随着滤缝及螺距的逐渐变小，以及背压板的阻挡作用下，产生极大的内压，使容积不断变小，达到脱水的目的。

优点：使用广泛，能广泛用于市政污水、食品、屠宰养殖、印染纺织、造纸、制药等行业的污泥脱水连续自动运行、占地面积小；缺点：处理量小，不适合颗粒大、硬度大的污泥脱水。

影响叠螺式污泥脱水的因素有：主轴转速、背压板间隙、絮凝情况等。

（9）沉淀池

沉淀池的作用主要是去除悬浮于污水中可以沉淀的固体悬浮物，在不同的工艺中，所分离的固体悬浮物也有所不同。例如在生物处理前的沉淀池主要是去除无机颗粒和部分有机质，在生物处理后的沉淀池主要是分离出水中的微生物固体。沉淀池按构造形状可以分为平流式沉淀池、辐射式沉淀池和竖流式沉淀池，还有斜板沉淀池和迷宫沉淀池，不同构造处理的水质、工艺及用途不同。在进入沉淀池前，会添加混凝剂和絮凝剂对水处理，这样可以加快水中悬浮物的沉降，而且可以应对处理变化大的水质，可以稳定后端工艺的正常运行和操作。

①平流式沉淀池　平流式沉淀池由进出水口、水流部分和污泥斗三个部分组成。平流式沉淀池多用混凝土筑造，也可用砖石圬工结构或用砖石衬砌的土池。平流式沉淀池构造简单，沉淀效果好，工作性能稳定，使用广泛，但占地面积较大。若加设刮泥机或对密度较大沉渣采用机械排除，可提高沉淀池工作效率。平流式沉淀池进出口形式及布置对沉淀池出水效果有较大的影响。

②竖流式沉淀池　竖流式沉淀池又称立式沉淀池，池体平面为圆形或方形，其结构如图 7-19 所示。废水由设在沉淀池中心的进水管自上而下排入池中，进水的出口下设伞形挡板，使废水在池中均匀分布，然后沿池的整个断面缓慢上升。悬浮物在重力作用下沉降入池底锥形污泥斗中，澄清水从池上端周围的溢流堰中排出。溢流堰前也可设浮渣槽和挡板，保证出水水质。

③辐流式沉淀池　辐流式沉淀池池体平面多为圆形，也有方形的。直径较大而深度较小，直径为 20～100m，池中心水深不大于 4m，周边水深不小于 1.5m。图 7-20 所示为辐射式沉淀池结构。废水自池中心进水管入池，沿半径方向朝池周缓慢流动。悬浮物在流动中沉降，并沿池底坡度进入污泥斗，澄清水从池周溢流入出水渠。

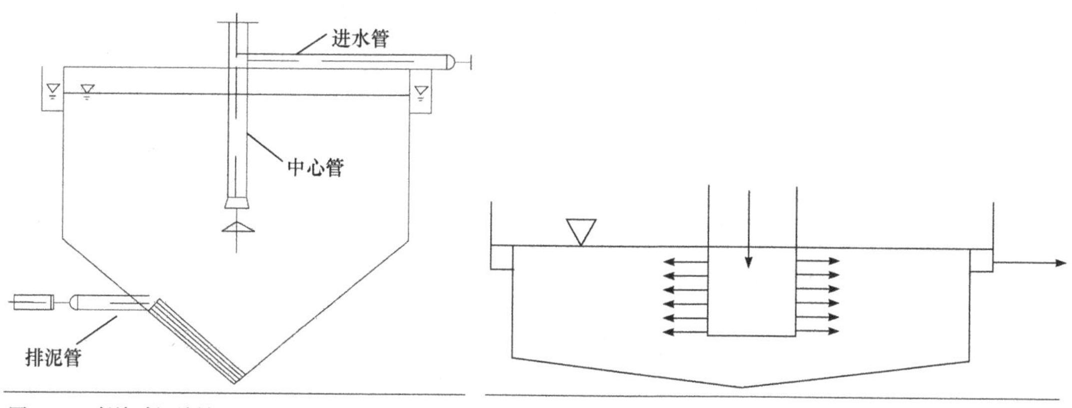

图 7-19　竖流式沉淀池

图 7-20　辐射式沉淀池

④斜板沉淀池　斜板沉淀池主要就是在池中加设斜板或斜管，可以大大提高沉淀效率，缩短沉淀时间，减小沉淀池体积。但有斜板、斜管易结垢，长生物膜，产生浮渣，维修工作量大，管材、板材寿命低等缺点。

⑤水平管沉淀池　水平管沉淀池将沉淀管水平放置，沿水平行流动，悬浮物垂直分离，具有沉淀和分离功能。水平管沉淀分离装置分成若干层，由此增加了沉淀面积，减小了悬浮物的沉降距离，缩短了悬浮物沉淀时间；水平管单元的垂直断面形状为菱形，管底侧向设有排泥狭缝，沉泥顺侧底下滑，再通过排泥狭缝滑入下面的水平管沉淀单元，悬浮物通过水平管及时与水分离，水走水道、泥走泥道，改善了悬浮物可逆沉淀的排泥条件，并避免了悬浮物堵塞管道和跑“矾花”现象的发生。配备不停水自动冲洗系统，解决在水平管壁面上的沉泥附着积累问题。平面形式为矩形的沉淀池，水从池的一端流入，沿长度方向缓慢流动，借助水中颗粒或絮体的重力沉降作用以去除水中悬浮物，水从另一端流出。图 7-21 所示为水平式沉淀池。

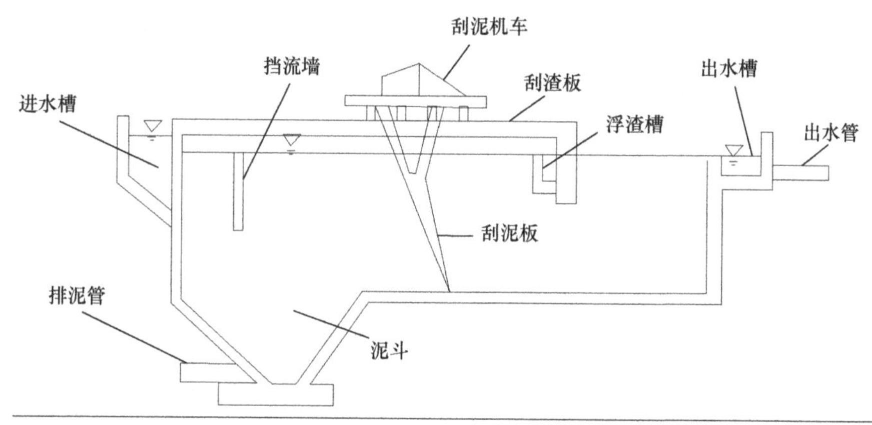

图 7-21　水平式沉淀池

(10) 气浮池

气浮池是一种主要运用大量微气泡捕捉吸附细小颗粒胶黏物使之上浮，达到固液分离的效果的池子。气浮池一般由絮凝室、气泡接触室、分离室三部分组成。分别具有完成水中絮粒的形成与成长，微气泡对絮粒的黏附、捕集，带气絮粒与水的分离等功能。

气浮工艺的原理是一项从水及废水中分离固体颗粒高效快速的方法。它的工作原理是处理过的部分废水循环流入溶气罐，在加压空气状态下，空气过饱和溶解，然后在气浮池的入口处与加入絮凝剂的原水混合，由于压力减小，过饱和的空气释放出来，形成了微小气泡，迅速附着在悬浮物上，将它提升至气浮池的表面。从而形成了很容易去除的污泥浮层，较重的固体物质沉淀在池底，也被去除。

气浮池已广泛应用于原水浊度低、藻类多、温度低、色度高、溶解氧低的供水净化处理上，同时亦广泛应用于炼油、造纸、印染等多种行业的废水处理上。

7.4.3 絮凝剂在市政污水应用实例

图 7-22 是某污水处理厂的工艺流程，该污水处理厂拥有日处理水量 10 万吨的能力，生物处理采用 A^2/O 工艺，出水水质执行国家一级 B 标准。表 7-5 列出基本控制项目最高允许排放浓度。

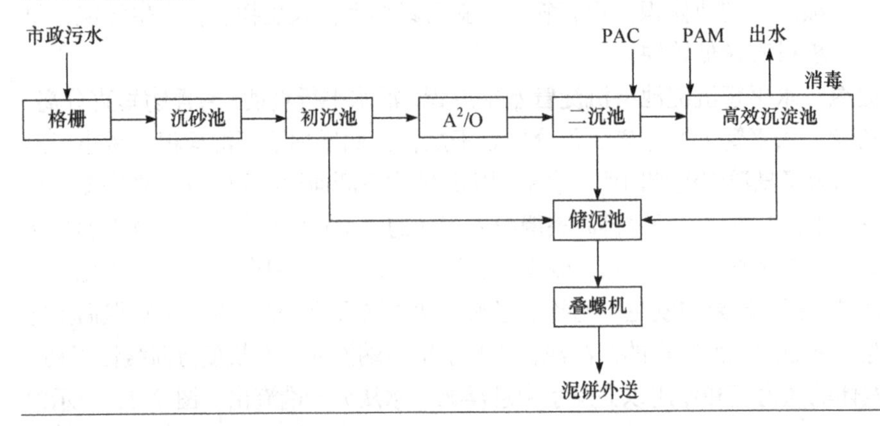

图 7-22 某污水处理厂工艺流程

表 7-5 基本控制项目最高允许排放浓度（日均值） 单位：mg/L

序号	基本控制项目	一级标准		二级标准	三级标准
		A 标准	B 标准		
1	化学需氧量（COD）	50	60	100	120
2	生化需氧量（BOD）	10	20	30	60
3	悬浮物（SS）	10	20	30	50
4	动植物油	1	3	5	20
5	石油类	1	3	5	15
6	阴离子表面活性剂	0.5	1	2	

续表

序号	基本控制项目	一级标准		二级标准	三级标准
		A 标准	B 标准		
7	总氮（以 N 记）	15	20		
8	氨氮（以 N 记）	5（8）	8（15）	25（30）	
9	总磷（以 P 记）	1（0.5）	1.5（1）	3	5
10	色度（稀释倍数）	30	30	40	50
11	pH 值			6～9	
12	粪大肠菌群/（个/L）	103	104	104	

注：1. 下列情况下按去除率指标执行：当进水 COD>350mg/L 时，去除率应大于 60%；BOD>160mg/L 时，去除率应大于 50%。

2. 氨氮括号外数值为水温>12℃时的控制指标，括号内数值为水温≤12℃时的控制指标。

3. 总磷括号外数值为 2005 年 12 月 31 日前建设的，括号内数值为 2006 年 1 月 1 日起建设的。

初沉池采取定期式排泥，排泥的周期要根据排泥量和泥质来决定，污泥量大时或污泥腐败时应减少排泥周期，初沉池底部排泥进入储泥池。

在生物处理阶段，产生的污泥一部分进行内回流，保持生物处理阶段菌群的正常活性，另一部分污泥直接打入储泥池，等待脱泥。

二沉池出水在去高效沉淀池过程中先加入 45g/t 混凝剂（PAC）进行机械搅拌，让来水和 PAC 接触“脱稳”之后再加入 1g/t 阴离子聚丙烯酰胺让大颗粒粒子絮凝在一起形成“矾花”，由于重力作用“矾花”沉降在底部，堆积一定量之后进行排泥。排出的污泥进入储泥池，进行脱泥干化。

阴离子使用单耗的计算公式：

阴离子单耗（PPM）=PAM 使用量（kg）/处理水量（m^3）

现进入叠螺污泥机污泥浓度在 15000mg/L 左右，采用一体三箱式全自动溶药装置，制备能力为 $6m^3/h$，使用阳离子乳液 PAM，带支链的乳液产品和污泥反应速率快，絮团紧实，脱泥干度会更高。PAM 绝干泥单耗在 10kg/TDS（吨绝干泥），经过叠螺机处理之后泥饼固含量为 78%～79%。（叠螺脱水机 Q=422.2kgDS/h）

PAM 绝干泥单耗计算公式：

绝干泥单耗（kg/TDS）=PAM 使用量（kg）/处理绝干泥量（t）

（1）阴离子沉降实验小试选型

实验仪器：500mL 烧杯、500mL 量筒、注射器（1mL、5mL、10mL）、精密天平、秒表、医用一次性手套、护目镜、干粉絮凝剂（A、B、C、D）。

实验步骤：

①配制 0.1%的阴离子 PAM 溶液。

②在量筒中量取 500mL 的二沉池出水污水。

③在量筒中加入 45g/t PAC 溶液均匀摇晃使 PAC 和污水充分混合。

④在量筒中加入适量的 PAM 溶液。

⑤均匀地摇晃 8 下（根据实际絮凝情况和现场工况来确定次数）。

⑥停止摇晃之后记录好对应时间内沉降到的刻度。

⑦观察沉降过程中絮团大小和上清液澄清度。

⑧做不同型号的多组实验。

⑨综合分析并筛选出合适型号。

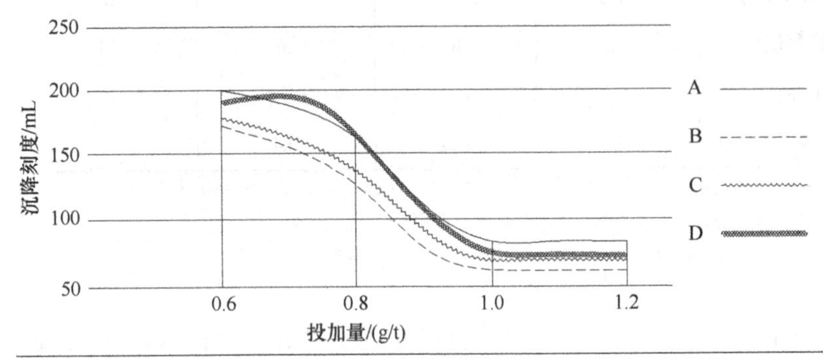

图 7-23　不同型号产品沉降曲线

图 7-23 是沉降 45s 时的折线图。可以清楚地看出投加量为 1g/t 时，曲线才趋向平缓，高于 1g/t 时，效果变化不明显，甚至会出现略微的反弹。当 APAM 投加量不够时，效果会很差，上清液很浑浊，沉淀需要的时间也明显要长，反而投加量高时效果也会和适量投加量没有太大的变化，上清液也没有明显的变化。从曲线图显示分析，可以清楚地看到 B 产品的效果是最好的，在投加量相同时，浊度低还沉降的速度快，絮团还会大一些。

（2）阳离子污泥脱水小试实验

实验仪器：烧杯（500mL）、注射器（1mL、5mL、10mL、20mL）、精密天平、医用一次性手套、护目镜、干粉絮凝剂（A、B、C、D）。

实验步骤：

①配制 0.2%的阳离子 PAM 溶液。

②均匀称取 200mL 污泥，然后用注射器抽取适量的絮凝剂溶液打入 200mL 污泥当中，然后用同一力度进行烧杯倾倒。

③在倾倒的过程中记录好在第几次开始絮凝成团，在第几次絮团达到最大程度，在第几次时开始絮团破碎。

④加入不同投加量的絮凝剂进行重复实验，找出合适的投加量。

⑤使用不同型号的离子度和分子量的产品进行重复实验。

⑥记录和分析不同型号絮凝剂的效果。

⑦确定目标絮凝剂的型号。

案例：某污水处理厂日处理水量达 8 万吨左右，生物处理阶段采用 A^2/O 工艺，二沉池出水去往高效沉淀池处理使用的是混凝剂为 60g/t PAC 和 3g/t APAM，絮凝和沉降效果很好满足后端处理水质要求，高效出水进行杀菌消毒之后满足一级 B 标准水质指标。储泥池主要接收二沉池底部过来的生化污泥和少部分高效沉淀池过来的污泥。脱泥离心机由德国 GEA Westfalia Separator GmbH 公司制造，PAM 溶药制备能力 $6m^3/h$，使用阳离子聚丙烯酰胺，每吨绝干泥药耗为 3.8kg，泥饼含水率为 77.8%，泥饼进行外送进行卫生填埋。水厂稳定运行，成本合理。

7.5　聚丙烯酰胺在造纸工业中的应用

在造纸过程中聚丙烯酰胺最主要的应用是作为造纸助留剂和纸张干强剂，也有部分产品是用作分散剂、湿强剂等。根据估算，全球造纸工业每年消耗的聚丙烯酰胺在 20 万吨（折百）以上，我国造纸工业每年的消耗量在 8 万吨（折百）以上。在经历了三十多年的高速增长期后，我国造纸工业生产规模于 2017 年达到了高峰，造纸总产量达到 1.11 亿吨。近年来，在生态环保压力和市场竞争压力的双重作用力下，我国造纸工业正在淘汰落后产能、提升技术和装备水平及优化产业布局中稳步发展。随着我国传统制造业大力推进绿色可持续发展的国家战略，聚丙烯酰胺将在造纸工业得到更多的应用，发挥更大的促进作用。

7.5.1　造纸工业概述

纸是采用植物纤维（fibre）原料制成的片状材料，包括纸（paper）和纸板（paperboard）两类产品，通常定量低于 $200g/m^2$ 的称为“纸”，而定量高于 $200g/m^2$ 的称为“纸板”。纸和纸板按照用途分为四大类：书写与印刷用纸、包装用纸与纸板、生活用纸、特种用纸与纸板。纸和纸板广泛应用于文化、教育、出版、科学、卫生、工业、建筑、农业、交通、国防和人民生活等各个领域，具有其他材料不可替代的作用和功能。

植物纤维原料首先要制成纸浆（pulp），然后通过抄造工艺将纸浆转变成纸张。抄纸过程是造纸的核心步骤，传统工艺和现代工艺主体上均是采用湿法抄纸。湿法抄纸是以水为介质，先将纸浆制成均匀的浆水悬浮液，也称为“纸料（furnish）”，继而在过滤网上脱除水分，纤维则留在网上形成一幅交织均匀的薄层湿纸页，后续再经进一步脱水、干燥成为纸张。我国古代劳动人民早在汉代发明了伟大的造纸术，后经过丝绸之路传播到欧洲，历经漫长岁月的积累与创造，孕育了以机器打浆替代手工打浆，以机器抄纸替代手工抄纸的现代造纸工业。

（1）植物纤维

植物纤维细胞壁通常由 35%～50%的纤维素、15%～35%的木素和 20%～30%的半纤维素组成。这些组成的比例因植物原料种类的不同而不同。

纤维素大分子的基本结构单元是 D-吡喃式葡萄糖基，单元之间以β-苷键联结。纤维素大分子的重复结构单元是纤维素双糖。葡萄糖基上带有多个羟基，而羟基是亲水性基团，它使纤维具有吸湿能力，同时可以在大分子间形成氢键。

半纤维素是指除纤维素和果胶质以外的植物细胞壁中的碳水化合物，由五碳糖（木糖和阿拉伯糖）、六碳糖（甘露糖、葡萄糖、半乳糖和鼠李糖等）和糖醛酸基所组成的。植物细胞壁中的纤维素和木素是由半纤维素紧密地相互贯穿在一起的。半纤维素相当于是填充在纤维之间和微细纤维之间的“黏合剂”。

木素是由苯基丙烷结构单元通过醚键和碳-碳键连接而成的疏水、无定形高分子化合物，具有极其复杂的三维立体结构。在植物纤维中，木素是填充在胞间层及微细纤维之间的“填充剂”，也是纤维颜色的主要来源。

植物原料中除含有纤维素、半纤维素和木素外，通常还含有少量的抽出物，包括植物碱、单宁、色素、淀粉、果胶、糖分、脂肪、脂肪酸、树脂、树脂酸、萜烯、酚类、甾醇、蜡、香精油和无机盐等化学成分。

(2) 制浆

制浆就是通过化学方法、机械方法或化学机械相结合的方法去除或克服植物细胞间的黏结力，使植物细胞彼此分离成为纸浆。通过上述方法制得的纸浆还需进行洗涤、筛选和漂白处理。

蒸煮是化学法制浆的核心工艺，在碱性或酸性条件下，添加化学药剂在高温下对木材或其他纤维性原料进行长时间蒸煮，将纤维细胞间的木素及其他可溶性物质去除。由于酸法纸浆产生的蒸煮废液缺乏有效的回收处理手段，碱法制浆技术得到全面的应用。全球超过 90%的化学浆采用硫酸盐法制浆工艺，其活性蒸煮化学品是氢氧化钠和硫氢化钠。

磨浆是机械法制浆的基本工艺，通过机械力的揉搓、剪切和撞击使纤维细胞发生解离与细化。通过机械磨浆工艺制得的纸浆称为机械浆或磨木浆。在机械磨浆之前，对木材进行适当的化学处理可以提高纸浆的品质，这种通过化学处理与机械磨浆相结合的方式制得的纸浆称为化学机械浆。相对于木材的纸浆得率以机械制浆法最高，可达 91%～98%，化学制浆法的纸浆得率最低，仅有 35%～60%；而化学机械法和半化学法的纸浆得率介于上述两者之间。

漂白是提高纸浆白度的常用手段，其作用原理是采用氧化剂破坏或者去除植物纤维原料的发色基团。早期漂白工艺采用的是氯漂工艺，其带来的废水量大，污染负荷严重，且生成的 AOX 为有毒、致畸物质，难以处理。现代清洁漂白技术主要采用无元素氯（ECF）和全无氯（TCF）两种，采用的氧化剂主要是氧气、臭氧、二氧化氯和双氧水。

(3) 打浆

无论是通过制浆工厂得到的原浆纤维，还是废纸加工制得的二次纤维，在送入造纸机进行抄造之前都需要进行打浆。打浆的首要作用是通过机械作用深度破除植物细胞初生壁和次生壁外层，使中层的细纤维得到松散和润胀，得到所希望的吸水润胀和细纤维化效应。打浆同时伴生了细胞壁变形和纤维切断作用。

纤维细胞在打破初生壁和次生壁外层后，水分子渗入次生壁中层纤维素的无定形区时，会产生使纤维扩张的作用，拉大纤维素分子链之间的距离，破坏分子间氢键，释放出更多游离羟基，进而促进润胀作用。润胀作用降低了纤维内部分子间的黏聚力，使纤维松弛柔软，具有可塑性。吸水润胀可使纤维的体积增大到原来的 2～3 倍，纤维之间的接触面积随之增加，在造纸时可提升纸张的强度，减小透气性。造纸行业用打浆度来衡量纸浆纤维分丝帚化、细化和短小化的程度。打浆度对于纸张的强度、吸收性、透气度、收缩性和紧度等物理指标有着极大的影响。

（4）抄纸

打浆后的纸浆在造纸厂的备料工段经过筛选、配料等操作后成为上网浆料，即纸料。纸料通过流送系统送到造纸机的流浆箱，继而在网部经逐渐滤水并最终形成湿纸页。

在长网成形技术中，纸料通过流浆箱送到水平成型网上，透过水平成型网向下脱水，即单向重力脱水和真空脱水。在 20 世纪 70 年代造纸工业开始使用双网成型技术，即纸料被注入双网之间，透过成型网向两边脱水；双网成型不再是依赖重力下的自由脱水，而是采用真空强力脱水。双向脱水方式大大降低了纸幅的不对称性，减少了纸页的两面差；现在，双网成型技术越来越多的用于各种纸和纸板的生产。

纸页成型技术与脱水技术的快速发展推动了纸机车速的提升和单机产能的提高，现代化的新闻纸机、文化纸机、低定量涂布纸机的运行车速都可以达到 2000m/min，多层纸板机的运行车速可以达到 1500m/min。

7.5.2　造纸湿部化学概述

现代造纸机不仅设备庞大、车速高，而且系统配置复杂。图 7-24 是一个典型的长网纸机系统工艺流程。纸机湿部（wet end）包括浆料制备、配浆、流送、流浆箱、网部、压榨部、白水（white water）系统和损纸处理系统等。

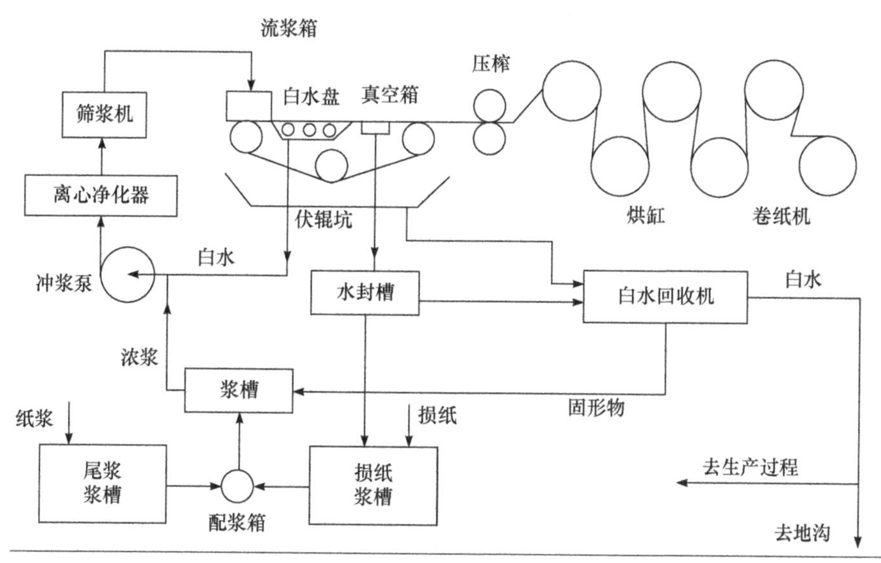

图 7-24　典型的长网造纸系统

纸机湿部化学环境非常复杂，这是因为多种原材料和添加剂在纸料中同时存在并相互作用，同时纸料中还有大量从原料和水体中带入的杂质和干扰性物质。在网部纸页成型过程中，纸料中的部分纤维和添加物质保留在纸页上，剩余的透过成型网的纤维和添加物质，以及滤过水（通常称为“白水”）一同循环至冲浆泵，再度与新鲜浆料混配成上网的纸料。因此，纸机湿部永远处于动态变化之中。由于生产纸种的不同，所采用的原材料和处理工艺也不同，纸机设备不同，各造纸机的湿部系统之间化学状态差异很大。

纤维素纤维和细小纤维是纸料中的基础固形物组分。在多数纸种中，填料也是必不可少的固形物组分。为了获得特定的纸张性能，或者为了纸机的平顺运行，纸料中往往还需要添加多种非固形物形态的化学添加剂。一般认为化学添加剂和造纸固形物组分之间相互作用的关键影响因素包括：①固形物颗粒的表面性能；②化学添加剂的物化性能；③湿部化学环境；④流体动力条件。

（1）湿部化学组成

湿部化学添加剂通常分为过程性化学品（process chemicals）和功能性化学品（functional chemicals）两类。过程性化学品包括助留剂、助滤剂、固着剂、杀菌剂、消泡剂和控制树脂及其沉积的添加剂；功能性化学品包括如干强剂、湿强剂、施胶剂和光学增白剂等。造纸干部的化学添加剂，如涂布用胶乳和颜料等，也会通过损纸回收系统进入纸料中。此外，如果二次纤维作为纤维原料，还会带进各种其他化学品，例如脱墨浆中的残余油墨粒子和胶黏剂。

纸料中的各种原材料可以分为分散状态的颗粒和溶解状态的化学物质，除纤维素纤维尺寸较大外，细小纤维、填料、淀粉、助留剂、助滤剂、干强剂、湿增强剂、增白剂、消泡剂、施胶乳液、施胶分散剂、涂布颜料和胶乳、油墨粒子和胶黏剂等绝大部分材料都在胶体尺寸范围内，粒子尺寸在 10nm～1μm。因此，湿部纸料可以被看作是一个胶体系统，上述材料颗粒在湿部的行为可以采用胶体化学的原理来加以描述和解释。

溶解在水体中的无机盐也是湿部化学的重要组成之一，它对于湿部化学添加剂的功能发挥有着重要影响。图 7-25 显示出纸料中不同的无机盐含量对于聚合物吸附量的影响。可溶性无机盐通过原水和化学添加剂带入系统，经过纸机白水循环和工厂污水回用循环累计可以达到数千 mg/L 的含量水平。

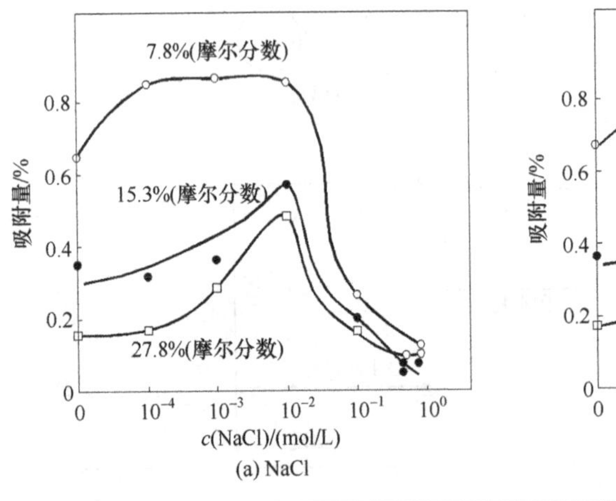

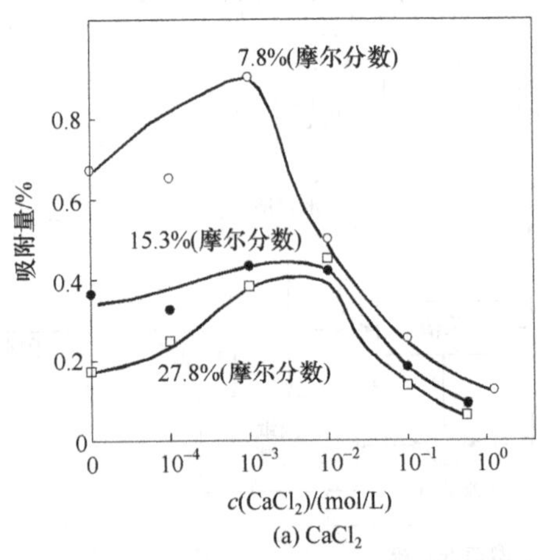

图 7-25　无机电解质浓度对不同离子度阳离子聚丙烯酰胺在漂白硫酸盐浆上吸附量的影响

纤维素纤维和细小纤维不仅表面积大，而且有着丰富的表面空隙与缺陷结构。湿部化学与纸料中固形物颗粒的各种表面物理行为密切相关，而吸附是其中最为关键的表面现象。水体中胶体物质和溶解组分被吸附到纤维素纤维或细小纤维表面的主要推动力是电荷作用，而范德华力和氢键结合力只有在粒子之间靠得非常接近时才可能发挥作用。

（2）湿部动电学

纸料中的纤维、填料和其他配料的颗粒表面是带有电荷（charge）的，正常情况下它们都是带负电荷（anionic charge）的，天然水体中的胶体物质也多是带负电荷的，因此纸料组分之间的相互作用将受到动电学（electrokinetics）原理的控制。

分散在液体中的固体颗粒的动电效应是由在固液两相边界区的表面电荷所造成的。固液两相接触的结果，既不产生又不失去电荷，而是在两相之间进行了电荷的重新配置，形成双电层（electrical double layer），它使液体与固体之间的整个界面形成电位差。在动电迁移时，由于固体作相对于液体的位移，在双电层内部的某处必然存在着一个剪切面（或称滑移面）。同时发现从剪切面到移动液体内某点的电势与动电效应成正比，称为 Zeta（ξ）电势，或 Zeta 电位，如图 7-26 所示。

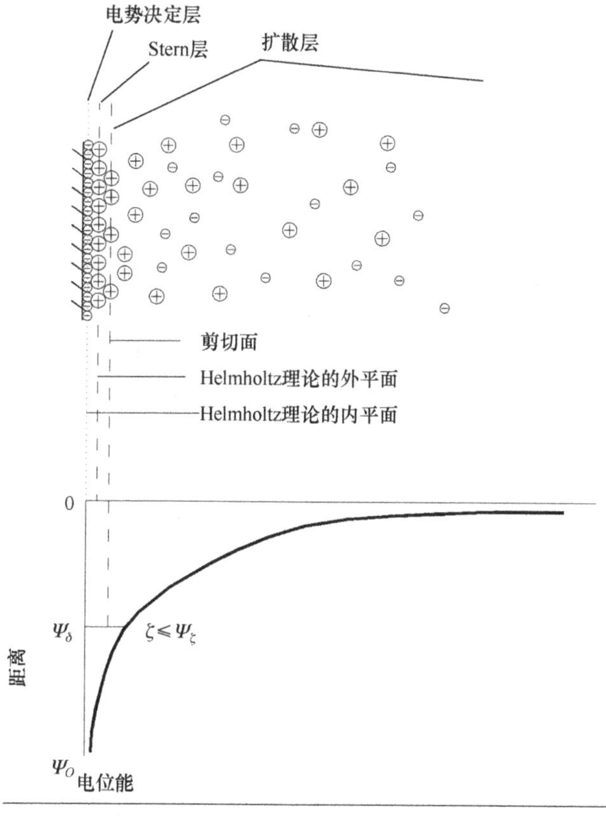

图 7-26　胶体悬浮液中带电粒子的电荷

Helmholtz 首次提出了双电层理论，该理论将双电层视为由带电荷固体表面和液体内相反电荷的外层所组成的平行板电容装置。但在液体中，颗粒、溶质分子和离子是不断移动的，所以后来经多位学者修正的反离子层和扩散层模型显得更切合实际。该双电层模型由一个依靠静电和物理作用力牢固吸附到粒子表面的带相反电荷的离子层，称为 Stern 层，与另一个与粒子表面结合不甚牢固的反离子扩散区，称为 Gouy-Chapman 层或扩散层所组成。

（3）湿部电荷测量

造纸工厂需要通过测量纸料的 Zeta 电位与电荷需求量来表征湿部体系的动电学状态。Zeta 电位法与电荷需求量法虽然表面上类似，但却是两种不同的现象。Zeta 电位是绝对电荷，其标准单位为毫伏，用以表述体系内电荷的强度（或数值），但不能表示出体系的总电荷含量。电荷需求量是指体系变成中性前，可吸附的阳离子或阴离子电荷数量，因此它是一种测定容量而不是强度的方法。Zeta 电位一般采用电泳淌度仪或 Zeta 电位仪测定，电荷需求量则是采用聚合物滴定法测定。

聚合物滴定法通常是使用适当的聚合物滴定剂滴定纸料滤液，并记录达到电中性所需的聚合物量。一般用流动电流检测仪（stream currency detector，SCD）或用染料指示剂测定终点，也可用其他传感器。电荷需求量可用单位流体的聚合物量（mL 聚合物/mL 水）或单位固形物的聚合物摩尔量（μmol 聚合物/g）表示。滴定剂一般以聚二烯丙基二甲基氯化铵（PDADMAC）作为阳离子滴定剂和以聚乙烯磺酸的钾盐（PVSK）或聚乙烯基磺酸盐的钠盐（PESNa）作为阴离子滴定剂。

7.5.3 聚丙烯酰胺用作造纸助留剂

现代高速纸机在成型网部的脱水强度非常高，单纯依靠网格和纤维垫层的阻挡作用无法保留住纸料中的细小纤维和填料，加上二次纤维的大量使用，纸机封闭程度的提高，如何使纸料中的胶体分和各种功能添加剂尽量多地保留在纸页上，而不是在湿部白水循环中做无谓的空转，成为一项非常具有挑战性的要求。假如不添加任何助留剂，在高速文化纸机上，填料的单程留着率（或称为“保留率”）将低于 15%，细小纤维的单程留着率将低于 20%，纸机的运行将难以进行下去。因此，助留剂在当今现代造纸机上发挥着不可或缺的关键性作用。

（1）留着率定义与测量

总留着率（true retention）：也称为“真实留着率”，指单位时间内从调浆箱流入流浆箱的固体量与干燥部产量的比较。对于具有高效白水和损纸回收系统的工厂，总留着率应在 95%以上。

单程留着率（first pass retention）：在某个时间点，将流浆箱中固体浓度与白水盘中的固体浓度相比较，由此得出的差值比率定义为“单程留着率”，其实质是“单程固体留着率”。即：

单程留着率（%）=（流浆箱固体浓度–白水盘固体浓度）/流浆箱固体浓度×100%

（2）助留剂的作用机理

纤维表面的负电荷有多种来源与形式，一种是存在于纸浆中的纤维素和半纤维素组分中的糖醛酸；一种是纤维在蒸煮、漂白等制浆过程中在纤维素、半纤维素和木质素大分子上反应生成的羧酸基（—COOH）和磺酸基（—SO_3H）。浆内添加的填料主要是沉淀碳酸钙（PCC）、研磨碳酸钙（GCC）、高岭土和滑石粉，其粒径在 0.1～5.0μm，表面带有负电荷。

对于纸料在网部的留着有提升作用的化学添加剂包括聚丙烯酰胺、聚二烯丙基二甲基氯化铵、聚胺和聚乙烯亚胺等合成水溶性高分子，改性淀粉、改性纤维素和改性壳聚糖等天然源水溶性高分子，以及 PAC、明矾等无机聚电解质。上述产品之所以能够发挥纸料留着功能，本质上缘于它们与纤维/填料之间的电性作用，即异性电荷之间的强相互吸引与吸附作用。业界公认的助留剂作用机理为两种：凝结作用（coagulation）和絮凝作用（flocculation）。

①凝结作用　在液体中，表面中性的胶体粒子借助布朗运动和碰撞概率很容易在范德华力作用下凝聚在一起成为大一些的颗粒；而假如胶体粒子的双电层厚度很大，表面负电位很高，要使两个相互排斥的粒子紧密接近到足以形成范德华引力的程度，将是非常困难的。如果能够增加液体中反离子的浓度，由此屏蔽表面电荷、压缩双电层厚度和降低 Zeta 电位，则有利于减少电荷斥力而使粒子之间相互接近，当粒子表面开始接触时，范德华引力将处于统治地位，进而使体系发生凝结。纸料中将无机阳离子或低分子量阳离子聚合物引入双电层内，可引发上述过程：无机阳离子吸入 Stern 层，与纤维或填料粒子表面上的负电荷相互作用，造成电荷和双电层厚度双双降低，由此发生凝结；低分子量阳离子聚合物被吸引到粒子表面，因聚合物大分子是可弯曲的，沿聚合物链可在多个点产生阳离子基团与粒子表面阴离子基团的结合，表面电荷得以中和，由此发生凝结。

纸料利用凝结机理所形成的絮团偏小、偏软，难以充分留着在纸页上。所以凝结剂的助留效果不是很好，现在已很少单独用作助留剂，而是将其搭配在高分子助留剂体系中。造纸工业常用的凝结剂有明矾、PAC、阳离子淀粉、聚胺、聚二烯丙基二甲基氯化铵（PDADMAC）和聚乙烯亚胺（PEI）等。

②絮凝作用　纸料的絮凝作用是纤维/填料粒子与水溶性高分子聚合物（阳离子、阴离子、非离子或两性离子型）之间通过桥联（bridging）机理或补缀（patching）机理而发生的絮凝反应。图 7-27 是这两种机理的原理。

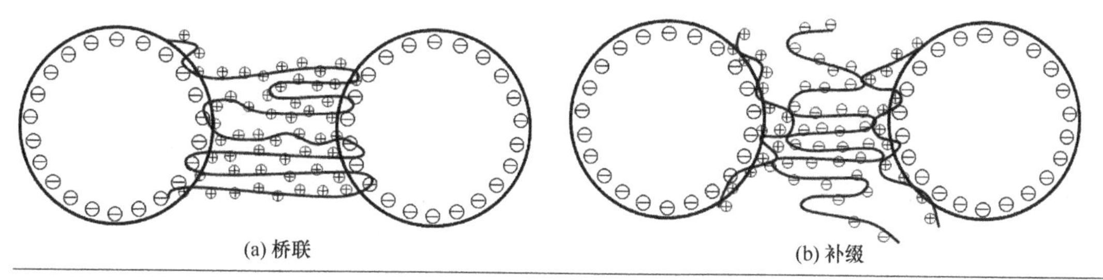

图 7-27　纸料中悬浮颗粒絮凝反应的两种作用机理

在絮凝作用的桥联机理中，高分子量的阳离子型聚合物吸附在纤维或填料粒子表面上。聚合物可设想为在溶液中卷成不规则环状，其大小随电荷密度而变动。电荷密度越大，分子内部斥力越大，由此引起分子链伸长，而使环状链段有较大的回转半径。聚合物以一系列的环状链段（延伸到溶液中的链段）和线状链段（吸附在表面上的链段）固着在粒子表面上。当从粒子表面向溶液深部延伸的环状链段超出双电层伸入溶液中时，如图 7-27（a）所示，它们与其他粒子碰撞后能立即相互作用而吸附在此粒子表面。两个粒子表面之间，即纤维与填料之间，或者纤维与细小纤维之间形成物理连接，称为聚合物桥联。由于粒子之间大量环状链段的物理连接（类似于一座座桥梁），使得这种架桥絮凝作用势必显示其对流体动力剪切力的高抵抗性能。当作用于特别细小的粒子，如细小纤维和矿物细颗粒上时，桥联作用显得特别有效。

在絮凝作用的补缀机理中，需要阳离子型助留剂与阴离子型助留剂的双元配合。在纸料中先添加阳离子型助留剂，后添加阴离子型助留剂，由此在纤维/填料粒子之间产生一种协同增强的絮凝反应。如图 7-27（b）所示，先行与纤维/填料粒子接触的阳离子聚合物在粒子表面产生多点强力吸附，纤维/填料粒子表面被阳离子型助留剂以补片状大范围覆盖，后续添加的阴离子型助留剂将在两个粒子的阳离子补片之间形成强有力的桥联。先行添加的阳离子聚合物可以是低分子量高阳离子度的凝结剂，也可以是高分子量中低阳离子度的絮凝剂；如果是后者，一般会在添加阳离子聚合物与纸料絮凝形成大絮团后，再借助流送系统的剪切力将大絮团打碎，得到表面覆盖有阳离子补片的小絮团。后续添加的阴离子型助留剂可以选择无机膨润土微粒、无机硅胶微粒、阴离子有机微粒，或者是阴离子高分子聚合物。一般将无机/有机阴离子微粒在带有阳离子补片的纤维/填料粒子之间的桥联作用描述为镶嵌作用或补缀作用。这种由阴、阳两型助留剂的补缀机理所形成的絮凝物的内部黏着力非常强，能够顽强地抵抗高速纸机的强剪切力，对于填料有很好的留着率，但使用不当时可能引起过度絮凝问题。

(3) 用作造纸助留剂的聚丙烯酰胺及其产品类型

聚丙烯酰胺，特别是分子量在 400 万～800 万的中高范围、中低离子度（阳离子度或阳离子电荷密度在 10%～20%，摩尔分数）的阳离子型聚丙烯酰胺是造纸助留剂的主力品种。基于造纸湿部系统的复杂性和纸机高速度、高强度脱水的生产负荷，以及对于纸张产品的高品质要求，普通的聚丙烯酰胺絮凝剂产品不能在造纸机上应用。针对不同的纸机、纸种和浆料条件，需要经过实验室和现场试验为纸机筛选合适的聚丙烯酰胺品种，更多情况下，需要筛选出一个多元产品的助留剂组合体系。按照纸机湿部动电学测量，确定合适的聚合物离子特性。总体而言，用作造纸助留剂的聚丙烯酰胺要求有较窄的分子量分布、精准的电荷需求量控制、非常低的不溶物含量和很快的溶解速度。

20 世纪 90 年代开始，我国大量引进国外先进的造纸机，由此带入了国外先进的造纸助留剂产品和应用理念。最早进入中国的聚丙烯酰胺助留剂主要来自英国的 Allied Colloids 和德国的 Stockhansen 等欧美公司，直到 2010 年之前，进口助留剂几乎完全占据国内造纸市场。近十年来，随着江苏富淼科技股份有限公司在固体 CPAM 型、水包水分散体型、反相乳液型和阴离子有机微粒型聚丙烯酰胺助留剂生产技术和应用技术开发上取得成功，国产聚丙烯酰胺助留剂已在玖龙、理文、太阳、华泰、山鹰、世纪阳光等大型纸机上大量取代进口或国际公司的产品，促进了国内造纸业的进步与发展。

用作造纸助留剂的聚丙烯酰胺分为阳离子聚丙烯酰胺（CPAM）、阴离子聚丙烯酰胺（APAM）和两性聚丙烯酰胺（AmPAM）三类。

CPAM 助留剂产品包括固体、反相乳液和水包水分散体三种产品形态，每一类产品形态有其独特的产品特性和适用范围。CPAM 助留剂是丙烯酰胺（AM）与阳离子单体 DAC（丙烯酰氧乙基三甲基氯化铵）的共聚物。CPAM 助留剂引起纸浆絮凝作用的一个简单验证是将 CPAM 与从纤维中筛分出的细小纤维进行直接反应；当溶解在水体中的 CPAM 分子靠近这些细小粒子时，借助静电引力而吸附在粒子上，引起快速絮凝。

水包水分散体型（water-in-water dispersions，或 W/W）CPAM 产品是一类特殊的聚电解质产品，国内开发出一种基于高密度聚电解质分散体系的水包水分散体型 CPAM 助留剂，其具有中等分子量和中等阳离子度，对于废纸浆表现出优异的助留与助滤综合性能。分析研究说明这种 CPAM 分子对于细小纤维的吸附力非常强，表面吸附有阳离子大分子的细小纤维粒子可以很好地与大尺寸纤维分子相结合，在大的纤维絮体之间形成丰富的脱水通道，从而提高纸浆的滤水性。

传统的阴离子聚丙烯酰胺（APAM）是丙烯酰胺与丙烯酸（钠）的共聚物，它只在酸性造纸体系中与明矾搭配使用。当 APAM 作为助留剂使用时，纸料中的纤维/填料粒子必须首先用阳离子型凝结剂进行电中和处理。凝结剂可以是原先就存在于纸料中，也可以是专门加入以增强 APAM 使用性能的。这样，APAM 絮凝剂就附着在粒子的阳离子吸附点上，并以桥联补缀式絮凝将粒子连接起来。

有机微粒聚合物（也称为超微粒聚合物或微聚物，micro polymers）是基于阴离子型聚丙烯酰胺的经过特殊结构设计的 APAM 型聚电解质，它与 CPAM 助留剂配合组成有机微粒助留剂体系。近年来，这种基于补缀机理的双元助留剂体系在高加填、高强度脱水的造纸机上得到积极的应用。

两性聚丙烯酰胺（AmPAM）一般是用作干强剂，很少有人专门拿它当作助留剂使用。在使用环境合适的情形下，两性聚丙烯酰胺具有一定的助留作用。

（4）助留与助滤的关系

滤水助剂与助留剂关系密切，实际上，大多数助留剂都可以增加网部的滤水速度；因而助留剂也常被称为助留助滤剂（retention and drainage Aids）。通常，带有阴电荷的纤维和细小纤维具有一定的保水性，无论在自由滤水阶段，还是在真空脱水、压榨脱水和热力干燥阶段，保水性都是脱水性的对立面。而阳离子聚合物与纸料粒子之间形成的凝结物和絮凝物，可以创造丰富的滤水通道。因此，对于能提高留着率的聚合物而言，人们总是希望它能同时增加滤水速度。然而，情况并非如此简单，在一些情况下，留着率可能起变化，而滤水速度保持恒定。甚至过于硕大的絮凝物可能因为对于水分的过度包覆，而不利于后阶段的脱水与干燥。因此，如果纸机对于增加滤水速度有着明确的期许，则在选择助留剂时应当考虑专门的助滤剂。

（5）助留剂应用体系

①高分子量 CPAM+凝结剂：这是一种最为传统的助留剂应用方式。凝结剂的主要功效是清除纸料系统中的阴离子垃圾（trash），为高分子量 CPAM 助留剂发挥最大的作用创造良好的电荷环境。因此，该应用体系一般视作单元助留体系，而非双元助留体系。用作阴离子垃圾固着剂（或捕捉剂）的产品包括传统的明矾、聚合氯化铝、聚二烯丙基二甲基氯化铵和聚胺等。鉴于凝结剂的添加与否更大程度上依据湿部电荷测定的结果而定，甚至已经有造纸厂在纸机上安装在线电荷测定系统，实现自动地调整凝结剂或阴离子垃圾固着剂的添加量。因此，在下面介绍的双元或三元助留剂应用体系讨论中，我们自动默认凝结剂是依据需要进行添加的。

②高分子量 CPAM+水包水分散体型 CPAM 助留体系：这是一种具有实用价值的双阳离子组合助留剂系统。如前所述，具备中等分子量水平和中等阳离子密度特征的水包水型 CPAM 聚合物对于细小纤维具有出色的保留效果，与高分子量的 CPAM 助留剂搭配使用，不仅拥有优异的助留性能，而且具备突出的滤水性能，尤其对于国内复杂的废纸原料的适应性强。该助留体系在以二次纤维作为主要原料生产新闻纸、箱纸板和涂布白纸板等大型纸机得到广泛应用。不同于阳离子 CPAM+阴离子微粒的“阳+阴”组合，双阳组合系统无需为了创造一定的阴离子结合力而在第一元操作时添加过多的阳离子聚合物到纸料中，因

此它可以节省助留剂成本，还可以避免系统进入过阳状态。

案例一：在大型高速新闻纸机上的应用。国内某大型新闻纸机，纸机系由芬兰 Metso 公司制造，装备最新型 Optiflo 立式夹网带稀释水单层流浆箱，幅宽 10200mm，运行车速在 1650～1750m/min，在中性条件下抄纸，未进行浆内施胶和表面施胶。使用 85%～95% 旧报纸和 5%～15% 旧书刊纸为原料的脱墨浆，生产 42～45g/m² 的高级胶印新闻纸。网部水系统中阳离子电荷需求量控制在 200～300μeq/L 的水平。由于受节水节能等环保政策的约束，原料的变化、纸机湿部化学环境发生改变，一般的助留剂在性能或成本上不能满足需求。在使用国产高分子量 CPAM+水包水分散体型 CPAM 助留体系后，纸机的单程留着率得到 12～15 个百分点的提升，运行稳定，成本合理。

案例二：在大型涂布白板纸机上的应用。国内某现代化高速涂布白板纸机上，助留助滤剂采用国产阳离子高分子量反相乳液型 CPAM，搭配国产新一代水包水分散体型 CPAM，取得良好效果。该纸机生产涂布白板纸的定量范围 230～500g/m²。纸机系由德国 Voith 公司制造，带四个流浆箱的水平长网纸机，每层浆提供最新型 MasterJet Ⅱ带稀释水流浆箱，幅宽 6600mm，运行车速在 650～870m/min，纸机在中性条件下抄纸，面层与底层进行浆内 AKD 施胶，纸机设计有机内表面施胶，机内在线涂布，装备有三道面层涂布机以及一道底层背涂。面衬层浆料使用脱墨浆，芯底层使用混合废纸浆。这种高档印刷涂布包装纸板的生产，产品定量大，脱水困难，对原纸的匀度要求也比较高。除需要造纸设备新成型技术配套外，在抄造过程中，纸机湿部化学品也需要匹配滤水能力强的助留剂产品。该纸机采用双阳助留剂系统生产出来的纸品质量优良，匀度很好，纸机运行稳定，车速有 20%～30%的提升，纸机单程留着率也有 10～20 个百分点的提高，如图 7-28 测试结果所示。

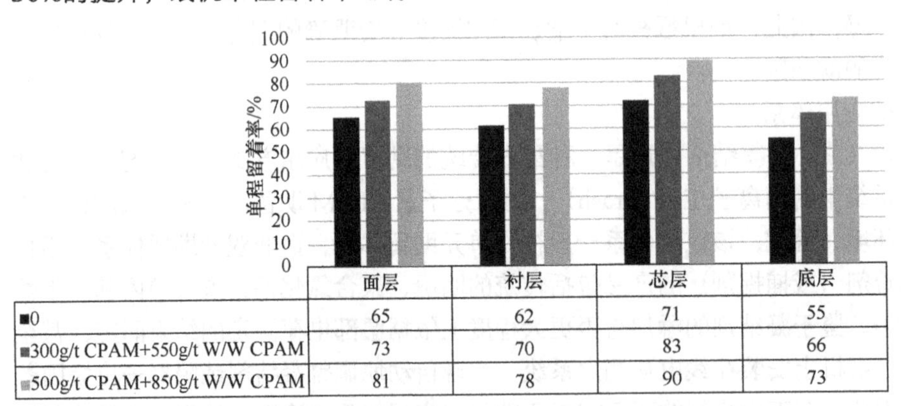

	面层	衬层	芯层	底层
■0	65	62	71	55
■300g/t CPAM+550g/t W/W CPAM	73	70	83	66
■500g/t CPAM+850g/t W/W CPAM	81	78	90	73

图 7-28　高分子量 CPAM+水包水分散体型 CPAM 助留体系在涂布白纸板纸机上的应用

③高分子量 CPAM+有机微粒聚合物助留体系：有机微粒聚合物是基于 APAM 的结构化高分子。高分子量 CPAM 与有机微粒聚合物组成的有机微粒体系是最新一代助留剂系统，具有类似于无机微粒助留体系作用机制，但助留效果更强，特别是针对高灰分、高车速的浆料系统，这种组合应用方式通过补缀机制所形成的纸浆絮聚能力更强，填料留着率更高，耐受系统阴离子垃圾能力更强。

案例三：在大型涂布白面牛卡纸机上的应用。国内某大型涂布白面牛卡纸机，三层夹网成型器，运行车速 1100m/min，纸种定量为 110～235g/m^2 面层浆料配比为 30%针叶木浆+65%阔叶木浆+5%脱墨浆，衬层为脱墨浆，底层为 20%美废+80%国废。面层和底层采用 ASA 浆内施胶，面层添加有填料 GCC/PCC 80kg/t 纸。中性抄造，纸料 pH=6.5～7.5，电导率在 3000～4000μS/cm，阳离子电荷需求量在 200～400μeq/L。该纸机采用国产高分子量 CPAM+有机微粒聚合物双元组合体系，与单元助留剂相比，各层单程总固形物留着率和细小组分（细小纤维+填料）留着率提升 5～15 个百分点，湿部系统运行更加稳定。尤其是针对 ASA 施胶剂，稳定的细小组分保留是保持纸张施胶质量的关键。针对该纸机面层纸料的单程留着率测试对比结果参见图 7-29。

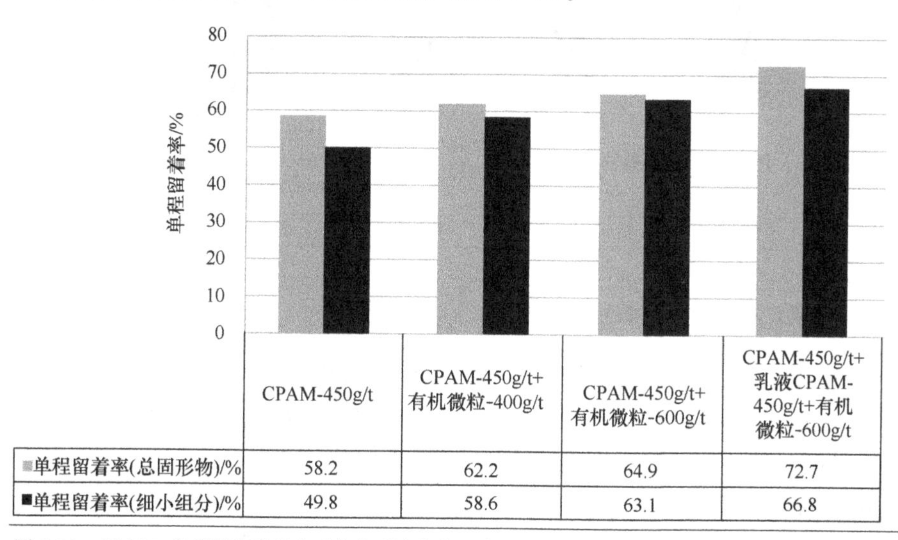

	CPAM-450g/t	CPAM-450g/t+有机微粒-400g/t	CPAM-450g/t+有机微粒-600g/t	CPAM-450g/t+乳液CPAM-450g/t+有机微粒-600g/t
单程留着率(总固形物)/%	58.2	62.2	64.9	72.7
单程留着率(细小组分)/%	49.8	58.6	63.1	66.8

图 7-29　CPAM+有机微粒助留体系在大型涂布白面牛卡纸机面层上的应用

④高分子量 CPAM+膨润土微粒（bentonite）助留体系：膨润土的主要成分是蒙脱石，它是一种三维结构，长约 300nm，厚度不到 1nm，占膨润土的 85%～90%。膨润土具有很强的吸湿性，能吸附相当于自身体积 8～20 倍的水而膨胀至 30 倍；在水介质中可分散成胶体悬浮液，并具有一定的黏滞性、触变性和润滑性；膨润土微粒拥有高阴离子电荷、在溶液中可形成双电层、高表面积的胶体，具有较强的阳离子交换能力和吸附能力。CPAM+膨润土微粒体系三十年前由英国联合胶体首次提出并以 Hydrocal 名称推向市场；早期国内造纸厂需要大量进口助留级膨润土产品，现在已经基本由国内生产厂家所供应。CPAM+膨润土微粒体系比传统的单元 CPAM 助留剂表现出更加优秀的细小纤维留着率、滤水率和更好的纸页匀度。膨润土微粒的高表面积对于吸附和屏蔽系统中的杂质是有益的，因此该助留剂体系在碱性低定量涂布和非涂布书写印刷纸上、低定量含机械木浆的书写印刷纸上可以发挥良好的作用。

案例四：在大型包装纸板纸机上的应用。国内某大型箱板机，三层长网成型，运行车速 1000m/min，纸种定量为 150～250g/m^2。浆料配比为 50%美废+30%国废+20%欧废，面层添加有填料。中性抄造，纸料 pH 在 6.5～7.5 之间，电导率在 4000μS/cm 左右，阳离子电荷需求量在 400～500μeq/L。该纸机采用国产高分子量 CPAM+膨润土微粒双元组合体系。与单元助留剂相比，双元微粒系统对于各层纸料的单程总固形物留着率和单程细小组分（细小纤维+填料）留着率的提升幅度在 5～10 个百分点，纸机系统运行更加稳定。针对该纸机底层纸料的单程留着率测试对比结果参见图 7-30。

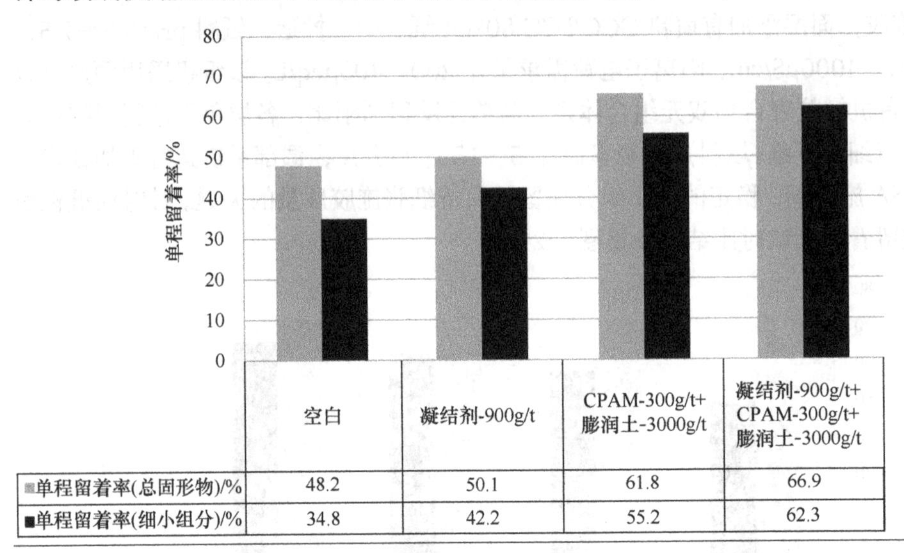

	空白	凝结剂-900g/t	CPAM-300g/t+膨润土-3000g/t	凝结剂-900g/t+CPAM-300g/t+膨润土-3000g/t
单程留着率(总固形物)/%	48.2	50.1	61.8	66.9
单程留着率(细小组分)/%	34.8	42.2	55.2	62.3

图 7-30　CPAM+膨润土微粒助留体系在包装纸板底层上的应用

⑤阳离子高分子+胶体二氧化硅微粒助留体系：胶体二氧化硅微粒体系也可称为二氧化硅微粒体系（silica microparticle system）。它的作用机理与上述 CPAM+膨润土双组分聚合物体系相同。它是以二氧化硅微粒与天然聚合物（一般为阳离子淀粉）或合成聚合物（一般为阳离子型聚丙烯酰胺）联合使用而起到助留作用的一种双组分助留体系。最早由瑞典依卡诺贝尔公司所开发的 Compozil 微粒体系，即由胶体二氧化硅与阳离子淀粉组成。胶体二氧化硅通常是由水玻璃加酸进行酸化（或通过酸性离子交换树脂去除金属离子）制成。胶体二氧化硅微粒体系在保持纸页匀度的情况下，对于填料和细小纤维有很好的保留作用，同时，它不会给纸品的白度带来负面影响。

⑥高分子量 CPAM+膨润土微粒+有机微粒聚合物三元助留体系：针对现代化纸机系统复杂而严苛的湿部抄造环境和高强脱水负荷的需求，造纸化学品开发者推出了 CPAM+膨润土微粒+阴离子有机微粒的三元组合助留剂体系。该体系结合了膨润土微粒高比表面积的强吸附能力和有机微粒的高抗剪切力能力，得到了相比于任何两元体系更好地保留效果和纸机运行稳定性。

案例五：大型高档文化纸的应用。某国际集团在国内的两台大型文化纸机上，湿部化学品助留助滤剂使用国产阳离子聚丙烯酰胺 CPAM 和膨润土，搭配国产阴离子有机微粒的助留剂组成的系统，生产 60～120g/m^2 的高档胶印书刊纸和静电复印纸。纸机水循环系统运行稳定，填料的控制能达到质量性能的要求，并达到国外纸机原设计要求的运行水平。这两台国际领先水平的现代化大型文化纸机，由芬兰 Valmet 公司制造，配置新型 Optiflo 立式夹网带稀释水单层流浆箱，幅宽 8800mm，运行车速在 1650～1800m/min，纸机采用 ASA 浆内施胶，在中性条件下抄造，带有表面施胶机，使用 10%～15%硫酸盐长纤+75%～80%硫酸盐阔叶木浆+0～10%漂白化机浆作为抄纸原料，在配浆管中，每吨纸添加有 200～250kg 的 $CaCO_3$ 填料来改善光学性能，网湿部化学的阳离子需求量控制在 100μeq/L 以内。由于灰分的增加，细小颗粒物质不容易留着在纸幅上，很容易逃逸出处于高速脱水的成型网两面，流入白水系统中，影响纸机内循环负荷与处理能力，因此该纸机对纸料的留着要求非常高。这台纸机在使用国产阳离子聚丙烯酰胺 CPAM+膨润土微粒后，增加搭配使用国产有机微粒产品，组成三元助留剂体系，纸机的留着率有 5 个百分点的提升，如图 7-31 所示。

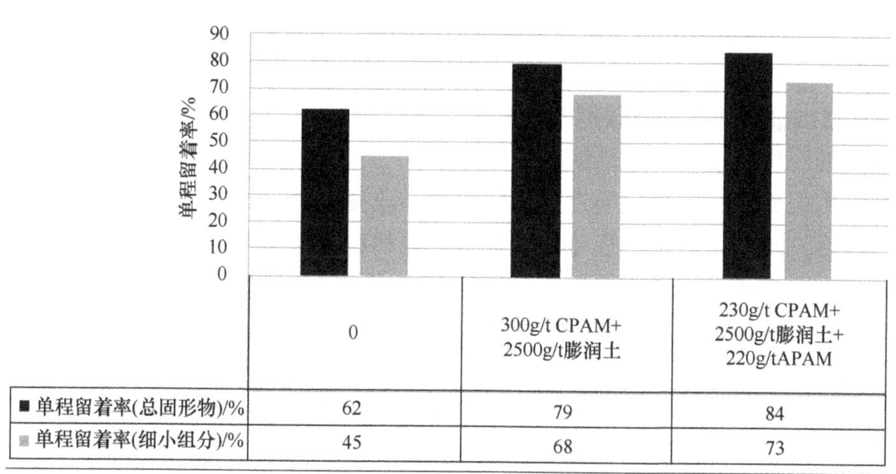

	0	300g/t CPAM+ 2500g/t膨润土	230g/t CPAM+ 2500g/t膨润土+ 220g/tAPAM
■ 单程留着率(总固形物)/%	62	79	84
■ 单程留着率(细小组分)/%	45	68	73

图 7-31　CPAM+膨润土微粒+有机微粒三元助留体系在某大型高档文化纸机上的应用

7.5.4　聚丙烯酰胺用作纸张干强剂

（1）纸张的强度性质

纸和纸板具有普通结构材料的所有机械特性，其重要的强度性质包括：抗张强度、抗撕裂强度、耐折强度、抗弯曲强度、耐破强度、表面强度、内结合强度及抗压强度。由于水对纸张强度有特殊影响，因此纸张强度性质通常分为干强度和湿强度两大类，这两类强度性质虽然有一定相关性，但是一般将湿强度作为另一课题进行讨论。文献中除非特别标明，一般所述及的强度性质均是指干强度。

不同纸种对于强度性质的要求是不一样的，新闻纸要求有很好的抗张强度、抗撕裂强度和表面强度；箱板纸要求有很好的耐破强度、耐折强度和抗压强度；而静电复印纸除了对抗张强度和抗撕裂强度有一定要求之外，对纸张挺度也有一定的要求，以保证纸张在复印机中的尺寸稳定性。

浆料配料和造纸工艺对纸张的强度具有重大影响。就配料而言，针叶木长纤维比阔叶木短纤维生产的纸张的强度高，添加填料会降低纸张的强度。就加工工艺而言，碱性条件比酸性条件下生产的纸张的强度高，加强压榨和磨浆均可增加纸张的强度。配料和加工工艺通过以下四个基本因素对纸张的强度产生影响：①纤维本身的强度；②纤维间结合的强度；③纤维间结合的数目或面积；④纤维的分布（纸页成形）。

纤维本身的强度受制于木材种类、制浆和漂白方法以及纤维的循环回用次数。纤维回用的次数越多，其自身的强度就越低。

打浆对纸张的强度性质有极为重要的影响。纸张的大多数强度性质随打浆度的增加而增加，但是抗撕裂强度例外。纸张的挺度、表面强度和内结合强度随着打浆度的增加而增加；而耐折强度先是随着打浆度的增加而增加，达到最高值后随打浆度的增加而下降。

纸页成形的好坏直接影响到纤维内部结合的优劣，不良的纸页成形对纸张强度有负面影响。湿部化学添加剂通过絮凝和滤水作用对纸页成形产生影响，过度絮凝会导致凹凸不平的不良成形的纸页，而缓慢的滤水速度会要求提高网前箱的纸料浓度，这将使获得良好成形变得更加困难。

(2) 二次纤维造纸推动了纸张干强剂的发展

废纸回收到造纸厂后，通过纤维疏解、洗浆等加工工艺而成为废纸浆或二次纤维。二次纤维与原浆纤维相比，其物理化学性质已经发生了改变：经历再次或者多次的机械加工和热加工过程后，纤维细胞壁出现龟裂现象致使颜料粒子或其他杂质可随着水分从龟裂处进入细胞壁中；纤维长度会因机械剪切作用而变短；纤维素分子链出现羟基脱落现象使得纤维之间的氢键结合点减少。二次纤维物化性质的这些改变导致纤维湿韧性或可塑性降低、纸张强度降低的不可逆变化被称为纤维的衰变。为了补偿二次纤维的衰变，保证纸张的强度性质，基于水溶性高分子的造纸干强剂（也称为增干强剂或干增强剂）应运而生。

理论上讲，能形成氢键的水溶性高分子均可用作纸张干强剂。事实上，半纤维素就是植物纤维本身所含有的天然干强剂。淀粉是由葡萄糖分子聚合而成的高分子糖类，其基本构成单元是α-D-吡喃葡萄糖，化学成分与纤维一致。淀粉和纤维的分子结构中都拥有大量可以形成氢键的羟基，加之其来源广、成本低，使之成为最好的纸张干强剂原料。然而，天然淀粉由于不带电性，在浆料中很难直接保留到纤维颗粒上，所以浆内添加的淀粉干强剂一般是原淀粉经过改性得到的阴离子淀粉、阳离子淀粉或两性淀粉。用作纸页之间喷淋以增强层间结合力的增强淀粉则无需经过改性，一般直接使用原淀粉。我国造纸工业每年消耗的原淀粉和改性淀粉数量总计多达上百万吨。

聚丙烯酰胺干强剂是市场上除改性淀粉之外第二大宗的浆内添加干强剂产品，以折百计算（一般市售聚丙烯酰胺干强剂是质量分数为15%～20%的水溶液产品），我国造纸工业每年消耗聚丙烯酰胺干强剂的数量达到5万吨以上。不仅如此，聚丙烯酰胺干强剂因其品种多样，性能优异，价格适宜，其需求量呈现逐年上升的势头。

其他类型的天然源干强剂如植物胶衍生物、可溶性纤维素衍生物等，以及其他类型的合成干强剂如聚乙烯胺、聚乙烯醇等，因成本普遍较高，所占市场份额均很低。

我国是造纸大国，也是废纸再利用的大国。近十年来，废纸浆在总浆料消耗中的占比多在60%以上；2007年，国内纸浆总消耗量为6769万吨，其中废纸浆消耗量为4017万吨，占比为59.3%；2017年，国内纸浆总消耗量增长到10051万吨，其中废纸浆消耗量为6302万吨，占比为62.7%。而近三年来随着国家对于洋垃圾进口限令的逐步实施，国废的使用比例将进一步提升，由此将带来造纸工业对于干强剂的更高需求。

（3）聚丙烯酰胺干强剂的增强机理

聚丙烯酰胺分子链上的酰氨基能够与纤维颗粒表面纤维素分子的游离葡萄糖羟基形成氢键结合，如图 7-32 所示。研究表明，聚丙烯酰胺-纤维之间的氢键结合力要高于纤维-纤维之间的氢键结合力。不仅如此，聚丙烯酰胺因其极好的亲水性和分子链柔韧性，使其很容易扩展到纤维颗粒的表面而形成近距离接触；这种纤维-PAM-纤维的结合方式下所形成的氢键数目远比纤维-纤维结合方式下氢键数目多，结合面积更大。因此，聚丙烯酰胺干强剂也可以看作是处于纤维颗粒之间的一种化学合成“半纤维素”，起到强有力的黏合作用。

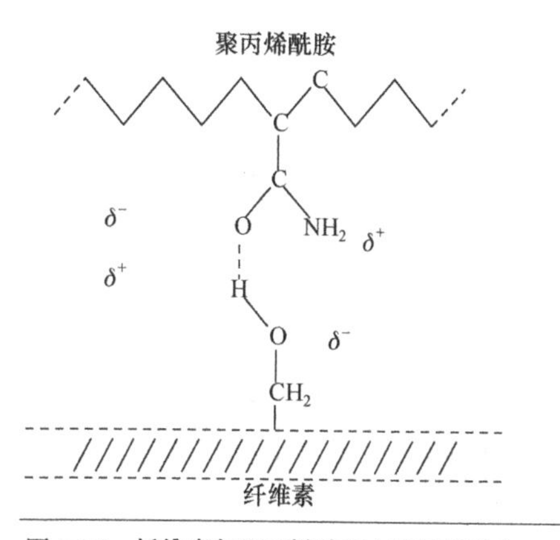

图 7-32　纤维素与聚丙烯酰胺之间氢键结合

使用聚丙烯酰胺干强剂还能够在一定程度上改善纸页匀度，并由此给纸张强度提供额外的帮助。这是由于聚丙烯酰胺干强剂分子量不高，它会在浆料中优先吸附在细小纤维粒子上，改善纸页成形，由此可以得到更均匀分布的纤维之间的结合。

（4）聚丙烯酰胺干强剂类型、特征与应用

聚丙烯酰胺干强剂包括阴离子型、阳离子型和两性离子型三类产品。目前市场上的主流干强剂产品是两性离子型聚丙烯酰胺。

从发展历程来看，最早应用的聚丙烯酰胺干强剂是阴离子型 PAM，但由于阴离子型 PAM 带有负电荷，不能直接吸附到纤维上，必须借助矾土才能吸附。随着酸性抄纸改为碱性抄纸，阴离子型 PAM 干强剂逐渐为阳离子型 PAM 所取代。经验表明，使用弱阴离子 PAM 可以获得比阳离子 PAM 更好的增强效果，虽然用于定着阴离子 PAM 的矾土起一定作用，但其原因尚不十分清楚。也有将阳离子 PAM 干强剂与阴离子 PAM 干强剂进行组合使用的，在这种情况下，添加顺序显得十分重要，采用先加入阳离子 PAM、后加入阴离子 PAM 的方式一般可以获得更好的增强结果。

随着造纸厂对于纸张干强度的要求提高，以及纸机封闭循环程度的提高，抗干扰能力更强的两性离子型聚丙烯酰胺干强剂得到快速发展。两性 PAM 与浆料体系内的阴离子和阳离子物质都能够起反应，从湿部除去多余的离子杂质。这有助于保持湿部的电荷稳定性，形成既可避免干扰而又不明显改变电荷平衡的更稳定的湿部体系。在两性聚丙烯酰胺干强剂的分子链上，阳电荷基团一般是甲基丙烯酰氧乙基三甲基氯化铵单体提供的，阴离子基团一般是由丙烯酸（钠）、异丁烯酸（钠）或亚甲基丁二酸（钠）等单体提供的。

聚丙烯酰胺的分子量对其增强作用也有重要影响，在这方面尚存在一些争论。有些研究者认为，不论聚合物的分子量如何，相同物质的量的聚合物具有相同的氢键结合程度；在相同质量添加量的情形下，低分子量的聚合物具有较高的摩尔浓度，这意味着有更多的聚合物分子与纤维形成氢键结合，因而可获得更高的纸张干强度。然而，过低分子量的聚合物可能因整个分子链吸附于纤维缝隙中而难以在纤维之间产生桥联作用，由此失去增强能力。实际经验表明，用作干强剂的聚丙烯酰胺的最佳分子量范围在 10 万～

100万，这样的聚合物分子尺寸小到不至于使聚合物在纤维颗粒间形成足够的氢键结合而没有过多的冗余分子链段，又大到足以阻止聚合物分子迁移至纤维孔隙中使其失去活性。

PAM干强剂的最佳用量随用途、纸机和纸种的不同而异。一般用量为0.2%～0.5%（以有效物计）。在一定范围内，增强效果随着干强剂添加量的增加而增加，但当用量超过一个数值后，其增强效果趋于平缓。过量添加干强剂可能会造成滤水障碍。

PAM干强剂的最佳加入点随纸机而异，最常用的添加点是把它加到经最后磨浆的浓浆料中。有研究表明，将PAM干强剂加入长纤维组分中比加入短纤维组分中更有利。

国内PAM干强剂的开发、生产和应用在最近五年来得到了快速的增长，生产厂家不下30家，除了专业的化学品生产商外，国内也出现了一些大型造纸厂设立干强剂生产车间的情形。国内厂家所生产的PAM干强剂的产品多数为15%（质量分数）的水溶液，也有部分产品规格为20%（质量分数），其产品黏度在5000～10000cP。

7.5.5 聚丙烯酰胺在造纸工业中的其他应用

（1）PAM用作造纸湿强剂

采用乙二醛改性的聚丙烯酰胺（GPAM）可以用作造纸湿强剂，其原理是利用乙二醛上的醛基与纤维上的羟基发生羟醛缩合反应，使得纤维之间通过湿强剂大分子形成交联。相比于常规UF、MF和PPE类基于交联树脂网络或者共价醚键结合的湿强剂，GPAM的湿增强力度尽管低一些，但对损纸回抄的影响也相对较小，这是缘于羟醛缩合反应的可逆性程度较高。通常，湿强剂的应用对于提升纸料滤水性、提高车速也是有好处的。

（2）PAM用作纤维分散剂

在制造薄页纸（tissue）时，为了得到定量低、匀度好的纸页，有时需要添加纤维分散剂。这里主要是针对长纤维的分散，同时增加纸页的柔软性。尽管聚氧化乙烯（PEO）是最重要的纤维分散剂，高分子量、低阴离子度的阴离子型聚丙烯酰胺也可以用作纤维分散剂。相比于PEO而言，APAM的使用成本更低。现代化大型薄页纸机的车速非常高，流浆箱和网布的设计更加有利于纤维的分散，这种情形减少了对于纤维分散剂的需求。

（3）PAM用作造纸特种水处理絮凝剂

造纸行业是耗水大户，一般造纸厂都配套建设有大型的原水处理和污水处理厂。众所周知，水处理过程离不开PAM絮凝剂，造纸厂的水处理也不例外。PAM在造纸厂常规水处理过程中的应用请参阅本书相关章节，在此不再赘述。此外，造纸行业还有一些特殊的水处理过程需要用到PAM絮凝剂。①造纸黑液的处理。造纸黑液是制浆工艺蒸煮后产生的高pH、高COD、高木质素含量的难降解废水。其COD数值高达每升数万至十几万毫克；除了木质素降解物之外，黑液中还含有半纤维素降解物、色素、糖类、残碱等物质。添加阴离子PAM絮凝剂辅助以PAC类凝结剂进行黑液的絮凝沉降处理，可以有效地去除黑液中的污染物，其COD去除率可以达到50%。②脱墨废水的处理。废纸脱墨浆（DIP）是生产新闻纸和其他纸种的重要纸浆，脱墨废水中含有大量油墨粒子、表面活性剂和细小纤维粒子。通常采用气浮工艺处理脱墨废水，处理后的水会返回制浆工艺实施循环利用。

在气浮工艺中需要添加 PAC+APAM 或者 CPAM 絮凝剂以清除脱墨废水中的悬浮物，包括油墨粒子。③造纸白水的处理。从纸机湿部成型网和压榨部过滤下来的水称为白水，白水中含有湿纸页未能保留下来的所有纸料成分，其浓度在 0.1%～0.4%不等。大部分白水将直接回用作为浓浆的稀释水，少部分白水需要经过纤维回收和澄清处理后再返回纸机系统。这样做的目的是避免盐分和胶体物质在纸机湿部长期循环累积后带来系统动电学失衡，继而造成纸机运行或纸张质量故障。在白水澄清处理中可以添加高品质的 PAM 絮凝剂产品，以提升过程效率和产水水质。

7.6　聚丙烯酰胺在其他方面的应用

7.6.1　在陶瓷的应用

陶瓷行业废水主要产生于生产过程中的球磨（洗球）、压滤机滤布清洗、施釉（清洗）、喷雾干燥、磨边抛光等工序，另外在原料运输洒落及厂内地面粉尘被雨水冲刷时也带来一定的高浊度、高悬浮物废水。废水中的陶泥是经过多道加工的基础原料，价值很高，它的流失和遗弃不仅造成了浪费，而且对环境造成了严重污染。图 7-33 可以整体了解陶瓷污水处理工艺。

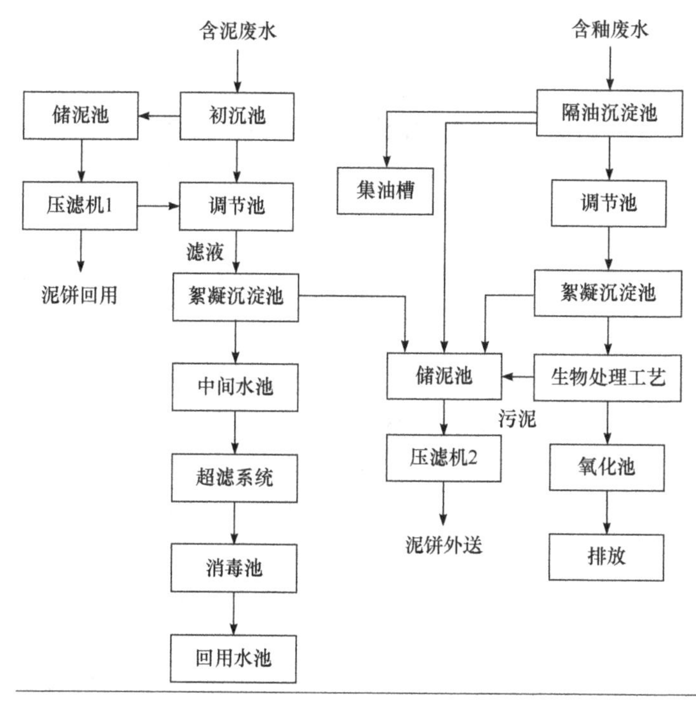

图 7-33　陶瓷污水处理工艺

含泥废水经过初沉池将陶泥等不溶性悬浮物沉降到池子的底部，然后进入储泥池之后压滤重新进行回用。细小的悬浮物经过调节池搅拌之后进入絮凝池，加入 PAM 将细小的颗粒吸附桥架形成大的“矾花”，沉降到絮凝池底部再进入储泥池等待压滤之后将泥饼外送。

含釉废水经过隔油沉淀池将上部密度低的油层打入集油槽中，下部沉降的不溶性悬浮物沉入池子底部进到储泥池进行脱泥外运。细小的悬浮物经过调节池之后进入絮凝池，加入 PAM 使“矾花”沉降之后继而也打入储泥池中，然后进行脱泥工序。经过生物处理之后，产生的生化污泥也将打入储泥池，然后进行脱泥。

7.6.2 在矿选废水的应用

矿石浮选时按照分类可以分为正浮选和反浮选，正浮选是将有用的矿物浮在泡沫产品中，而将脉动矿物留在矿浆中；反浮选则将脉动矿物浮入泡沫当中，而将有用矿物留在矿浆中。反浮选通常应用于脉石矿物少而有用矿物较多的浮选过程中，如精矿的提质等。在常规泡沫浮选时适用 0.5～5μm 的矿粒，具体的粒限视矿种而定。当入选的粒度小于 5μm 时就要采用特殊的浮选方法。如絮凝浮选是用 APAM 使细粒的有用矿物絮凝成较大颗粒，脱出脉石细泥后浮去粗粒脉石。

选矿工艺排水一般是与尾矿浆一起输送到尾矿池，统称为尾矿水。尾矿废水具有水量大、悬浮物含量高、含有害物质种类较多而浓度较低等特点。

尾矿干排克服了传统干排直接排入尾矿库处理的弊端，是现阶段尾矿处理的趋势。尾矿干排主要包括部分干排工艺和完全干排工艺。其中部分干排率在 50%～80%，仍有 20%以上的尾矿量需要排入尾矿库。完全干排采用旋流器 + 浓密机 + 皮带真空过滤机和浓密机 + 陶瓷过滤机和浓密机 + 压滤机等工艺。

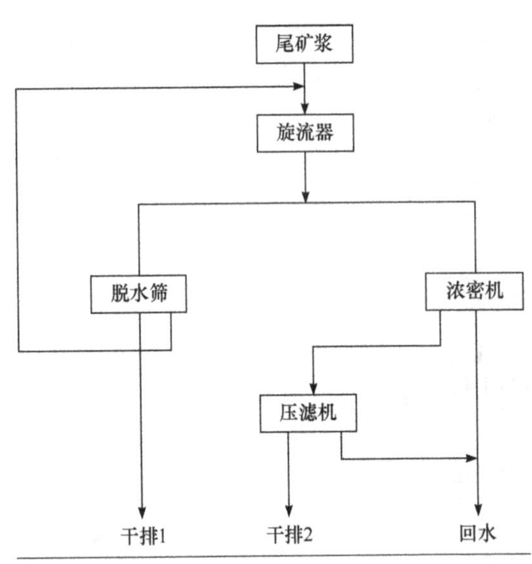

图 7-34　尾矿干排水处理工艺

由图 7-34 可知，来自选矿厂的矿浆首先进入旋流器，经过旋流器浓缩之后，底流浓度可达 65%～70%，直接进入脱水筛，脱水筛的筛上物含水量在 18%以下，由皮带运输机运至干堆场。筛下物返回旋流器给料，即旋流器和脱水筛形成一个简单的闭路系统，保证干料尽可能由脱水筛产出。旋流器的溢流进入膏体浓密机中 2 次浓缩，浓密机的溢流作为回水返回选厂使用，浓密机的底流进入压滤机，滤饼由皮带运至干堆场。

旋流器溢流进入膏体浓密机，能克服膏体浓密机溢流跑浑，大大减轻膏体浓密机的处理压力，有利于提高浓缩产物的浓度，减少膏体浓密机直径，节约场地空间。采用 APAM 可以使膏体浓密机底流浓度很快达到 45%左右，然后采用压滤机处理底流，在得到澄清回水的同时，可以进一步提高物料固含量，达到干堆要求。

人工制砂就是把山石和从河道挖取的河卵石通过冲击式破碎机（又称制砂机）的处理

成为适合建筑使用的砂子。制砂过程中产生的洗砂废水悬浮物很高，不符合排放的要求，而且制砂过程不经过洗砂成品砂石纯度又很低。因此洗砂是非常重要的过程，同时洗砂废水必须经处理后回用。

洗砂废水经过初次沉淀将大颗粒污泥去除，进入絮凝沉淀池把小颗粒形成较大的絮体，加快沉降速率，一般使用混凝剂或 PAM 进行絮凝反应。当然分子量大的 PAM 处理能力比混凝剂的处理能力要强，投加量也会低很多。根据不同地区的洗砂废水成分不同，其最适合的 PAM 也要通过试验选择，一般使用低水解度的聚丙烯酰胺可以满足工艺要求。

7.6.3　在洗煤厂的应用

原煤为原料进行煤化工生产的企业，选煤和洗煤过程中所产生的煤泥水经浓缩机沉降分层，将煤泥水中的固体物及水尽可能地予以分离达到回收利用的目的。在生产过程中，无论是作为重介质选煤的洗水，还是作为脱介的喷水或者浮选作业的稀释水，一小部分随产品带走及生产过程中的自然蒸发，绝大部分煤泥水都要经过浓缩机处理而成为溢流水并被循环使用，可见溢流水的浊度对生产有着不可忽视的影响。主要体现在尾矿浓度、加压过滤机上饼厚度、周期，产品脱介等多处环节上。为使溢流水澄清，保证洗煤生产用水，在原有的基础上，通过实验及工业生产实践，加入聚合氯化铝，与聚丙烯酰胺进行搭配，可以缩短浓缩机沉降过程，降低溢流水浊度，改善水质。

洗煤专用絮凝剂聚丙烯酰胺 PAM 在处理煤泥水过程中，通过架桥作用、电性中和、吸附作用等使煤泥颗粒迅速絮凝成团、沉降，大大提高选（洗）煤厂生产效率。洗煤专用絮凝剂聚丙烯酰胺作用的发挥及选型与煤泥水水质密切相关，一般采用高分子量阴离子聚丙烯酰胺，有时也会用非离子的聚丙烯酰胺。

7.6.4　在冶炼废水的应用

金属冶炼行业废水是指炼钢、炼铁、轧钢等的冷却水及冲浇铸件、轧件的水。其水质污染程度小、悬浮物高。经过处理的水达标之后再次进入系统作为循环水使用。

在转炉炼钢的过程中，烟气除尘水是主要的废水源。废水中含有大量的氧化铁皮等杂质，悬浮物含量很高，而且在冶炼过程中不同周期的不同时间段废水的成分相差很大。另外由于在炼钢时需要加入石灰作造渣料，大量的钙离子进入废水当中，使废水 pH 增大，悬浮物增多，水的硬度提高。

一般转炉除尘的水处理，先经过絮凝沉淀的方法去除大量的悬浮物，然后投加分散剂（水质稳定剂）实现水质稳定，使循环水系统稳定运行。图 7-35 为转炉除尘废水处理流程。

选取不同时期的转炉废水进行小试实验，综合选择适宜的絮凝剂来确保不同时期的转炉废水都有好的处理效果。在现场使用当中由于转炉废水的悬浮物变化比较大，应该保持较大的投加量以防范突然悬浮物增多而影响到后端的处理工艺。

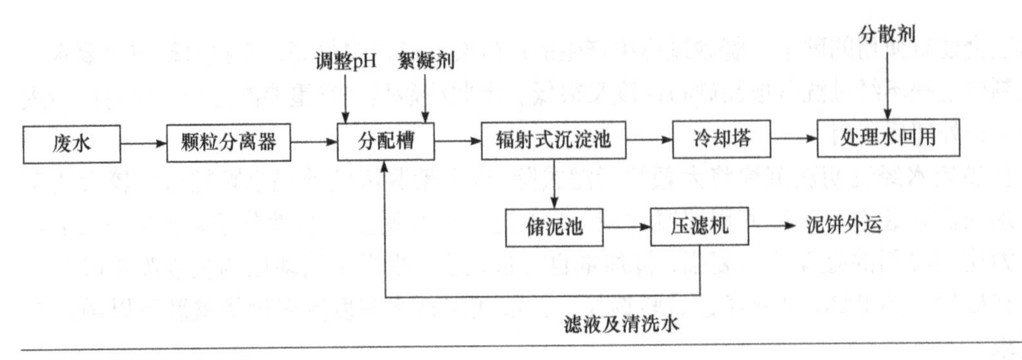

图 7-35　转炉除尘废水处理

7.6.5　在食品工业废水的应用

食品工业废水成分相当复杂多样，包括制糖、酿造、肉类、乳化加工等生产过程中产生的有机废水，具有较强的耗氧性和大量的悬浮物。

制糖工业废水是以甜菜或甘蔗为原料制糖过程中排出的废水，主要来自斜槽废水、榨糖废水、蒸馏废水、地面冲洗水等制糖生产过程和制糖副产品综合利用过程。表 7-6 为不同制糖工艺步骤。

表 7-6　制糖工艺步骤

工艺	提汁	澄清	蒸发	结晶	分蜜	干燥	成品
石灰法	榨汁提液	添加石灰和絮凝剂	蒸发浓缩	结晶提纯	分筛出晶粒	干燥晶粒	原糖
亚硫酸法	榨汁提液	添加石灰 SO_2、絮凝剂	蒸发后再加 SO_2	结晶提纯	分筛出晶粒	干燥晶粒	硫化糖
碳酸法	榨汁提液	添加石灰 SO_2、絮凝剂	蒸发后再加磷酸、糖化钙、絮凝剂	结晶提纯	分筛出晶粒	干燥晶粒	碳化糖
磷浮法	榨汁提液	分为两次添加石灰、CO_2	蒸发后再加入少量的 SO_2	结晶提纯	分筛出晶粒	干燥晶粒	磷化糖

制糖的澄清环节处理主要有三个过程：①加热甘蔗汁；②添加澄清剂；③澄清分离沉淀。影响澄清环节的主要因素是甘蔗的 pH 值、加热温度和澄清时间。把影响因素主要指标控制好，才能尽可能多的保留蔗糖，去除更多的非糖分来确保更好地澄清。当然絮凝剂也是澄清环节最重要的澄清剂之一。

聚丙烯酰胺在制糖工业上也要根据产品最终的流向来选择食品级聚丙烯酰胺或工业级聚丙烯酰胺。

味精废水主要源于发酵液中提取谷氨酸的提取工段。但是谷氨酸的提取工艺的不同，排出的废水也有些不同，不过大多具有 COD 高、BOD 高、菌体含量高、硫酸根多、pH 低、氨氮含量高等特点。所以味精废水也是一种较难处理的有机废水。在前端预处理阶段调整 pH 之后投加混凝剂（PAC、聚铁等），在混凝剂和废水混合之后再加入絮凝剂，使其大颗粒絮体形成絮团，加速沉降效果。由于不同味精厂所用生化处理工艺不同，生化之后产生的污泥处理设备不同，后端生化污泥脱泥处理时也应该通过污泥小试实验去选择不同离子度和分子量的阳离子聚丙烯酰胺，这样才能达到最好的效果。

7.6.6 在化工工业废水的应用

乳胶漆在生产过程中无废水的产生，但是在设备清洗和更换品种方面需要大量的清洗水，水质的变化很大，间歇性排放处理。乳胶漆的化学组分中含有苯乙烯、醋酸乙烯、丙烯酸及其酯类、颜填料和乳化剂等。一般每吨产品生产过程中会有 2～3 吨洗涤废水，这些废水 COD 浓度会达到 7000～15000mg/L，其色度和悬浮物也很高，采用絮凝→加压气浮→煤渣黄沙吸附过滤方法处理洗涤废水效果明显。先添加混凝剂并调节 pH，一般先筛选好混凝剂（硫酸铝、PAC、三氯化铁、硫酸亚铁等），调节 pH 使用 30%NaOH 或生石灰，生石灰处理过后会存在一些废渣。废水调至 pH=8～9 时，再进行投加 PAM，保持好搅拌转速在 60r/min，控制好 PAM 的投加量，当絮体达到最大状态再增加，PAM 的投加量变化不大时，为适宜投加量。此方法处理效果好，占地面积小，投资也较低。图 7-36 为乳胶漆废水处理工艺。

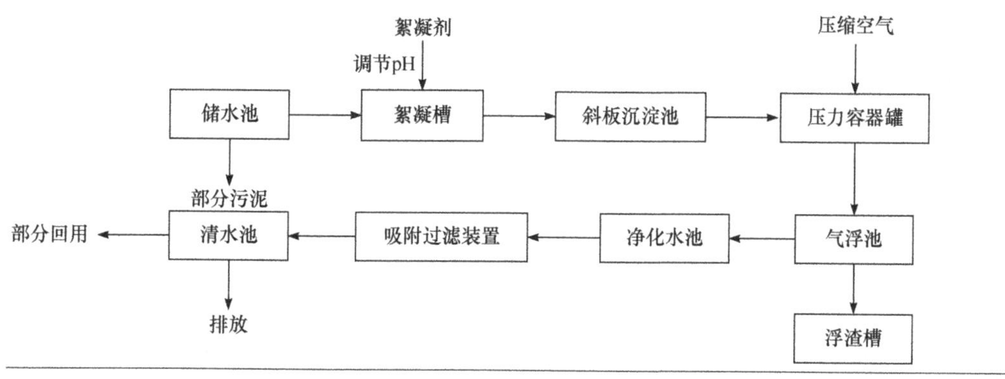

图 7-36 乳胶漆废水处理工艺

农药废水水质复杂，生产品种不同，排出的废水含量不同。其特点是：COD 高、毒性大、有臭味、水质和水量不稳定。这些废水如果直接进入生化系统去处理废水，则直接引起生物菌群的死亡，导致生化系统的瘫痪，一般都会先经过预处理，物理沉降和化学反应掉大部分的有毒有害悬浮物和有害物质，再进入废水生化系统当中。使用混凝剂（有机混凝剂和无机混凝剂）和絮凝剂联合使用，进行絮凝沉淀处理，让其杂质沉降下来，上清液去往下一道工序。一般有机混凝剂进入系统中携带的其他杂质相对于无机混凝剂要少，而且不含金属杂质，投加量要远远低于无机混凝剂。但是目前有机混凝剂其价格比较高，人们的选择因而受到限制。

7.6.7 炼油厂污水处理

炼油厂污水是一种污染物成分复杂，生化环境较差，含油种类繁多、浓度高等的工业污水。随着三次采油的不断深入，进厂的原油含化学添加剂的成分更是越来越繁多，因此炼油厂污水处理和循环水使用是十分必要的。

如图 7-37 所示，含油污水进入调节罐中，由于油的密度要低于水，把一部分的污油直接进行物理分离送至污油池，污水经过初步处理后，自流进入隔油池，含油废水在池内呈平流状态推进，随着水流，密度较轻的油珠浮上水面、较重的泥沙沉入池底。在该阶段主要去除水体中直径大于 0.1mm 的悬浮油。

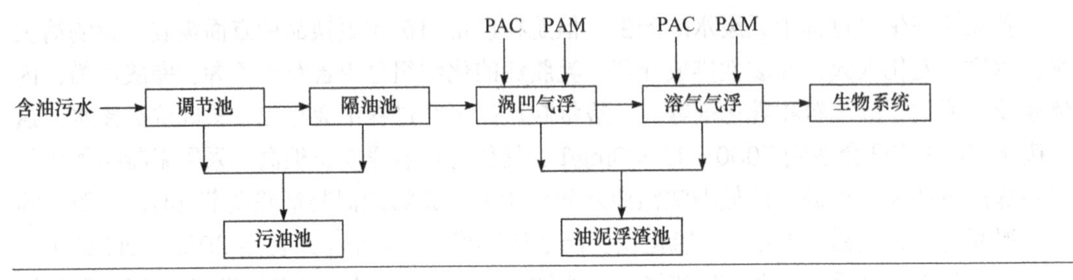

图 7-37 炼油厂污水处理工艺

平流隔油之后采用两级气浮工艺。因进入气浮的污水中油品多为微细而不易上浮的油珠，为此采用投加混凝剂 PAC 和絮凝剂 PAM，形成较大含油絮凝体，并与水中大量微细气泡碰撞，黏结成较大的絮凝体气泡升至水面，促进水中悬浮微细污油的清除。为使去除细小污油更加彻底，气浮设施多采用两级串联，经一级气浮处理后出水中油的含量降至 50mg/L 左右，再经二级气浮处理后出水中油的含量小于 20mg/L。含油量小于 20mg/L 的污水可以进入下一步生物处理系统。经过生物系统和深度处理之后达标排放或回用。

7.6.8 在制药废水的应用

抗生素废水属于色度高、含多种难以降解成分的高浓度有机废水，采用 PAM 和混凝剂相结合的药剂处理，可以达到很好的处理效果。抗生素废水处理主要有物理法、化学法、生物法等。物理法包括：混凝、气浮、吸附、吹脱、电解、离子交换和膜技术处理。化学法包括：臭氧氧化法、芬顿氧化法、电化学技术。生物法包括：SBR、MBR 和厌氧技术。混凝法是目前最普遍的一种处理方法，它被广泛用于制药废水预处理及后处理过程中，通过投加化学药剂，使其产生吸附中和微粒间电荷、压缩扩散双电层而产生的凝聚作用，破坏废水中胶体的稳定性，使胶体微粒互相聚合、集结，在重力作用下使其沉淀。在混凝之后投加 PAM 可以快速地使其悬浮物颗粒快速沉淀，这样可以有效地处理水中的杂质。

7.6.9 PAM 用于水土保持

20 世纪 90 年代，水溶性聚合物 PAM 因其具有水土保持价值而重新受到重视。与早期 PAM[分子量低、用量大（250～500kg/hm^2）、翻入耕层]相比，新的聚合物[高分子量 APAM、用量小（0.5～3kg/hm^2）]在经济、环境、水土保持、灌溉效率等方面均显示出一定的优越性。

粉状 PAM 具有水溶性，降雨时可随水分扩散并均匀渗透到土壤孔隙内呈饱和。由于 PAM 具有絮凝性，遇到雨水中悬浮的土壤颗粒时，一个组分可吸附多个土壤颗粒，而一个土壤颗粒也能被多个组分分子吸附，从而产生大的絮团。这些絮团降低了环境对土壤表面的侵蚀力，而分子团的作用减少了颗粒的启动力，分子团的黏性也降低了流体的阻力，增大了抗蚀力，加强了土壤颗粒间的相互作用，从而土壤表面稳定，其保水、保土、保肥效果明显。

由于 PAM 能够絮凝细小土粒，稳定土壤结构，喷施 PAM 之后还可以减轻土壤容量，增加总空隙，使透气性变好，防止土地受环境的侵蚀。

PAM 增加水分入渗，如灌溉水或降水的入渗量提高 15%，灌溉效率或降水利用率将会提高，有重要的节水和保水意义；PAM 的增产作用与 PAM 增加入渗量和减少养分损失，改善作物水分、养分吸收有关；PAM 能有效地减少径流损失，特别是减少了吸附在土壤上的杀虫剂的损失和地表磷流入河流和湖泊而损失；从环境的角度来看，使用 PAM 有助于改善河水质量。

7.6.10　在膨润土湿法提纯的应用

我国膨润土资源丰富，储量居世界前列，但我国产出的钠基膨润土少，绝大多数为钙基土，因此钠基膨润土的提纯和精制是十分重要的，而湿法提纯是有效提高膨润土或蒙脱石纯度的一种工艺。

悬浮液通过离心作用后得到高纯度的浆液，高纯度浆液中小于 10μm 的颗粒很难沉降，为了将这部分胶体溶液脱水，得到高品位的钠基膨润土，采取絮凝沉淀的方法，将胶体溶液絮凝，脱去大量水分，过滤絮凝物得到滤饼，而得到较纯的钠基膨润土。提纯过后的膨润土具有较强的悬浮性、黏结性、吸附性；它能吸附有机极性分子形成复合物，且稳定性好、触变性好；矿质细腻，使用方便。它被广泛应用于建筑涂料、防水、防火、保温等特殊涂料，还适合作洗涤剂、牙膏、肥皂的添加剂。

□ 思考题

1. 为什么无机电解质和高分子聚电解质对于湿法造纸过程有着重要影响?
2. 用作造纸助留剂的阳离子聚丙烯酰胺是不是分子量越高越好？是不是阳离子度越高越好?
3. 用作干强剂的聚丙烯酰胺的分子量既不是很高，也不是很低，为什么?
4. 查阅有关文献，了解造纸术的起源和发展历程。回答为什么说现代湿法造纸技术是在中国汉代造纸术的基础上发展起来的?
5. 在石油开采的三次采油生产中，为什么要用聚丙烯酰胺，作用是什么?
6. 在非常规油气开采过程中为什么用减阻剂？为什么用稠化剂?
7. 进口铝土矿生产氧化铝过程中为什么要用带有氧肟酸基团的絮凝剂?
8. 在氧化铝赤泥沉降过程中，浮游物指的是什么？赤泥的压缩性指的是什么?
9. 查阅文献，了解聚丙烯酰胺产品应用最早的行业是哪个?
10. 简述污水处理流程，说明在初沉工段和活性污泥分离工段各用哪种类型的絮凝剂?
11. 简述原料煤的洗煤工艺流程，说明使用哪种类型的絮凝剂?

参考文献

[1] 胡金生. 国外高分子絮凝剂的生产和应用. 化工新型材料, 1982, 09: 1-6.
[2] 魏君, 黄福堂, 彭建立, 等. 聚丙烯酰胺及其衍生物的生产技术与应用. 北京: 石油工业出版社, 2011.
[3] 王宇. 水溶性高分子. 北京: 化学工业出版社, 2017.
[4] 初善壮, 耿兵, 夏攀登, 等. 微乳液聚合和细乳液聚合. 山东化工, 2006, 35: 28-32.
[5] 王玉普, 罗建辉, 卜若颖, 等. 三次采油用抗温抗盐聚合物分析. 化工进展, 2003, 22: 271-274.
[6] 王海燕, 邱晓惠, 翟文. 页岩储层压裂减阻剂减阻机理研究. 钻井液与完井液, 2015, 32: 75-77.
[7] 沈平平. 提高采收率技术进展. 北京: 石油工业出版社, 2006.
[8] 潘则林, 王才. 水溶性高分子产品应用技术. 北京: 化学工业出版社, 2005.
[9] 严瑞瑄, 唐丽娟. 水溶性高分子产品手册. 北京: 化学工业出版社, 2003.
[10] 方道斌, 郭睿威, 哈润华. 丙烯酰胺聚合物. 北京: 化学工业出版社, 2006.
[11] 杨翠翠, 李芬吉, 杨云汉, 等. 丙烯腈水解反应机理的理论研究. 云南民族大学学报, 2017, 26: 443-450.
[12] 马武生, 马同森, 杨生玉. 腈水合酶及其在丙烯酰胺生产中应用的研究进展. 化学研究, 2004, 15: 75-79.
[13] 常惠联, 常万叶. 微生物法生产丙烯酰胺技术. 河北化工, 1999, 2: 34-36.
[14] Ramakrishna C, Desai J D. Induction of iron and cobalt dependent acrylonitrile hydratase in *Arthrobacter* sp. IPCB-3. Biotechnology Letters , 1992 , 14: 827- 830.
[15] Kobayashi M, Shimizu S. Metalloenzyme nitrile hydratase: Structure, regulation, and application to biotechnology. Nature biotechnology, 1998, 16 (8): 733-736.
[16] Nagasawa T, Ryuno K, Yamada H. Nitrile hydratase of Brevibacterium R312-purification and characterization. Biochemical and Biophysical Research Communications, 1986, 139: 1305-1312.
[17] Vlasenko V G, Shuvaev A T, Nedoseikina T I, et al. EXAFS studies of the novel iron(Ⅲ)complexes with an N/S(Se)chromophore simulating ligand environment of the active site of nitrile hydratase. Journal of Synchrotron Radiation, 1999, 6: 406-408.
[18] Sugiura Y, Kuwahara J, Nagasawa T, et al. Nitrile hydratase:The first non-heme iron enzyme with a typical low-spin Fe(Ⅲ)-active center. Journal of American Chemical Society, 1987, 109: 5848-5850.
[19] Endo I, Odaka M, Yohda M. An enzyme controlled by light: the molecular mechanism of photo reactivity in nitrile hydratase. Trends in Biotechnology, 1999 , 17: 244-248.
[20] Kobayashi M, Yanaka N, Nagasawa T, et al. Primary structure of an aliphatic nitrile-degrading enzyme, aliphatic nitrilase, from *Rhodococcus rhodochrous* and expression of its gene and identify cation of its active site residue. Biochemistry, 1992, 31: 9000-9007.
[21] Nagasawa T, Takeuchi K, Yamada H. Occurrence of a cobalt-induced and cobalt-containing nitrile hydratase in *Rhodococcus rhodochrous* J1. Biochemical and Biophysical Research Communications, 1988 , 155: 1008-1016.
[22] Cramp R A, Cowan D A. Molecular characterization of a novel thermophilic nitrile hydratase. Biochimica et Biophysica Acta (BBA)-Protein Structure and Molecular Enzymology, 1999, 1431: 249-260.
[23] Kobayashi M, Shimizu S. Cobalt proteins. European Journal of Biochemistry, 1999, 261: 1-9.
[24] Tsujimura M, Dohmae N, Odaka M, et al. Structure of the photo reactive iron center of the nitrile hydratasefrom *rhodococcus* sp. N-771. Journal of Biological Chemistry, 1997, 272: 29454-29459.
[25] Yamada H, Kobayashi M. Nitrile hydratase and its application to industrial production of acrylamide. Bioscience, Biotechnology, and Biochemistry, 1996, 60: 1391-1400.
[26] 陈跖, 孙旭东, 史悦, 等. 微生物法生产丙烯酰胺的研究(Ⅰ)-腈水合酶产生菌株的培养和高活力的表达. 生物工程学报, 2002, 18: 55-58.

[27] 李志东, 梁伟, 苗磊, 等. 丙烯腈水合酶反应动力学与酶失活动力学研究. 科学技术与工程, 2006, 6: 2072-2075.
[28] 吴玉峰, 郑裕国, 沈寅初. 等离子注入选育产腈水合酶菌种及其发酵条件的研究. 第三届全国化学工程与生物化工年会论文摘要集(上), 2006.
[29] 黄绣川, 曾亮, 胡常伟, 等. 腈水合酶催化水合制备丙烯酰胺反应的研究. 石油化工, 2004, 33: 978-982.
[30] 沈寅初, 张国凡, 韩建生. 微生物法生产丙烯酰胺. 工业微生物, 1994, 2: 24-32.
[31] 高毅, 刘铭, 曹竹安. 生物法生产丙烯酰胺过程中腈水合酶的抑制和失活. 过程工程学报, 2005, 5: 193-196.
[32] 俞俊堂, 唐孝宣. 生物工艺学上册. 上海: 华东理工大学出版社, 1991.
[33] 郭振友, 张立忠, 王海涛, 等. “双膜法”在微生物法丙烯酰胺提纯工艺中的应用. 天津工业大学学报, 2008, 27: 20-22.
[34] 蔡军, 时敏江. 微生物凝聚法生产丙烯酰胺的方法: CN1594586. 2004-06-24.
[35] 马烽, 王军, 沈自求. 丙烯酰胺水溶液浓缩的载气蒸发新方法. 现代化工, 2004, 24: 199-201.
[36] 沈金玉, 梅文斌, 曹竹安. 丙烯酰胺的结晶热力学. 精细化工, 2002, 19: 244-247.
[37] 严瑞瑄, 陈振兴, 宋宗文, 等. 水溶性聚合物. 北京: 化学工业出版社, 1988.
[38] 史凤来. 影响聚丙烯酰胺水溶液的因素以及预防措施. 中国石油和化工标准与质量, 2011, 11: 43.
[39] Qiu Y, Park K. Environment-sensitive hydrogels for drug delivery. Advanced Drug Delivery Reviews, 2001, 53: 321-39.
[40] Cai Zh, Kwak D H, Punihaole D, et al. A photonic crystal protein hydrogel sensor for candida albicans. Angew Chem Int Ed, 2015, 54: 13036-13040.
[41] Hayase G, Kanamori K, Fukuchi M, et al, Facile synthesis of marshmallow-like macroporous gels usable under harsh conditions for the separation of oil and water. Angew Chem Int Ed, 2013, 52: 1986-1989.
[42] 何天白, 胡汉杰. 海外高分子科学的新进展. 北京: 化学工业出版社, 1998.
[43] 何天白, 胡汉杰. 功能高分子与新技术. 北京: 化学工业出版社, 2001.
[44] 刘庆普, 侯斯建, 哈润华, 等. 用于油田堵水的聚丙烯酰胺/改性氨基树脂-聚氨酯复合网络聚合物. 科学通报, 1996, 41: 2246.
[45] 曹同玉, 刘庆普, 胡金生. 聚合物乳液合成原理性能及应用. 北京: 化学工业出版社, 1997.
[46] 吴飞鹏. 一种提高原油产量和采收率的方法: CN108825188A. 2019-07-05.
[47] 杨重愚. 氧化铝生产工艺学: 修订版. 北京: 冶金工业出版社, 1993.
[48] 毕诗文. 氧化铝生产工艺. 北京: 化学工业出版社, 2006.
[49] 李亚峰, 班福忱, 许秀红. 废水处理实用技术及运行管理. 北京: 化学工业出版社, 2012.
[50] J. P. 凯西. 制浆造纸化学工艺学. 北京: 中国轻工业出版社, 1988.
[51] Hannu Paulapuro. 造纸 1: 纸料制备与湿部. 北京: 中国轻工业出版社, 2016.
[52] 邵志勇. 可持续发展的现代制浆造纸技术探究. 北京: 中国纺织出版社, 2018.
[53] Raimo Alen, 张素风, 张斌, 等. 造纸化学(第八卷). 北京: 中国轻工业出版社, 2016.
[54] 胡惠仁, 徐立新, 董荣业. 造纸化学品. 北京: 化学工业出版社, 2002.
[55] 曹邦威. 造纸助留剂与干湿增强剂的理论与应用. 北京: 中国轻工业出版社, 2011.
[56] 万金泉, 马邕文, 王艳. 造纸纤维性能衰变抑制-原理与技术. 广东: 广东科技出版社, 2015.
[57] 陈克复, 杨仕党, 李军, 等. 制浆造纸关键技术理论与实践. 广东: 华南理工大学出版社, 2016.
[58] 中国造纸学会. 2019 中国造纸年鉴. 北京: 中国轻工业出版社, 2019.
[59] 刘玉章. EOR 聚合物驱提高采收率技术. 北京: 石油工业出版社, 2006.
[60] Michael J. Economides, Tony Martin. 现代压裂技术: 提高天然气产量的有效方法. 卢拥军, 邹洪岚, 译. 北京: 石油工业出版社, 2012.
[61] 王小斌, 蔡典雄. 土壤调理剂 PAM 的农用研究和应用. 植物营养与肥料科学报, 2000, 6: 457-463.
[62] 徐光亮. 鄂州膨润土湿法提纯及钠化改型实验研究. 中国非金属矿工业导刊, 2010, 5: 31-33.
[63] 高清寿, 吕宪俊, 李琳, 等. 尾矿干排工艺和设备. 中国矿业科技文汇, 2013: 812-814.

附录A

聚丙烯酰胺产品质量验收标准

附表 A-1　粉状聚丙烯酰胺的技术要求

项目				质量指标		
				优级品	一级品	合格品
外观				白色或浅黄色粉状		
特性黏数[η]/（mL/g）				300～1540 根据聚丙烯酰胺命名的规定，按标称值进行分挡。小于 300 或大于 1540，标称值允许偏差在±10%以内		
水解度/%				根据聚丙烯酰胺命名的规定，按标称值进行分挡		
粒度/%	2 mm（10 目）筛余物			0		
	0.64mm（20 目）筛余物		<	10		
	0.11mm（120 目）筛余物		≥	90		
固含量/%			≥	93	90	87
残留单体/%	普通	非离子型	≤	0.2	0.5	1.5
		阴离子型	≤	0.2	0.5	1.0
	食品卫生级		≤	0.02	0.05	0.05
溶解速度/min		普通型	≤	30	45	60
		速溶性	≤	5	10	15
黑点数/（颗/100g）			≤	15	40	80
不溶物/%	[η]≥1400 mL/g	非离子型	≤	0.3	2.0	2.5
		阴离子型	≤	0.3	1.5	2.0
	[η]<1400 mL/g		≤	0.3	0.7	1.5

数据来源：GB/T 13940—1992

附表 A-2　胶状聚丙烯酰胺的技术要求

项目				质量指标		
				优级品	一级品	合格品
外观				无色或浅黄色胶状物		
特性黏数[η]/（mL/g）				300～1540 根据聚丙烯酰胺命名的规定，按标称值进行分挡。小于 300 或大于 1540，标称值允许偏差在±10%以内		
水解度/%				根据聚丙烯酰胺命名的规定，按标称值进行分挡		
固含量/%				指定值±0.5		
残留单体/%	普通	非离子型	≤	0.5	1.5	2.5
		阴离子型	≤	0.5	1.0	2.0
	食品卫生级		≤	0.02	0.05	0.05

数据来源：GB/T 13940—1992

附表 A-3　水处理剂　阴离子和非离子聚丙烯酰胺的技术要求和试验方法

项目		指标		试验方法
		一等品	合格品	
固含量（固体）/%	≥	90.0	88.0	5.3
丙烯酰胺单体含量（干基）/%	≤	0.02	0.05	5.5
溶解时间（阴离子型）/min	≤	60	90	5.6
溶解时间（非离子型）/min	≤	90	120	5.6
筛余物（1.00mm 筛网）/%	≤	2		5.7
筛余物（180μm 筛网）/%	≤	88		5.7
水不溶物/%	≤	0.3	1.0	5.8
氯化物含量/%	≤	0.6		5.9
硫酸盐含量/%	≤	1.0		5.10
本产品中一等品可用于生活饮用水处理，其还应符合《生活饮用水化学处理剂卫生安全评价规范》及相关法律法规要求				

数据来源：GB/T 17514—2017

附表 A-4　水处理剂　阳离子型聚丙烯酰胺的指标要求和试验方法

项目	指标	试验方法
相对分子质量，M	$M \geqslant 100 \times 10^4$	5.2
阳离子度，W/%	$5.0 \leqslant W \leqslant 95.0$	5.3
固含量，W_1 /%	$W_1 \geqslant 88.0$	5.4
丙烯酰胺单体含量（干基），W_2/%	$W_2 \leqslant 0.10$	5.5
溶解时间（1g/L），t /min	$t \leqslant 60$	5.6
水不溶物，W_3 / %	$W_3 \leqslant 0.30$	5.7
筛余物（1.40 mm 筛网），W_4 / %	$W_4 \leqslant 5$	5.8
筛余物（180 μm 筛网），W_5 / %	$W_5 \geqslant 85$	5.8
硫酸盐（SO_4）含量，W_6/（g/g）	$W_6 \leqslant 0.05$	5.9
氯化物（Cl）含量，W_7/（g/g）	$W_7 \leqslant 0.05$	5.10

数据来源：GB/T 31246—2014

附录B
油田压裂液通用标准

附表 B-1　水基压裂液通用技术指标

序号	项目		指标
1	基液表观黏度/（mPa·s）	20℃≤t<60℃	10～40
		60℃≤t<120℃	20～80
		120℃≤t<180℃	30～100
2	交联时间/s	20℃≤t<60℃	15～60
		60℃≤t<120℃	30～120
		120℃≤t<180℃	60～300
3	耐温耐剪切能力	表观黏度/（mPa·s）	≥50
4	黏弹性	储能模量/Pa	≥1.5
		耗能模量/Pa	≥0.3
5	静态滤失性	滤失系数/（$m/\sqrt{min}$）	≤1.0×10^{-3}
		初滤失量/（m^3/m^2）	≤5.0×10^{-2}
		滤失速率/（m/min）	≤1.5×10^{-4}
6	岩心基质渗透率损害率/%		≤30
7	动态滤失性	滤失系数/（$m/\sqrt{min}$）	≤9.0×10^{-3}
		初滤失量/（m^3/m^2）	≤5.0×10^{-2}
		滤失速率/（m/min）	≤1.5×10^{-3}
8	动态滤失渗透率损害率/%		≤60
9	破胶性能	破胶时间/min	≤720
		破胶液表观黏度/（mPa·s）	≤5.0
		破胶液表面张力/（mN/m）	≤28.0
		破胶液与煤油界面张力/（mN/m）	≤2.0
10	残渣含量/（mg/L）		≤600
11	破乳率/%		≥95
12	压裂液滤液与地层水配伍性		无沉淀，无絮凝
13	降阻率/%		≥50

数据来源：SY/T 6376—2008

附表 B-2　油基压裂液通用技术指标

序号	项目		指标
1	基液表观黏度/（mPa·s）	20℃≤t<60℃	20～50
		60℃≤t<120℃	30～80
		120℃≤t<180℃	40～120
2	交联时间/s	20℃≤t<60℃	15～60
		60℃≤t<120℃	30～120
		120℃≤t<180℃	60～300
3	开口闪点/℃		≥60
4	耐温耐剪切能力	表观黏度/（mPa·s）	≥50
5	黏弹性	储能模量/Pa	≥1.0
		耗能模量/Pa	≥0.3
6	静态滤失性	滤失系数/（m/$\sqrt{min}$）	$\le 6.0\times10^{-3}$
		初滤失量/（m^3/m^2）	$\le 5.0\times10^{-2}$
		滤失速率/（m/min）	$\le 1.0\times10^{-3}$
7	岩心基质渗透率损害率/%		≤25
8	动态滤失性	滤失系数/（m/$\sqrt{min}$）	$\le 5.0\times10^{-2}$
		初滤失量/（m^3/m^2）	$\le 9.0\times10^{-3}$
		滤失速率/（m/min）	$\le 1.5\times10^{-4}$
9	动态滤失渗透率损害率/%		≤55
10	破胶性能	破胶时间/min	≤720
		破胶液表观黏度/（mPa·s）	≤5.0
11	降阻率/%		≥35

数据来源：SY/T 6376—2008

附表 B-3　乳化压裂液通用技术指标

序号	项目		指标
1	基液表观黏度/（mPa·s）	20℃≤t<60℃	20～40
		60℃≤t<120℃	30～60
		120℃≤t<180℃	40～20
2	交联时间/s	20℃≤t<60℃	15～60
		60℃≤t<120℃	30～120
		120℃≤t<180℃	60～300
3	耐温耐剪切能力	表观黏度/（mPa·s）	≥50
4	乳化稳定时间/h		≥6

续表

序号	项目		指标
5	黏弹性	储能模量/Pa	≥1.0
		耗能模量/Pa	≥0.3
6	静态滤失性	滤失系数/（$m/\sqrt{min}$）	≤6.0×10^{-4}
		初滤失量/（m^3/m^2）	≤1.0×10^{-3}
		滤失速率/（m/min）	≤1.0×10^{-4}
7	岩心基质渗透率损害率/%		≤30
8	动态滤失性	滤失系数/（$m/\sqrt{min}$）	≤9.0×10^{-4}
		初滤失量/（m^3/m^2）	≤1.0×10^{-2}
		滤失速率/（m/min）	≤1.5×10^{-4}
9	动态滤失渗透率损害率/%		≤60
10	破胶性能	破胶时间/min	≤720
		破胶液表观黏度/（mPa·s）	≤5.0
		破胶液表面张力/（mN/m）	≤28.0
		破胶液与煤油界面张力/（mN/m）	≤2.0
11	残渣含量/（mg/L）		≤550
12	破乳率/%		≥98
13	压裂液滤液与地层水配伍性		无沉淀，无絮凝
14	降阻率/%		≥35

数据来源：SY/T 6376—2008

附表 B-4　黏弹性表面活性剂压裂液通用技术指标

序号	项目		指标
1	基液表观黏度/（mPa·s）	20℃≤t<60℃	15～60
		60℃≤t<120℃	30～120
		120℃≤t<180℃	60～300
2	耐温耐剪切能力	表观黏度/（mPa·s）	≥20
3	黏弹性	储能模量/Pa	≥2.0
		耗能模量/Pa	≥0.3
4	基质渗透率损害率/%		≤20
5	动态滤失渗透率损害率/%		≤40
6	破胶性能	破胶时间/min	≤720
		破胶液表观黏度/（mPa·s）	≤5.0

续表

序号	项目	指标
7	残渣含量/（mg/L）	≤100
8	压裂液滤液与地层水配伍性	无沉淀，无絮凝
9	降阻率/%	≥50

数据来源：SY/T 6376—2008

附表 B-5　页岩气　压裂液　滑溜水技术指标

序号	项目		指标
1	pH		6～9
2	运动黏度/（mm^2/s）	≤	5
3	表面张力①/（mN/m）	<	28
4	界面张力②/（mN/m）	<	2
5	结垢趋势		无
6	SRB/（个/mL）	<	25
7	FB/（个/mL）	<	10^4
8	TGB/（个/mL）	<	10^4
9	破乳率③/%	≥	95
10	配伍性		室温和储层温度下均无絮凝现象，无沉淀产生
11	降阻率/%	≥	70
12	排除率④/%	≥	35
13	CST 比值	<	1.5

①、④：助排性能可任选表面张力或排除率评价。

②、③：不含凝析油的页岩气藏不评价。

数据来源：NB/T 14003.1—2015

附表 B-6　页岩气　压裂液　降阻剂性能指标

序号	项目	指标	
		固体	乳液
1	外观	均匀，无板结	均匀，无分层、沉淀
2	固含量/%	≥88	≥30
3	残渣含量/（mg/L）	≤150	
4	连续混配溶解时间①/s	≤40	
	连续混配溶解时间②/min	≤5	
5	降阻率/%	>70	
6	降阻率变化率/%	<4	

① 乳液类降阻剂直接抽吸加入混砂车。

② 固体类或溶解时间较长类降阻剂，利用连续混配撬类装置进行连续混配。

数据来源：NB/T 14003.2—2016

附录C
聚丙烯酰胺的应用领域与配制浓度

应用领域	用途	类型	规格（分子量，×10^4）	用量/‰	配比浓度（每吨用）
熔炉炼铝	硫酸铝循环水，生产过程中去杂质	阴离子	1000	5	3～5g
盐水澄清	去除钙与镁	阴离子	800～1200	1	1～2g
膨润土生产	增加膨润的黏度	阴离子	1500～1800	3	2～3g
混凝土减水剂		阴离子	500～800	1.2	1.2kg
洗煤	煤泥沉降、层渣沉降	阴离子	800～1200	3	4g
氰化工艺	采金	阴离子	1000～1500	3	3～4g
温法磷酸生产工艺	提纯	阴离子	800～1200	4	5g
电镀重金属	氢氧化物处理	非离子	600～800	1	1～2g
浮选助剂	浮选前改进颗粒大小	阴离子	1000	3	3～4g
钢厂循环水处理	污泥脱水	阴离子	1200	5	5～7g
肉类加工	污水处理	阴离子	1500	3	3～4g
汽车工艺	污水处理	阴离子	1200～1500	4	4～5g
桥梁钻孔	调浆	阴离子	1200～1500	5	1.2kg
制药生产工艺	发酵	阳离子		2	2～3g
味精厂、啤酒厂	层渣、废水处理	阴离子、阳离子		2	2～3g
造纸纸浆助留、助滤	中断废水回收，废浆污泥脱水	阴离子、阳离子		3	3～5g
制糖	糖水提纯	阴离子	1500	2	2～3g
制革	废水处理	阴离子	1200	4	2～4g
钛白粉工艺	提纯	阳离子、非离子		2	2～3g
涂料	增稠剂	阳离子、非离子		3	
城市污水处理厂	污泥脱水	阳离子		3	4kg

注：使用过程中，根据工艺的不同，配制浓度可进行微调。

附录D

工业丙烯腈和丙烯酰胺的质量标准

附表 D-1　工业用丙烯腈质量指标和试验方法

项目	质量指标			试验方法
	优等品	一等品	合格品	
外观①	透明液体，无悬浮物			
色度（Pt-Co）/号　≤	5	5	10	GB/T 3143
密度（20℃）/（g/cm³）	0.800～0.807			GB/T 4472
酸度（以乙酸计）/（mg/kg）　≤	20	30	—	GB/T 7717.5
pH（5%的水溶液）	6.0～9.0			
滴定值（5%的水溶液）/ mL　≤	2.0	2.0	3.0	
水分的质量分数 / %	0.20～0.45	0.20～0.45	0.20～0.60	GB/T 6283
总醛（以乙醛计）的质量分数/（mg/kg）　≤	30	50	100	GB/T 7717.8
总腈（以氢氰酸计）的质量分数/（mg/kg）　≤	5	10	20	GB/T 7717.9
过氧化物（以过氧化氢计）的质量分数/（mg/kg）　≤	0.20	0.20	0.40	GB/T 7717.10
铁的质量分数/（mg/kg）　≤	0.10	0.10	0.20	GB/T 7717.11
铜的质量分数/（mg/kg）　≤	0.10	0.10	—	
丙烯醛的质量分数/（mg/kg）　≤	10	20	40	GB/T 7717.12
丙酮的质量分数/（mg/kg）　≤	80	150	200	
乙腈的质量分数/（mg/kg）　≤	150	200	300	
丙腈的质量分数/（mg/kg）　≤	100	—	—	
噁唑的质量分数/（mg/kg）　≤	200	—	—	
甲基丙烯腈的质量分数/（mg/kg）　≤	300	—	—	
丙烯腈的质量分数/%　≥	99.5	—	—	
沸程（在 0.10133 MPa 下）/℃	74.5～79.0			GB/T 7534
阻聚剂，对羟基苯甲醚的质量分数/（mg/kg）	35～45			GB/T 7717.15

①取 50～60 mL 试样，置于清洁、干燥的 100 mL 具塞比色管中，在日光或日光灯透射下，用目视法观察。

数据来源：GB/T 7717.1—2008

附表 D-2　工业用丙烯酰胺技术要求

项目	指标	
	一等品	合格品
丙烯酰胺，*w*/%　≥	98.5	97.8
水，*w*/%　≤	0.4	0.8
色度（200g/L 水溶液）/Hazen 单位（铂-钴色号）　≤	10	20
阻聚剂，*w*/%	0.0003～0.0007	0.0003～0.001
电导率（400g/L 水溶液）/（μS/cm）　≤	10	30
铁，*w*/%　≤	0.0001	0.0001
铜，*w*/%　≤	0.0001	0.0002

数据来源：GB/T 24769—2009

附表 D-3 工业用丙烯酸技术要求

项目		质量指标		
		精丙烯酸型	丙烯酸型	
			优等品	一等品
丙烯酸的质量分数/%	≥	99.5	99.2	99.0
色度/Hazen 单位（铂-钴色号）	≤	10	15	20
水的质量分数/%	≤	0.15	0.10	0.20
总醛的质量分数/%	≤	0.001	—	
阻聚剂[4-甲氧基苯酚（MEHQ）]的质量分数/10^{-6}		200±20，可与用户协商制定		

数据来源：GB/T 17529.1—2008